今すぐ使える かんたん Apple Watch 完全ガイドブック

リンクアップ 著

アップルウォッチ

Series 1/2/3/4/5 対応版

完全（コンプリート）

困った解決 & 便利技

技術評論社

本書の使い方

- 本書は、Apple Watch の操作に関する質問に、Q&A 方式で回答しています。
- 目次やインデックスの分類を参考にして、知りたい操作のページに進んでください。
- 画面を使った操作の手順を追うだけで、Apple Watch の操作がわかるようになっています。

クエスチョン名は具体的な質問や疑問を表しています。

クエスチョンという単位ごとに、Apple Watchの機能や操作について解説しています。

クエスチョンに対する解答を簡潔に表しています。

番号付きの記述で、操作の順番が一目瞭然です。

操作の基本的な流れ以外は、このように番号がない記述になっています。

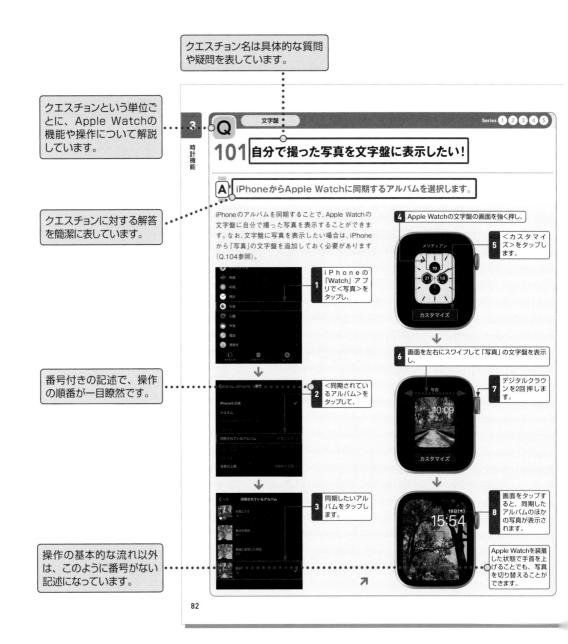

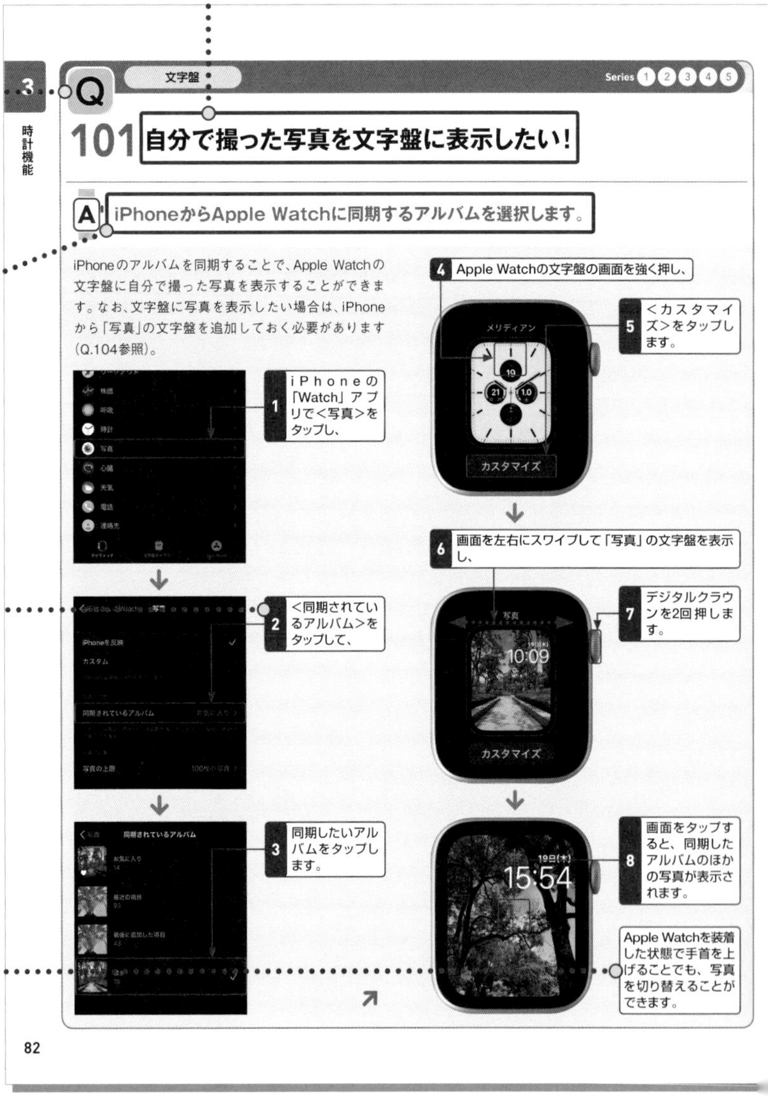

3
時計機能
Q
文字盤
Series 1 2 3 4 5
101 自分で撮った写真を文字盤に表示したい!
A iPhoneからApple Watchに同期するアルバムを選択します。
iPhoneのアルバムを同期することで、Apple Watchの文字盤に自分で撮った写真を表示することができます。なお、文字盤に写真を表示したい場合は、iPhoneから「写真」の文字盤を追加しておく必要があります（Q.104参照）。
1 iPhoneの「Watch」アプリで<写真>をタップし、
2 <同期されているアルバム>をタップして、
3 同期したいアルバムをタップします。
4 Apple Watchの文字盤の画面を強く押し、
5 <カスタマイズ>をタップします。
メリディアン
カスタマイズ
6 画面を左右にスワイプして「写真」の文字盤を表示し、
7 デジタルクラウンを2回押します。
8 画面をタップすると、同期したアルバムのほかの写真が表示されます。
Apple Watchを装着した状態で手首を上げることでも、写真を切り替えることができます。
82

薄くてやわらかい
上質な紙を使っているので、
開いたら閉じにくい書籍に
なっています！

クエスチョンの分類分けを示しています。

対応するシリーズ名がひと目でわかります。

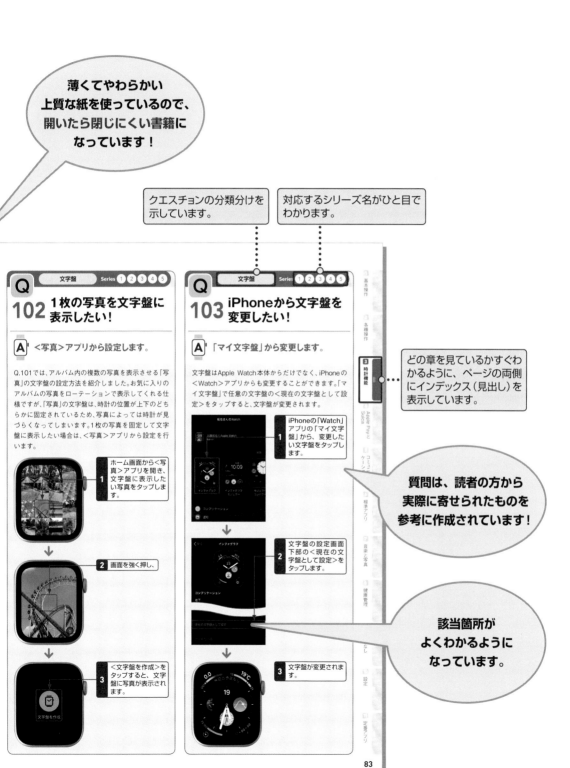

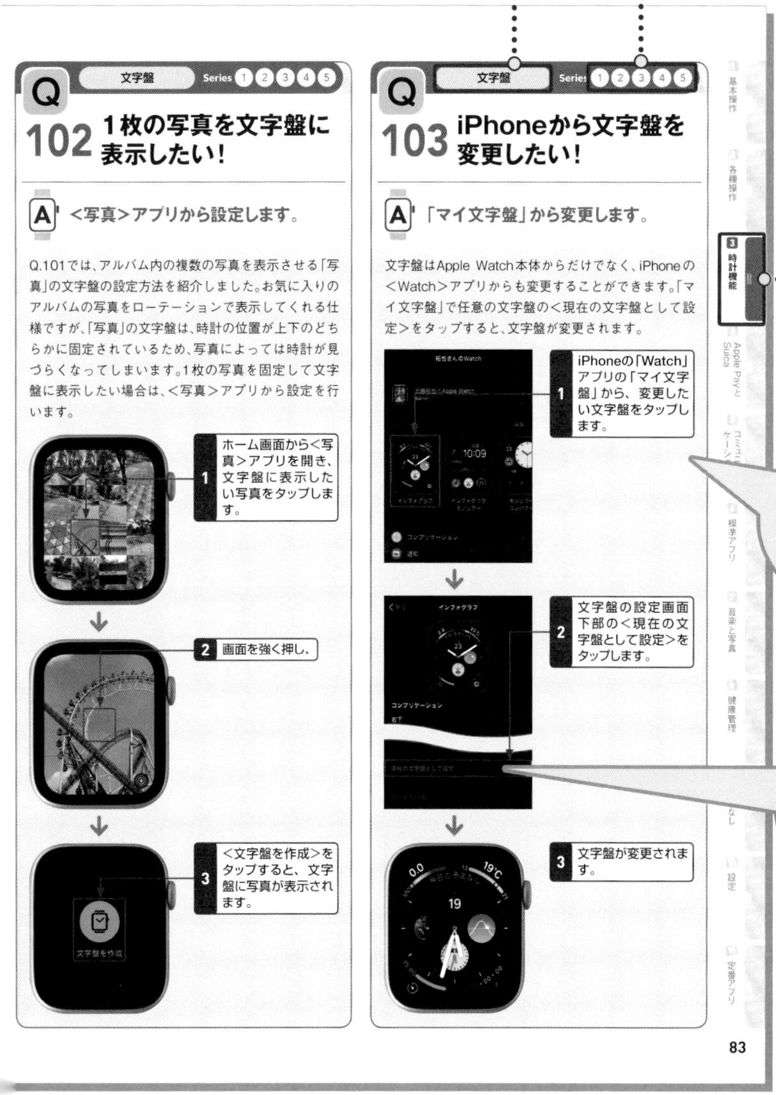

Q 文字盤 Series 1 2 3 4 5

102 1枚の写真を文字盤に表示したい！

A <写真>アプリから設定します。

Q.101では、アルバム内の複数の写真を表示させる「写真」の文字盤の設定方法を紹介しました。お気に入りのアルバムの写真をローテーションで表示してくれる仕様ですが、「写真」の文字盤は、時計の位置が上下のどちらかに固定されているため、写真によっては時計が見づらくなってしまいます。1枚の写真を固定して文字盤に表示したい場合は、<写真>アプリから設定を行います。

1 ホーム画面から<写真>アプリを開き、文字盤に表示したい写真をタップします。

2 画面を強く押し、

3 <文字盤を作成>をタップすると、文字盤に写真が表示されます。

Q 文字盤 Series 1 2 3 4 5

103 iPhoneから文字盤を変更したい！

A 「マイ文字盤」から変更します。

文字盤はApple Watch本体からだけでなく、iPhoneの<Watch>アプリからも変更することができます。「マイ文字盤」で任意の文字盤の<現在の文字盤として設定>をタップすると、文字盤が変更されます。

1 iPhoneの「Watch」アプリの「マイ文字盤」から、変更したい文字盤をタップします。

2 文字盤の設定画面下部の<現在の文字盤として設定>をタップします。

3 文字盤が変更されます。

基本操作 各種操作 3 時計機能 Apple PayとSuica コミュニケーション 標準アプリ 音楽と写真 健康管理 なし 設定 定番アプリ

83

どの章を見ているかすぐわかるように、ページの両側にインデックス（見出し）を表示しています。

質問は、読者の方から
実際に寄せられたものを
参考に作成されています！

該当箇所が
よくわかるように
なっています。

第1章 基本操作

Apple Watchの基本

Question ▶ 001 Apple Watchで何ができるの？ 20
002 Apple Watchはどんなときに便利？ 21
003 Apple Watchにはどんなモデルがあるの？ 22
004 Apple Watchのサイズはどちらを選べばいいの？ 24
005 WatchOSって何？ 25
006 WatchOSは最新にしたほうがいいの？ 25
007 歴代のApple Watchにはどんな種類があるの？ 26
008 初代Apple Watchはもう使えないの？ 28
009 Apple Watch3～5で何が変わったの？ 28
010 Apple Watchの各部名称を知りたい！ 29
011 Apple Watchにはどんなバンドがあるの？ 30
012 純正以外のバンドを使っても大丈夫？ 31
013 バンドを交換したい！ 31
014 Editionモデルは何が違うの？ 32
015 Nikeモデルはどんな人向け？ 32
016 Hermèsモデルって何？ 32
017 GPS+CellularモデルとGPSモデルの違いは？ 33
018 Apple Watchを使うにはiPhoneが必要なの？ 34
019 Cellularモデルはキャリアとの契約が必須なの？ 35
020 Cellularモデルの通信料金は？ 35
021 Apple Watchの通信にはどんな種類があるの？ 36
022 AndroidデバイスではApple Watchを使えないの？ 36
023 保護ケースは必要？ 37
024 保護フィルムなら操作性に影響がないのでは？ 37
025 iPhoneとペアリングするにはどうするの？ 38
026 Apple WatchとペアリングできるiPhoneの種類は？ 40
027 Apple Watchを家族で共有できるの？ 40
028 複数のApple Watchを使いたい！ 41
029 ペアリング中のカメラの読み込みができない！ 41
030 Wi-Fi環境がある場合、自動的に通信が切り替わるの？ 42
031 Wi-Fi環境のない場所で通信したい！ 42
032 電源の切り方を教えて！ 43
033 Apple Watchを充電したい！ 43
034 純正の磁気充電ケーブルでしか充電できないの？ 44
035 丸一日、装着し続けたらバッテリー切れになる？ 44

036 モバイルバッテリーは使えるの？ …… 45
037 寝ている間も装着したい！ …… 45
038 付けっぱなしでお風呂に入っても大丈夫？ …… 46
039 Apple Watch の汚れを落としたい！ …… 46
040 万が一の故障に備えたい！ …… 47

第2章 各種操作

画面

Question ▶ 041 画面の見方を教えて！ …… 48

操作方法

Question ▶ 042 画面の操作方法を知りたい！ …… 49
043 本体ボタンの使い方を教えて！ …… 50
044 画面の切り替え方を知りたい！ …… 51

アイコン

Question ▶ 045 文字盤の上側に表示されるアイコンの意味は？ …… 52
046 文字盤に表示されている大きなアイコンは何？ …… 52

操作方法

Question ▶ 047 アプリ画面の操作を教えて！ …… 52
048 画面の常時点灯をオフにしたい！ …… 53
049 スリープするまでの時間を変更したい！ …… 53
050 プライバシー情報を画面に表示したくない！ …… 54
051 手首を上げても画面がオンにならない！ …… 54

通知

Question ▶ 052 通知を確認したい！ …… 55
053 見逃した通知を確認したい！ …… 55
054 通知が表示されない！ …… 56
055 アプリごとに通知を設定したい！ …… 56
056 通知されたくない時間帯を指定したい！ …… 57
057 通知を一括して消去したい！ …… 57
058 通知音を小さくしたい！ …… 58
059 緊急速報を受信できるようにしたい！ …… 58

Siri

Question ▶ 060 Siri で Apple Watch を操作したい！ …… 59
061 手首を上げてすぐに Siri を起動したい！ …… 59

062 Apple Watch で Web ページは見られるの？ …… 60

アプリ

Question ▶ 063 ホーム画面のアプリ一覧をリスト表示したい！ …… 60
064 アプリ画面のレイアウトを変更したい！ …… 61
065 iPhone からアプリ画面のレイアウトは変えられるの？ …… 61

Dock

Question ▶ 066 Dock からアプリを起動したい！ …… 62
067 よく使うアプリを Dock に登録したい！ …… 62
068 Dock からアプリを消去したい！ …… 63

コントロールセンター

Question ▶ 069 コントロールセンターって何？ …… 63
070 アプリの利用中にコントロールセンターを表示したい！ …… 64
071 コントロールセンターの順番を入れ替えたい！ …… 64

通信

Question ▶ 072 バッテリーを節約したい！ …… 65
073 Wi-Fi をオフにしたい！ …… 65
074 通信をオフにしたい！ …… 66
075 機内モードを iPhone と連動させたい！ …… 66

通知

Question ▶ 076 通知音や振動をオフにしたい！ …… 67
077 特定の時間だけ通知が来ないようにしたい！ …… 67
078 おやすみモードでも特定の相手からの通知は受けたい！ …… 68

設定

Question ▶ 079 iPhone を探したい！ …… 68
080 ライトを点灯させて iPhone を探したい！ …… 69

パスコード

Question ▶ 081 パスコードを設定したい！ …… 69
082 外した Apple Watch を他人に操作されたくない！ …… 70
083 パスコードを 4 桁以上で設定したい！ …… 70
084 iPhone から Apple Watch のロックを解除したい！ …… 71
085 パスコードを忘れてしまった！ …… 71

設定

Question ▶ 086 Apple Watch を右腕につけたい！ …… 72

コントロールセンター

Question ▶ 087 バッテリーの残量を確認したい！ …… 72

088 省電力モードに切り替えたい！ ……73

操作

Question ▶ 089 すぐにスリープモードにしたい！ ……73
090 音が鳴らないようにしたい！ ……74
091 水に濡れるのが心配なときは？ ……74

第3章 時計機能

文字盤

Question ▶ 092 Apple Watch にはどんな文字盤があるの？ ……75
093 別の文字盤にすぐに切り替えたい！ ……78
094 文字盤の色を変更したい！ ……78
095 文字盤のデザインを変更したい！ ……79
096 コンプリケーションって何？ ……79
097 よく使うアプリをコンプリケーションに表示したい！ ……80
098 コンプリケーションに対応したアプリを確認したい！ ……81
099 コンプリケーションを追加できない！ ……81
100 設定した文字盤を登録したい！ ……81
101 自分で撮った写真を文字盤に表示したい！ ……82
102 1 枚の写真を文字盤に表示したい！ ……83
103 iPhone から文字盤を変更したい！ ……83
104 iPhone から文字盤を追加したい！ ……84
105 マイ文字盤を整理したい！ ……84
106 文字盤に Apple のロゴを表示したい！ ……85
107 Apple Watch から文字盤を削除したい！ ……86

時計

Question ▶ 108 時計を進めて少し先の時間を表示したい！ ……86

アラーム

Question ▶ 109 アラームを使いたい！ ……87
110 アラームを削除したい！ ……87
111 決まった曜日にアラームを鳴らしたい！ ……88
112 二度寝を防止したい！ ……88
113 アラームを振動だけにしたい！ ……89
114 アラームをすばやくセットしたい！ ……89
115 iPhone と同じ時刻にアラームを鳴らしたい！ ……90
116 アラームを文字盤に表示したい！ ……90
117 充電中でもアラームを使いたい！ ……91

ストップウォッチ

Question ▶ 118 ストップウォッチで時間を計りたい！ …… 91
119 経過時間を記録したい！ …… 92
120 ストップウォッチの画面を変更したい！ …… 92

タイマー

Question ▶ 121 料理などで時間を計りたい！ …… 93
122 タイマーを好きな時間に設定したい！ …… 93
123 Siri ですぐにタイマーを使いたい！ …… 93

世界時計

Question ▶ 124 ほかの都市の時間を表示したい！ …… 94
125 都市名を短縮して表示したい！ …… 94

第4章 Apple PayとSuica

Apple Pay

Question ▶ 126 Apple Pay で何ができるの？ …… 95
127 Apple Pay って安全なの？ …… 95
128 Apple Pay は海外で使えないの？ …… 96
129 海外で購入した Apple Watch で Apple Pay が使えない！ …… 96
130 PayPay や楽天 Pay って使えるの？ …… 97

Suica

Question ▶ 131 Suica を使ってみたい！ …… 97
132 Suica は Apple Watch にいくつ登録できるの？ …… 98
133 iPhone の Suica と共用できるの？ …… 98
134 Suica を Apple Watch に登録したい！ …… 99
135 ＜ Suica ＞アプリで新しい Suica を作成したい！ …… 100
136 Apple Watch の Suica で支払いたい！ …… 101
137 Apple Watch で改札を通るには？ …… 101
138 改札を通るときに気を付けたいことは？ …… 101
139 いつも使う Suica を設定したい！ …… 102
140 登録している Suica を確認したい！ …… 102
141 iPhone の＜ Suica ＞アプリを使いたい！ …… 103
142 Apple Watch から Suica を削除したい！ …… 104
143 Apple Watch から Suica を削除してしまった！ …… 104
144 iPhone から Apple Watch の Suica を削除したい！ …… 105
145 利用履歴を確認したい！ …… 105

146 iPhoneのSuicaをApple Watchで使いたい！……106
147 Apple WatchのSuicaをiPhoneに移行したい！……106

クレジットカード

Question ▶ 148 Apple Payのクレジットカードで支払いたい！……107
149 Apple Payに登録できるクレジットカードは？……107
150 Apple Watchにクレジットカードを登録したい！……108
151 登録してあるクレジットカードの情報を確認したい！……109
152 よく使うクレジットカードを設定したい！……109

チャージ

Question ▶ 153 Suicaにチャージしたい！……110
154 Suicaに現金でチャージしたい！……110
155 Suicaに自動でチャージされるようにしたい！……111
156 貯まったJRE POINTをApple Watchにチャージしたい！……111

パス

Question ▶ 157 パスサービスって何？……112
158 パスを追加したい！……112
159 パスを使いたい！……113
160 不要になったパスを削除したい！……113

第5章 コミュニケーション

コミュニケーション

Question ▶ 161 Apple Watchで友達とコミュニケーションを取りたい！……114

テザリング

Question ▶ 162 Apple Watchでテザリングはできる？……114

連絡先

Question ▶ 163 Apple Watchに連絡先を追加したい！……115
164 連絡先を確認したい！……115

メッセージ

Question ▶ 165 メッセージを読みたい！……116
166 メッセージにリアクションしたい！……116
167 メッセージを送りたい！……117
168 メッセージがすぐに表示されないようにしたい！……118
169 友達に手書き文字を送りたい！……118
170 今いる場所を友だちに伝えたい！……119

171 自分の気持ちを送りたい！ 119
172 メッセージの送信時刻を知りたい！ 119
173 送られてきた音声が聞き直せない！ 120
174 メッセージを削除したい！ 120

LINE

Question ▶ 175 Apple Watch で LINE を使いたい！ 121
176 LINE のメッセージに返信したい！ 122
177 LINE でスタンプを送りたい！ 122
178 LINE に定型文で返信したい！ 123
179 LINE の返信文を登録しておきたい！ 123
180 LINE でボイスメッセージを送りたい！ 124
181 LINE に届いた写真や動画は閲覧できるの？ 124
182 LINE 通話は使えないの？ 125
183 友達を追加したい！ 125
184 LINE の通知が届かない！ 125
185 通知を個別に設定したい！ 126
186 通知にメッセージの内容が表示されない！ 126

メール

Question ▶ 187 メールを使えるようにしたい！ 127
188 メールを送りたい！ 127
189 メールを読みたい！ 128
190 メールに返信したい！ 128
191 返信文を追加したい！ 129
192 メールの署名を変更したい！ 129
193 メールを削除したい！ 130
194 Apple Watch に表示するメールボックスを指定したい！ 131
195 メールが多くて削除しきれない！ 131
196 重要なメールを未開封の状態に戻したい！ 132
197 メールにフラグを付けたい！ 132
198 メールの通知をオフにしたい！ 132
199 特定のメールだけ通知されるようにしたい！ 133
200 重要なメールだけ通知されるようにしたい！ 134
201 表示されるメッセージを短くしたい！ 134
202 URL を開いて Web ページを見たい！ 135

電話

Question ▶ 203 Apple Watch で電話をかけたい！受けたい！ 135
204 電話の着信にメッセージで返信したい！ 136
205 AirPods で電話を受けたい！ 136
206 連絡先に登録していない番号にもかけられるの？ 136
207 通話を iPhone に切り替えたい！ 137

208 電話の着信音をすぐに止めたい！ ……137
209 留守番電話を聞きたい！ ……138
210 発着信の履歴を確認したい！ ……138
211 かんたんに友達に電話をかけたい！ ……139

音量

Question ▶ 212 通話中に音量を調節したい！ ……140
213 着信音を調節したい！ ……140

通知

Question ▶ 214 通知の振動の大きさを調節したい！ ……140

トランシーバー

Question ▶ 215 トランシーバーで友達と会話したい！ ……141
216 トランシーバーを使う条件は何？ ……141
217 トランシーバーですぐに会話を開始したい！ ……142
218 友達を追加したい！ ……142
219 会話を一時中断したい！ ……142

第6章 標準アプリ

標準アプリ

Question ▶ 220 Apple Watchで利用できるアプリには何があるの？ ……143

カレンダー

Question ▶ 221 iPhoneのカレンダーと連携したい！ ……146
222 カレンダーのイベントをApple Watchで確認したい！ ……146
223 カレンダーの表示方法を変えたい！ ……147
224 イベントを追加したい！ ……147
225 イベントの出席依頼がきたらどうすればよいの？ ……148

ボイスメモ

Question ▶ 226 音声を録音したい！ ……148
227 録音したボイスメモを操作したい！ ……149
228 録音したボイスメモはiPhoneでも確認できる？ ……149

位置情報

Question ▶ 229 自分がいる場所を取得してアプリを使いたい！ ……150

コンパス

Question ▶ 230 コンパスを使いたい！ ……150

231 目的地方向からのズレを確認したい！ 151
232 コンパスが不安定な時はどうしたらよいの？ 151

マップ

Question ▶ 233 マップで現在位置を確認したい！ 152
234 周辺の施設を探したい！ 152
235 マップで目的地の周辺を見たい！ 153
236 目的地までの経路を知りたい！ 153

人を探す

Question ▶ 237 友達の位置情報を確認したい！ 154
238 友達がいる場所まで案内してほしい！ 155
239 出発時や到着時に通知されるようにしたい！ 155
240 位置情報の共有を停止したい！ 155

ノイズ

Question ▶ 241 周囲の騒音を測定したい！ 156
242 騒音のレベルを設定したい！ 156

天気

Question ▶ 243 天気予報を確認したい！ 157
244 現在地以外の天気予報を表示したい！ 157
245 天気予報の表示を変えたい！ 158
246 文字盤で確認できる天気の都市を変更したい！ 158

株価

Question ▶ 247 株価をチェックしたい！ 159
248 <株価>アプリに銘柄を追加したい！ 159
249 株価を文字盤に表示したい！ 160

計算機

Question ▶ 250 Apple Watch で電卓を使いたい！ 160
251 電卓で消費税やチップの計算をしたい！ 161

オーディオブック

Question ▶ 252 オーディオブックを聴きたい！ 161
253 オーディオブックの音量調節などの操作をしたい！ 162
254 オーディオブックを追加したい！ 162

リマインダー

Question ▶ 255 iPhone で設定したリマインダーを表示したい！ 163
256 Apple Watch からリマインダーを作成したい！ 163
257 リマインダーを実行済みにしたい！ 164
258 リマインダーのリストを作成したい！ 164

259 リマインダーのリストの順序を入れ替えたい！ ……165
260 Apple Watch からリマインダーを操作したい！ ……165

第7章 音楽と写真

Bluetooth

Question ▶ 261 Bluetooth イヤホンを使いたい！ ……166
262 Bluetooth イヤホンのペアリングを解除したい！ ……166

AirPods

Question ▶ 263 AirPods を使いたい！ ……167
264 AirPods のバッテリー残量を確認したい！ ……167
265 AirPods Pro のノイズキャンセルを切り替えたい！ ……168
266 AirPods の操作方法を変更したい！ ……168

ミュージック

Question ▶ 267 iPhone 内の音楽を聴きたい！ ……169
268 iPhone で再生中の音楽を操作したい！ ……169
269 Apple Watch だけで音楽を聴きたい！ ……170
270 音楽のプレイリストを作りたい！ ……170
271 ワークアウト用のプレイリストを設定したい！ ……171
272 Apple Watch に入っている曲数を確認したい！ ……171
273 Apple Watch から音楽を削除したい！ ……171

Apple Music

Question ▶ 274 Apple Music の音楽を聴きたい！ ……172
275 Apple Music のプレイリストを同期したい！ ……173

AirPlay

Question ▶ 276 音楽をスピーカーに転送して再生したい！ ……174

Remote

Question ▶ 277 Mac の iTunes を操作したい！ ……175
278 Apple TV を操作したい！ ……175

Podcast

Question ▶ 279 Podcast を聴きたい！ ……176
280 Podcast を操作したい！ ……176

Radio

Question ▶ 281 ラジオを聴きたい！ ……177

282 Beats 1 を聴きたい！……177
283 おすすめのステーションを聴きたい！……178

写真

Question ▶ 284 Apple Watch で写真を見たい！……178
285 Apple Watch で Live Photos は表示できる？……179
286 iPhone の写真を同期したい！……179
287 保存できる写真の容量を変更したい！……179

カメラ

Question ▶ 288 iPhone のカメラのリモコンとして使いたい！……180
289 <カメラ>アプリのカメラモードを切り替えたい！……180
290 カメラを制御したい！……180

ホーム

Question ▶ 291 Apple Watch で操作できる家電って？……181

スクリーンショット

Question ▶ 292 スクリーンショットを撮りたい！……181
293 スクリーンショットを iPhone で確認したい！……182
294 スクリーンショットができない！……182

第8章 健康管理

アクティビティ

Question ▶ 295 アクティビティを設定したい！……183
296 ムーブで消費カロリーを知りたい！……184
297 ムーブのゴールを変更したい！……184
298 アクティビティの通知を確認したい！……185
299 iPhone でアクティビティの通知を設定したい！……185
300 アクティビティのトレンドって何？……186
301 アクティビティを友達と共有したい！……186
302 友達の進捗状況を確認したい！……187
303 アクティビティで友達と競争したい！……187
304 長時間座っているときに通知してほしい！……187

ワークアウト

Question ▶ 305 ワークアウトでさまざまな運動の記録を付けたい！……188
306 ワークアウトをフリーで実行したい！……189
307 ワークアウトのゴールを設定したい！……189

308 ワークアウトの進捗を確認したい！……190
309 開始前のカウントダウンをスキップしたい！……190
310 ワークアウトは中断できるの？……190
311 ワークアウトの結果を見たい！……191
312 ワークアウトの通知を確認したい！……192
313 ワークアウト中のバッテリー消費を抑えたい！……192
314 Apple Watch はプールで使えるの？……193
315 運動時にワークアウトがすぐに起動されるようにしたい！……194
316 ワークアウトを常に正しく計測したい！……194
317 フィットネス機器での運動もワークアウトに記録したい！……195
318 かざすだけでジムマシンと連携できるって本当？……195

アクティビティの管理

Question ▶ 319 万歩計として使いたい！……195
320 iPhone で日常の運動量を管理したい！……196
321 iPhone で取得したバッジを確認したい！……197
322 バッジは共有できるの？……197
323 車椅子でのアクティビティを設定したい！……198

ヘルスケア

Question ▶ 324 Apple Watch で計測したデータで健康状態がわかるの？……198
325 緊急時に必要な情報をすぐに確認したい！……199

心拍数

Question ▶ 326 手軽に心拍数を測定できないの？……199
327 心拍数のしきい値を設定したい！……200
328 心電図機能は使えないの？……200

呼吸

Question ▶ 329 呼吸アプリでリラックスしたい！……201
330 呼吸の頻度を設定したい！……201
331 呼吸アプリのリマインダーを停止したい！……202

周期記録

Question ▶ 332 周期記録アプリを使いたい！……202
333 Apple Watch で周期を記録しておきたい！……203
334 妊娠や月経の予測を確認したい！……203
335 周期記録のログを確認したい！……204

緊急 SOS

Question ▶ 336 緊急時に連絡したい人の情報を登録しておきたい！……204
337 今すぐ警察や消防車を呼びたい！……205
338 転倒した際に知人に通報してほしい！……205

339 転倒検出で助かった人っているの？ ……205

第9章 使いこなし

● アプリ

Question ▶ 340 Apple Watch からアプリをインストールしたい！ ……206
341 iPhone からアプリをインストールしたい！ ……207
342 アプリの情報を確認したい！ ……208
343 iPhone のアプリを Apple Watch に入れたくない！ ……208
344 アプリをアンインストールしたい！ ……209
345 アンインストールしたアプリを再表示したい！ ……209
346 アプリを完全に削除したい！ ……210
347 画面に表示されるアプリが多すぎる！ ……210
348 アプリを強制終了したい！ ……211

● ロック

Question ▶ 349 Apple Watch で Mac のロック画面を解除したい！ ……211

● VoiceOver

Question ▶ 350 画面を読み上げてほしい！ ……211

● 探す

Question ▶ 351 iPhone から Apple Watch を探したい！ ……212
352 Mac から Apple Watch を探したい！ ……213
353 Windows から Apple Watch を探したい！ ……214
354 Apple Watch が見つからなかった！ ……215
355 音を鳴らして iPhone を探したい！ ……215

● バッテリー

Question ▶ 356 バッテリーを長持ちさせるにはどうしたらいい？ ……216

● ユーザーガイド

Question ▶ 357 Apple Watch について詳しく知りたい！ ……216

● パスコード

Question ▶ 358 iPhone から Apple Watch のパスコードをオフにしたい！ ……217
359 パスコードの入力に失敗し続けたらどうなるの？ ……217

● リセット

Question ▶ 360 一部の機能だけをリセットしたい！ ……218
361 Apple Watch の調子が悪い！ ……218

復元

Question ▶ 362 iPhoneのバックアップから復元したい！……219

アップデート

Question ▶ 363 OSをアップデートしたい！……220

売却

Question ▶ 364 中古で売りたいけど事前にしておくことは？……220

第10章 設定

設定

Question ▶ 365 設定アプリで何ができるの？……221
366 Apple Watchの基本情報を確認したい！……222
367 Hey Siriをオフにしたい！……222
368 Siriの音声を設定したい！……223
369 Apple Watchの容量を確認したい！……223
370 画面を拡大できるようにしたい！……224
371 画面の明るさを変更したい！……224
372 文字の大きさを変えたい！……225
373 画面の文字の太さを変えたい！……225
374 画面のオン／オフラベルをわかりやすくしたい！……226
375 画面を白黒で表示したい！……226
376 背景の透明度を下げて見やすくしたい！……227
377 画面の動きを減らして見やすくしたい！……227
378 音量を変更したい！……228
379 画面のテキストを音声で読んでほしい！……228
380 正時にチャイムを鳴らしたい！……229
381 チャイムの音を変更したい！……229
382 AirPodsの左右の音量を変更したい！……230
383 サイドボタンのクリック間隔を調整したい！……230
384 対応した補聴器とペアリングしたい！……231
385 AirPodsが自分の耳にフィットしているか確認したい！……231
386 AirPodsをリモートマイクとして使いたい！……232
387 画面タッチの間隔を調整したい！……232
388 現在の時刻を振動で確認したい！……233
389 ショートカットを設定したい！……233
390 ホーム画面を初期状態に戻したい！……234
391 Apple Watchに赤い「！」が表示された！……234

Contents

第11章 定番アプリ

アプリ

Question ▶ 392 自分の睡眠を詳しく知りたい！……235
393 睡眠サイクルを知り、すっきり目覚めたい！……235
394 リラックスして、睡眠の質を高めたい！……236
395 ランニングを続けるモチベーションが欲しい！……236
396 自分に合ったトレーニングプランで運動したい！……237
397 運動量や消費カロリーを記録したい！……237
398 日課や予定をひと目で確認したい！……238
399 簡単にカロリーを計算をしたい！……238
400 目的地までの最適経路を知りたい！……239
401 災害情報や災害対策をいつでも確認したい！……239
402 現在地の正確な気象情報を確認したい！……240
403 現在地の正確な降雨情報を確認したい！……240
404 充実した翻訳機能を利用したい！……241
405 配車サービスを利用したい！……241
406 空港でスムーズな搭乗をしたい！……242
407 キャッシュレスで支払いをしたい！……242
408 キャッシュレスの使用状況をまとめて把握したい！……243
409 ポイントカードをひとつにまとめたい！……243
410 世界中の音楽を無料で楽しみたい！……244
411 スポーツの大会情報や試合速報を知りたい！……244
412 遠隔からMacのロックなどの操作をしたい！……245
413 複数の端末でメモ機能を共有したい！……245
414 今の天体情報を知りたい！……246
415 さまざまなカテゴリのニュースを確認したい！……246
416 iPhoneとApple Watchのバッテリー残量を確認したい！……247
417 毎日続けたい習慣を忘れずに管理したい！……247

Contents

ご注意：ご購入・ご利用の前に必ずお読みください

- 本書に記載された内容は、情報提供のみを目的としています。したがって、本書を用いた運用は、必ずお客様自身の責任と判断によって行ってください。これらの情報の運用の結果について、技術評論社および著者はいかなる責任も負いません。

- ソフトウェアに関する記述は、特に断りのないかぎり、2020年6月現在での最新バージョンをもとにしています。ソフトウェアはバージョンアップされる場合があり、本書の説明とは機能内容や画面図などが異なってしまうこともあり得ます。あらかじめご了承ください。

- インターネットの情報については、URLや画面などが変更されている可能性があります。ご注意ください。

- 本書記載の金額や料金は特に断りのないかぎり、2020年6月現在の消費税10％での税込表記です。

- 本書は以下の環境で動作を確認しています。ご利用時には、一部内容が異なることがあります。あらかじめご了承ください。
  端末：Apple Watch Series5
  端末のOS：iOS 13.4
  パソコンのOS：Windows 10, macOS

以上の注意事項をご承諾いただいた上で、本書をご利用願います。これらの注意事項をお読みいただかずに、お問い合わせいただいても、技術評論社および著者は対処しかねます。あらかじめご承知おきください。

Apple Watchの基本　Series 1 2 3 4 5

Q 001 Apple Watchで何ができるの？

A 体調管理や通話・メール、キャッシュレス決済などが可能です。

Apple Watchは、さまざまな機能を備えた腕時計型のウェアラブルデバイスです。手首に装着することで、時計としての機能はもちろん、通話やメッセージのやり取り、センサーを利用した生活習慣の記録のほか、キャッシュレス決済などがiPhoneを取り出すことなく行えます。加えて、アプリをインストールして機能を追加できる点も、Apple Watchの魅力の1つです。アプリには、電車の乗換案内やリアルタイムの降雨情報を知らせてくれるものなど、さまざまな種類が用意されています。そのほか、文字盤のデザインも豊富なので、自分好みにカスタマイズすることができます。

Apple Watchでできること

時計

アナログとデジタルだけでなく、人気キャラクターが時刻を教えてくれる機能もあります。

健康管理

心拍数や運動の記録を付けることができます。運動の記録や結果を友人と競うことも可能です。

電話をかける／受ける

iPhoneを取り出さずに通話が行えます。

音楽やラジオの再生

Apple Musicの音楽やラジオを聞くことができます。

メッセージの送受信

メッセージの送受信ができます。通知も確認できます。

キャッシュレスで支払う

クレジットカードを登録することで、店舗や改札で腕をかざして支払いできます。

アプリを追加する

電車の乗換情報や天気予報など、好きなアプリをインストールして機能を追加できます。

Q 002 Apple Watchはどんなときに便利？

A iPhoneを取り出せない状況での通信や健康管理に便利です。

Apple Watchを装着していると、iPhoneのアプリに届いた通知を手首の上で確認して、そのアプリを操作することができます。そのため、通知を見逃しにくくなるだけでなく、iPhoneを取り出す手間が減ります。また、iPhoneに登録したクレジットカードをApple Watchでも使用できるように設定することで、店舗や駅でのキャッシュレス決済も可能になります。そのほか、ランニングや水泳、サイクリングといったワークアウトを行った際、消費カロリーや心拍数の推移を記録することもできます。記録は蓄積され、継続すると評価のメッセージが届くので、効率的に健康管理をしたい人にとって便利です。ちょっとした調べ物も、Apple Watchで行うことができます。Apple Watchを口元にかざして質問すると、AIアシスタントのSiriが答えてくれます。

通知を見逃したくないとき

混んでいる電車内や運動中といった、iPhoneを取り出しにくい場面でも、かんたんに通知を確認できます。

スムーズに買い物したいとき

キャッシュレス決済ができます。手首をかざすだけなので、iPhoneを使うよりもさらにスムーズです。

運動習慣を継続させたいとき

日々の運動やトレーニングを記録できます。内容を友人と競うこともできます。

健康状態を把握したいとき

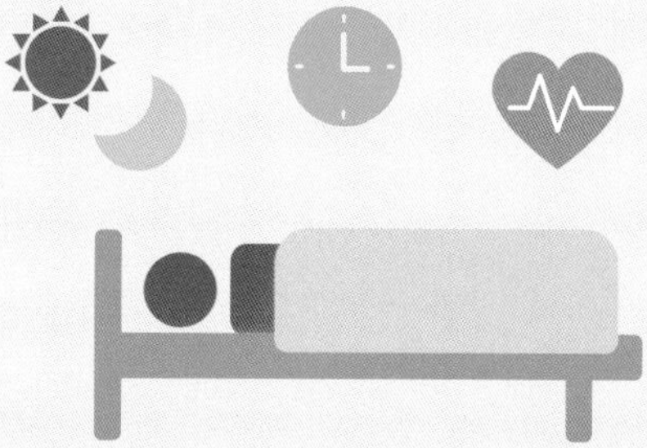

装着しているだけで、脈拍などの健康状態を記録できます。睡眠中など、無意識の健康状態も把握できます。

Q 003 Apple Watchにはどんなモデルがあるの？

A ケースやバンドごとに異なったモデルが存在します。

Apple Watchのモデルには、2019年9月に発売されたSeries5と2017年9月に発売されたSeries3の2種類があります（2020年6月現在）。どちらも、ケースやバンドの素材によって、あるいは単体で通信機能を備えるかどうかによって、さらにいくつかのモデルが用意されています。Series5で5種類、Series3で2種類のモデルがあります。予算や用途に応じて選ぶとよいでしょう。なお、2018年9月に発売されたSeries4は生産を終了しています。

Apple Watch Series5のモデル

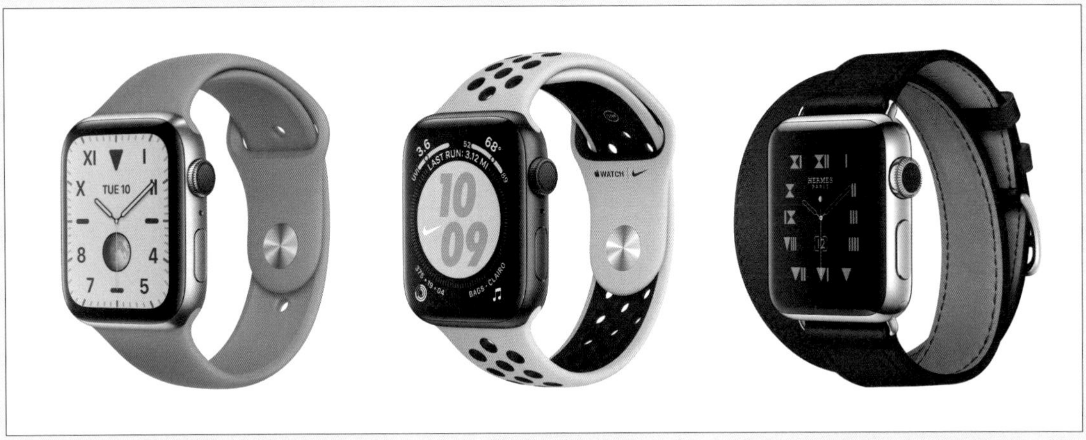

	モデル名	ケース	バンド	ケース
Series5	Apple Watch（GPSモデル）	アルミニウム	スポーツバンドorスポーツループ	44mmケース／40mmケース
	Apple Watch（GPS+Cellularモデル）	アルミニウムケースorステンレススチール	スポーツバンドorミラネーゼループ	44mmケース／40mmケース
	Apple Watch Nike	アルミニウム	NikeスポーツバンドorNikeスポーツループ	44mmケース／40mmケース
	Apple Watch Hermès	ステンレススチール	Hermèsレザーストラップ	44mmケース／40mmケース
	Apple Watch Edition	チタニウムorセラミック	スポーツループorレザーループ	44mmケース／40mmケース

Apple Watch Series3のモデル

	モデル名	ケース	バンド	ケース
Series3	Apple Watch（GPSモデル）	アルミニウム	スポーツバンドorスポーツループ	42mmケース／38mmケース
	Apple Watch（GPS+Cellularモデル）	アルミニウムケースorステンレススチール	スポーツバンドorミラネーゼループ	42mmケース／38mmケース
	Apple Watch Nike（GPSモデル）	アルミニウム	NikeスポーツバンドorNikeスポーツループ	42mmケース／38mmケース
	Apple Watch Nike（GPS+Cellularモデル）	アルミニウム	NikeスポーツバンドorNikeスポーツループ	42mmケース／38mmケース

AppleのWebページ（https://www.apple.com/jp/watch/）では、Series5とSeries3の性能を比較できます。また、モデルを変更した場合の値段の違いなどもすぐにわかるので、検討の際に参考にするとよいでしょう。

Apple Watchの基本

Series 3 5

Q 004 Apple Watchのサイズはどちらを選べばいいの？

A 価格を抑えたい人は小さいサイズを選ぶとよいかもしれません。

Series5は44mmと40mm、Series3は42mmと38mmです。大きいサイズの場合、手首の周りが140～220mmの人にフィットします。小さいサイズの場合、130mm～200mmの人にフィットします。画面サイズが大きいと表示が見やすく、タップなどの操作も比較的スムーズに行えます。画面サイズが小さいモデルは軽くて扱いやすいため、手首が細い人や女性向きです。価格も安く、画面サイズが大きいモデルよりも3,000円～5,000円安く購入できます。

Series5のサイズ比較（原寸）

44mmケース

40mmケース

Series3のサイズ比較（原寸）

42mmケース

38mmケース

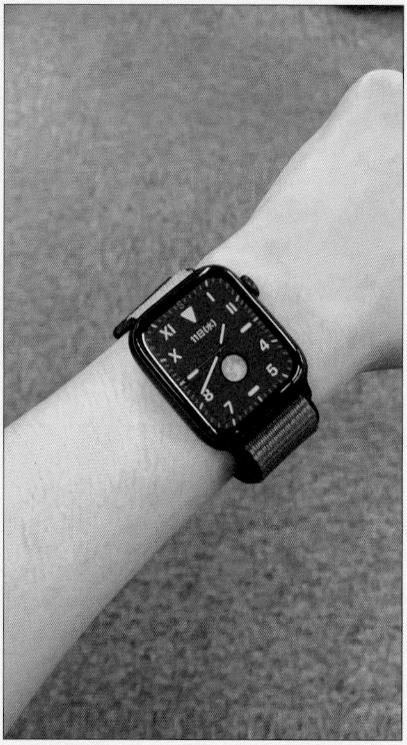

実際にApple Watch Series5の44mmサイズを装着したところです。画面が大きく見やすいぶん、かなりの存在感があります。

Q Apple Watchの基本 Series 1 2 3 4 5

005 WatchOSって何？

A Apple Watchの システムソフトウェアです。

WatchOSとは、Apple Watchの動作やユーザーの操作などをつかさどるシステムソフトウェアのことです。パフォーマンスの向上や新しい機能の追加など、Apple Watchがより便利に使えるように、watchOSは定期的に新しいバージョンが公開されています。2020年6月現在のwatchOSは、バージョン6.2です。アップデートの方法はQ.363を参照してください。

watchOS 6
もっとあなたがわかる。
もっと毎日を楽しめる。
アクティビティのトレンド、周期記録、耳の健康を守るイノベーション、手首の上のApp Store。
watchOS 6では、あなたが健康とフィットネスの習慣を維持するために必要なことがわかります。
さらなるアップデートとサプライズが、Apple Watchをもっと手放せないものにします。

いつもつながるための新しい方法。
文字盤
こんなにスタイリッシュ
なのに、こんなに使える。
キュートな顔から、便利な顔まで。指先に一段と多くの機能がほしい時も、手首の上にアクセントを加えたい時も、あなたの気分や使い方にぴったりのものが見つかる。まったく新しい文字盤のラインナップが登場します。

アップデートの詳細は、AppleのWebサイト（https://www.apple.com/jp/watchos/watchos-6/）で確認できます。

Q Apple Watchの基本 Series 1 2 3 4 5

006 WatchOSは最新にしたほうがいいの？

A できるだけ最新にしておきましょう。

WatchOSのアップデートが公開されると、Apple Watchに通知されます。最新にすることで、それまでの不具合が解消されたり、新しい機能が追加されたりします。忘れないようにアップデートしておきましょう。

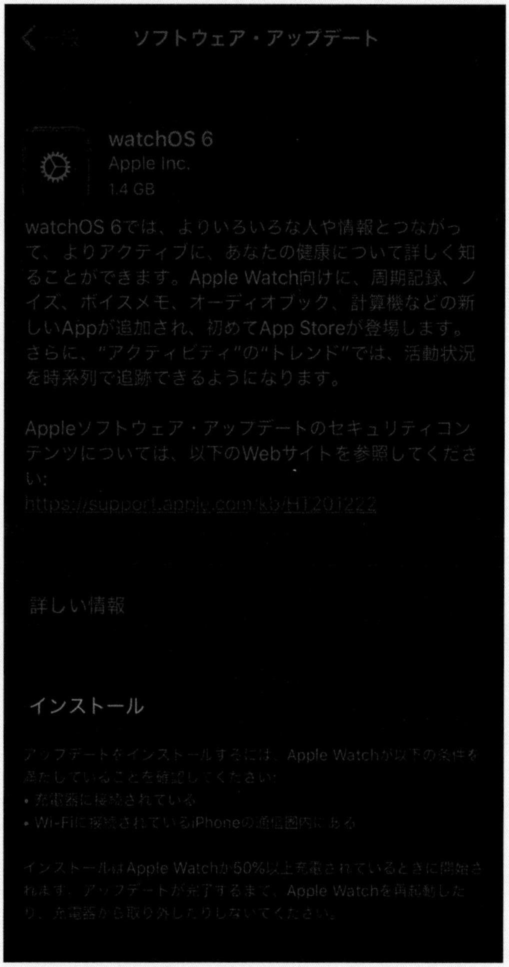

ソフトウェア・アップデート
watchOS 6
Apple Inc.
1.4 GB
watchOS 6では、よりいろいろな人や情報とつながって、よりアクティブに、あなたの健康について詳しく知ることができます。Apple Watch向けに、周期記録、ノイズ、ボイスメモ、オーディオブック、計算機などの新しいAppが追加され、初めてApp Storeが登場します。さらに、"アクティビティ"の"トレンド"では、活動状況を時系列で追跡できるようになります。
Appleソフトウェア・アップデートのセキュリティコンテンツについては、以下のWebサイトを参照してください:
https://support.apple.com/kb/HT201222
詳しい情報
インストール

アップデートの有無は、iPhoneの「Watch」アプリから確認できます。

Q 007 歴代のApple Watchにはどんな種類があるの？

A Series5を含めて6種類です。

初代Apple Watchが発売されたのは2015年です。基本的な形状や機能、使い方は変わりませんが、処理速度や画面の大きさ、防水性能など、新しいシリーズが発売されることにより使い勝手が向上していきました。今やスマートウォッチ市場の過半数におよぶシェアを獲得しています。

初代

2015年4月に発売された、初代モデルです。メッセージの送受信やワークアウトの記録など、基本的な機能はすでに備えていました。

Series1 ／ 2

2016年9月に発売されました。Series1は初代からプロセッサーが強化され、Series2はそれに加えて電子マネーにも対応しています。

Series3

2017年9月に発売されました。新たにW2チップと気圧高度計を搭載しています。フル充電時で、約1時間の通話が可能です。また、初めてGPS+Cellularモデルが用意され、docomo、au、SoftBankのキャリアとiPhoneと共に契約することで、Apple Watch単独での通信も可能になりました。Apple Payも世界共通で使えるようになり、海外モデルでもSuicaに対応しています。

Series4

2018年9月に発売されました。Series 3と同じくGPSモデルとGPS+Cellularモデルがあります。S4プロセッサの処理速度が約2倍に向上したほか、バンドは全てのApple Watchとの互換性があります。画面も大きくなり、40mmと44mmモデルが用意されました。ベゼルが細くなったぶん、表示部が30%以上拡大した点も大きな特徴でした。電気式心拍センサーも搭載され、心電図アプリに対応するようになりましたが、2020年5月現在、日本では使用できません。操作感も向上し、デジタルクラウンを回した感触が手に伝わるようになりました。加えて、ジャイロセンサーの性能向上にともない、装着している人物が転倒したり高いところから落ちたりしたあと、1分間動かなくなると、自動的に緊急通報を行う機能が追加されました。

Series5

2019年9月に発売されました。Series 4と同じくGPSモデルとGPS+Cellularモデルがあります。チップセットには64ビットデュアルコアのS5を搭載し、S3の最大2倍ほど高速です。本体のデザインと大きさはSeries 4とほぼ同じで、40mmと44mmの2モデルが用意されています。ケースは新たにチタニウムが追加され、セラミックも復活しました。ディスプレイは新型となり、Apple Watchを見ていないあいだも画面表示が続く常時点灯が採用されました。

Apple Watchの基本

Q 008 初代Apple Watch はもう使えないの？

A まだ使用できますが、公式に購入はできません。

初代Apple Watchはすでに生産を終了していますが、使用すること自体は可能です。iPhoneとのペアリング（Q.025参照）から、初期設定でインストールされているアプリの使用まで、問題なく行うことができます。ただしwatchOSのアップデートができず、一部のアプリに不具合が出ることもあるため、あえて購入する必要はないかもしれません。

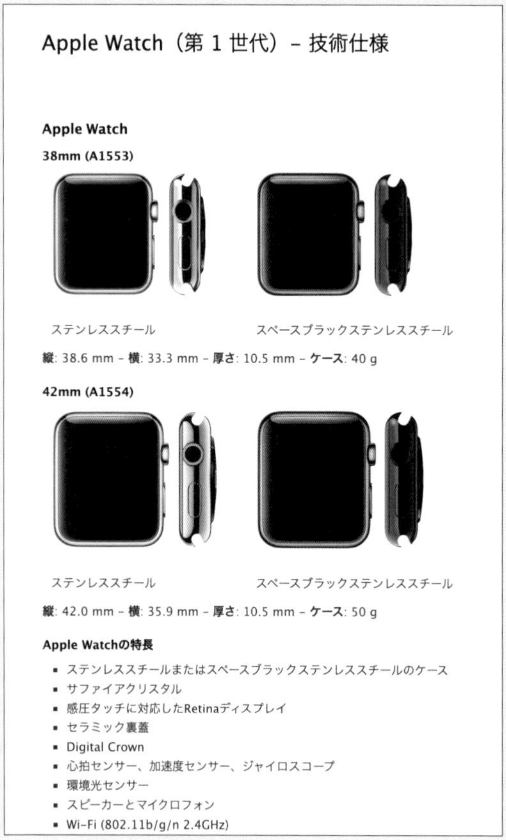
Apple Watch（第 1 世代） – 技術仕様

Apple Watch
38mm (A1553)

ステンレススチール　スペースブラックステンレススチール

縦: 38.6 mm – 横: 33.3 mm – 厚さ: 10.5 mm – ケース: 40 g

42mm (A1554)

ステンレススチール　スペースブラックステンレススチール

縦: 42.0 mm – 横: 35.9 mm – 厚さ: 10.5 mm – ケース: 50 g

Apple Watchの特長

- ステンレススチールまたはスペースブラックステンレススチールのケース
- サファイアクリスタル
- 感圧タッチに対応したRetinaディスプレイ
- セラミック裏蓋
- Digital Crown
- 心拍センサー、加速度センサー、ジャイロスコープ
- 環境光センサー
- スピーカーとマイクロフォン
- Wi-Fi (802.11b/g/n 2.4GHz)

Apple Watchの基本　Series 3 4 5

Q 009 Apple Watch3~5で何が変わったの？

A 処理速度や、使用できるアプリの種類などです。

Q.001で紹介した機能は、基本的にどのシリーズも共通しています。しかし、新しい機種ほど細かい機能が追加されており、使いやすく便利になっています。

シリーズ名	新たに追加された主な特長
3	GPSモデルとGPS＋Cellularモデルの2種類が登場、W2チップの搭載、気圧高度計の搭載
4	処理速度が約2倍に向上、W3チップの搭載、表示部が約30%拡大、転倒検出、心電図機能（日本では未認証）
5	チップセットの高速化、チタニウムモデルとセラミックモデル、常時点灯の追加

Q 010 Apple Watchの各部名称を知りたい！

A ディスプレイ、デジタルクラウン、サイドボタンの3つを覚えましょう。

Apple Watchのディスプレイには、時刻やアプリなどの情報が表示され、指先で直接触れApple Watchを操作します。Apple Watchの右側面にあるのは、デジタルクラウンとサイドボタンです。デジタルクラウンは上下に回すことで画面を切り替えたり、選択したりすることができます。サイドボタンは、電源のオンオフや緊急通報を行う際に押すボタンです。本体裏側には心拍センサーとバンド・リリース・ボタンがあります。心拍センサーは装着している間、手首から心拍数を読み取って記録します。バンド・リリース・ボタンを押すと、バンドを外すことができます。

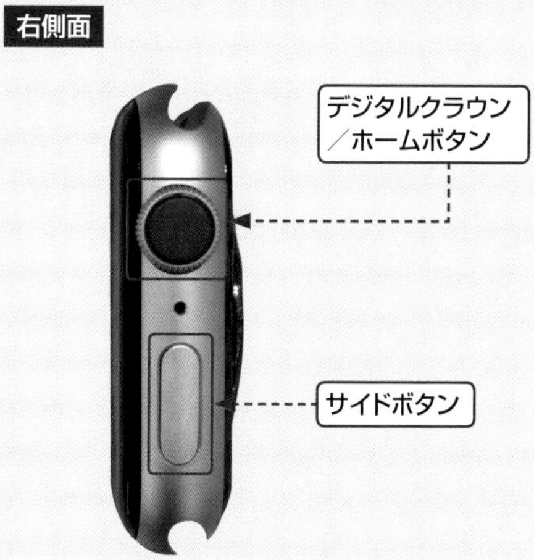

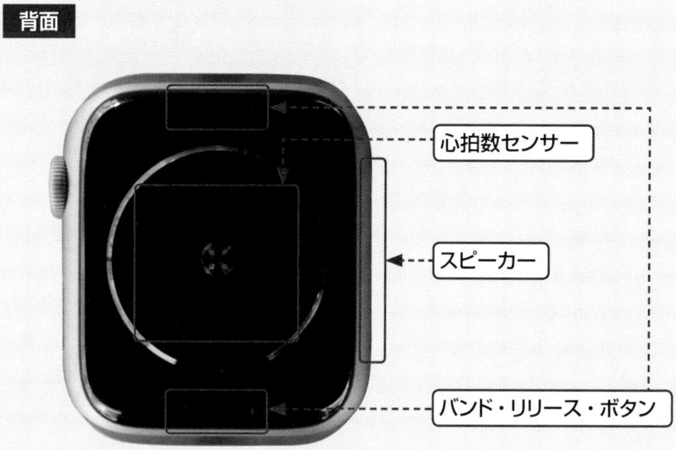

Apple Watchの基本　Series 1 2 3 4 5

Q 011 Apple Watchにはどんなバンドがあるの？

A 7種類のモデルをベースに、さまざまな色のものが用意されています。

Apple Watchのバンドは、汚れに強い「スポーツバンド」、通気性に優れた「スポーツループ」、軽さが特徴の「Nikeスポーツバンド」、反射する光を織り込んだ「Nikeスポーツループ」、独特の質感がある「レザー」、高級感あふれる「Hermès レザー」、精巧な設計の「ステンレススチール」の7種類が用意されています。

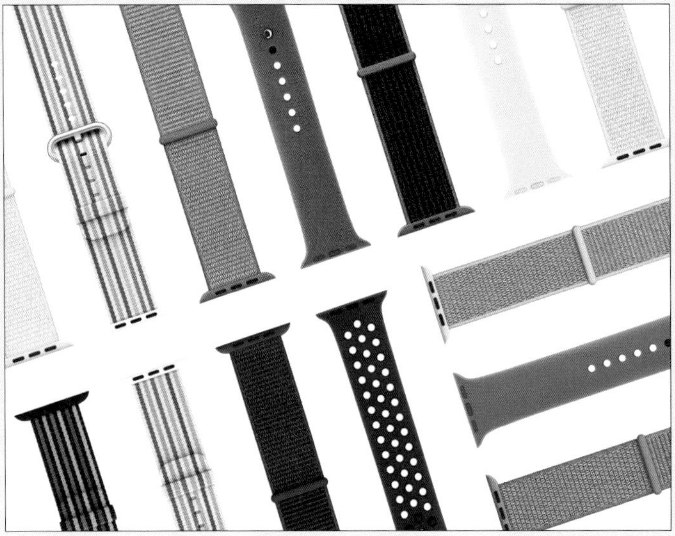

用途やデザイン性に応じたさまざまな素材だけでなく、カラーリングも豊富です。かんたんにバンドが付け替えられるのもApple Watchの魅力です。

「Apple Watch Studio」（https://www.apple.com/jp/shop/studio/apple-watch）では、好きなバンドの組み合わせを視覚的に確認することができます。

Apple Watchの基本 Series 1 2 3 4 5

Q 012 純正以外のバンドを使っても大丈夫？

A 大丈夫です。

Apple Watch純正のバンドは、高品質であることは間違いないものの、高価であるため、手を出しにくいと感じる人も多いでしょう。Apple社以外のサードパーティーから安価なバンドも販売されています。純正にはない個性的なデザインのバンドが用意されているのも、サードパーティー製品の特長です。

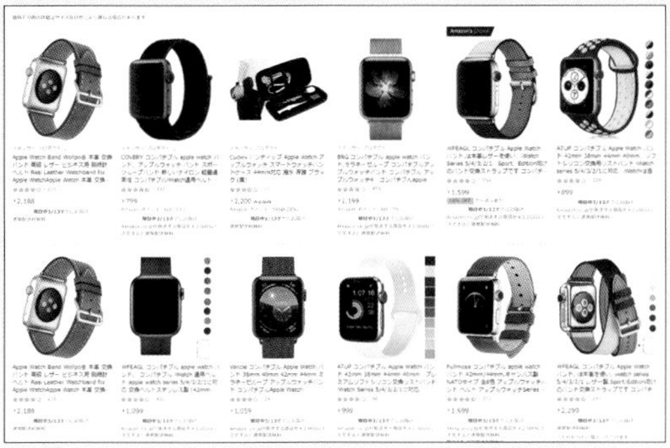

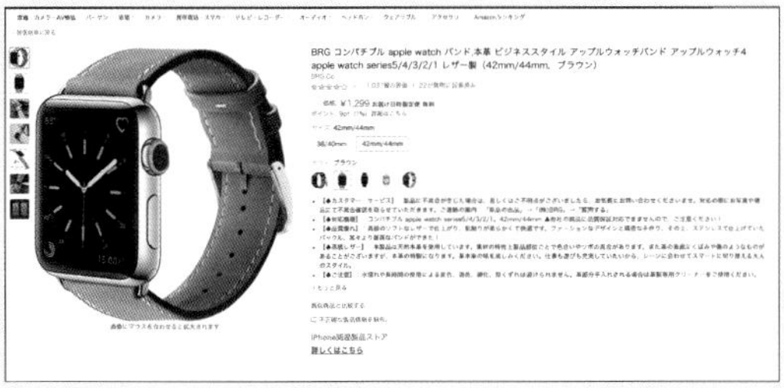

Amazonなどで「Apple Watch バンド」と検索すると、たくさんのバンドが安く販売されているのを確認できます。

Apple Watchの基本 Series 1 2 3 4 5

Q 013 バンドを交換したい！

A コツさえ覚えれば、すぐに交換できるようになります。

Apple Watchのバンドを外すときは、本体裏側のバンド・リリース・ボタンを押します。新しいバンドを装着する際はボタンを押す必要はなく、ただスライドさせて入れるだけです。

本体裏側のバンド・リリース・ボタンを押しっぱなしにします。親指の先などで押しつつ、残った指で本体を支えると安定します。ボタンを押したまま、バンドを持って左か右にスライドさせます。この際、できるだけ本体との接合部に近い部分を持つようにしましょう。

Apple Watchの基本

Series 5

Q 014 Editionモデルは何が違うの？

A 本体の素材が違います。

Apple Watch Editon モデルは、本体にチタニウムまたはセラミックを使用しています。チタニウムはステンレススチールより軽量ながら、2倍の強度を持つ金属です。セラミックはステンレススチールの4倍以上の強度があります。

Apple Watchの基本

Series 3 5

Q 015 Nikeモデルはどんな人向け？

A 運動を日常的に行う人にピッタリのモデルです。

Apple Watch Nikeモデルは、フィットネス向けに開発されたモデルです。Nikeモデルにはロゴがあしらわれた専用の文字盤が用意されていて、「Nike Run Club」というランニングのためのアプリをすぐに起動することができます。また、通気性に優れた専用のバンドも用意されています。

Apple Watchの基本

Series 5

Q 016 Hermèsモデルって何？

A よりスタイリッシュなモデルです。

Apple Watch Hermès モデルは、ファッションブランドであるHermès とAppleがコラボしたモデルで、高級感のあるHermès 製バンドとオリジナルの文字盤が特徴です。機能面は通常のApple Watch と変わりありません。

Q 017 GPS+CellularモデルとGPSモデルの違いは？

A 単体でモバイルデータ通信が行えるかどうかです。

GPS+Cellularモデルは、キャリアと契約すると、Apple Watch単体でモバイルデータ通信に接続できるので、外出の際などにiPhoneが手元になくても、ほとんどの機能を利用することができます。ランニングなど外で運動する場合には特に重宝します。GPSモデルは、iPhoneを介して通信を行うため、常にiPhoneを携帯する必要があります。ただし、Apple Pay（4章参照）は、iPhoneが手元になくても利用することができます。

GPS+Cellularモデル

GPSモデル

GPS+Cellularモデルは、デジタルクラウンのふちが赤くなっています。GPSモデルはふちが赤くなっていません。

iPhoneが手元にない状態で行える操作

	GPS+Cellularモデル	GPSモデル
電話	○	×
メッセージの送受信	○	×
ストリーミング再生	○	×
ダウンロードした音楽の再生	○	○
カレンダー	○	×
地図アプリ	○	×
天気予報	○	×
ワークアウトのトラッキング	○	○
アクティビティのトラッキング	○	○
キャッシュレス払い	○	○

Apple Watchの基本 Series 1 2 3 4 5

Q 018 Apple Watchを使うにはiPhoneが必要なの？

A 必須です。

Apple Watchを使い始めるときには、持ち主が利用しているiPhoneとのペアリングが必要です。ペアリングすることで、iPhoneと同じApple IDがApple Watchにも設定されます。iPhoneの一部の機能やアプリと同期して、連携した操作ができるようになります。友人や家族のiPhoneとペアリングしても、Apple IDが異なるため、利用することはできません。また、Apple IDを設定していないiPhoneとペアリングした場合は、個人情報に関わる多くの機能が利用できません。

Apple Watchを使用するには、最初に自分のiPhoneが必要。

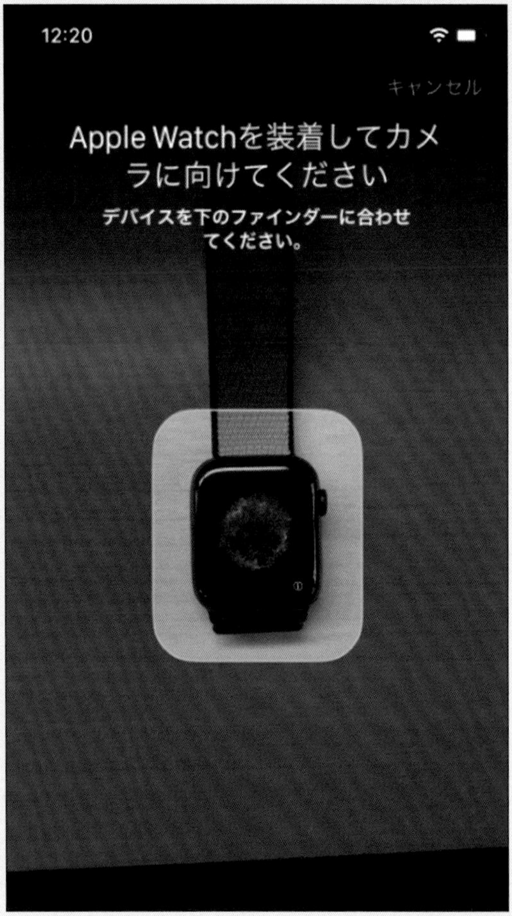

このように、iPhoneからApple Watchを同期する手順を経ないと、使用はできません。

Q Apple Watchの基本 Series 3 4 5

019 Cellularモデルはキャリアとの契約が必須なの？

A 契約しなくても使用はできます。

GPS＋Cellularモデルは、キャリアとモバイルデータ通信の契約をしなくても利用できます。ただし、契約しないとモバイルデータ通信に接続できないため、実質、GPSモデルと変わらなくなります。モバイルデータ通信に接続する場合は、iPhoneとのペアリング時にモバイル通信を設定するか、「Watch」アプリの「モバイル通信」から契約を行います。

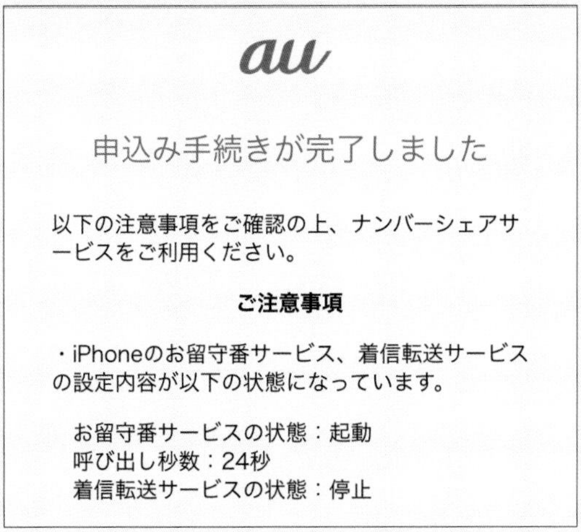

Q Apple Watchの基本 Series 3 4 5

020 Cellularモデルの通信料金は？

A 月額350円です。

GPS＋Cellularモデルの通信料金はどのキャリアでも月額350円です。なお、2020年6月現在、SIMフリーには対応していません。au、docomo、Softbankのいずれかのキャリアとの契約が必要になります。契約は、各キャリアから発売されているApple Watchを購入するか、Apple Storeで購入したApple Watchを、iPhoneとペアリングする際に契約する方法があります。

1つのiPhoneの回線につき、最大5台のApple Watchを契約できます。ただしアクティブになるのは、装着している1つのApple Watchだけです。

Apple Watchの基本　Series 3 4 5

Q 021 Apple Watchの通信にはどんな種類があるの？

A Bluetooth、Wi-Fi、モバイルデータ通信があります。

Apple Watchは、BluetoothとWi-Fiという2つの通信方法を使っています。このうち、優先的に使われるのはBluetoothで、iPhoneが近くにあるときのみ有効になります。Bluetoothが利用できない場合は、Apple WatchはWi-Fiを使って通信します。BluetoothもWi-Fiも使えない場合は、GPS＋Cellularモデルでキャリアと契約していれば、モバイルデータ通信でネットワークに接続できます。

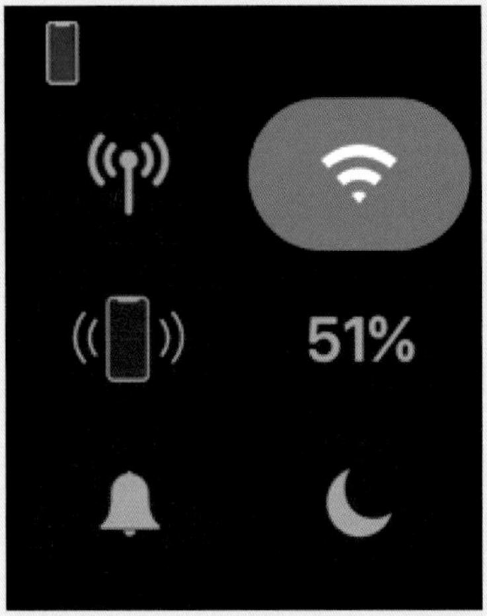

通信の状況はApple Watchのコントロールセンターから確認できます。なお、この外面で確認できるのはモバイルデータ通信とWi-Fiの有無です。この場合、Wi-Fiのマークが有効になっています。

Apple Watchの基本　Series 3 4 5

Q 022 AndroidデバイスではApple Watchを使えないの？

A iPhoneとペアリングした後で別サービスに加入すれば可能です。

AndroidスマートフォンでApple Watchを使うこともできますが、使い始めるときには必ずiPhoneとのペアリングが必要です（Q.025参照）。ペアリングが済んだら、1つの電話番号を複数のスマートフォンで共有できるdocomoの「ワンナンバーサービス」に加入します（月額500円）。次にiPhoneのBluetooth接続をオフにして、iPhoneのSIMカードをAndroidに差し替えます。通話機能や電話番号を使ったメッセージ（SMS）の送受信機能などを利用することができます。なお、この方法が可能なのはGPS+Celluarモデルだけです。

Androidだけ持っていてもペアリングできない

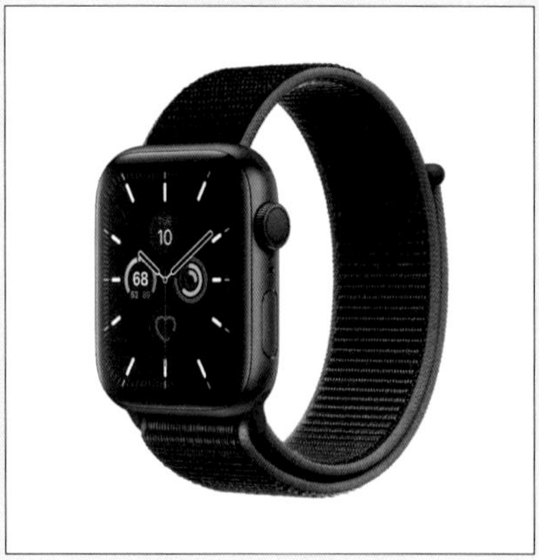

Apple Watchの基本 Series 1 2 3 4 5

Q 023 保護ケースは必要？

A 破損の危険は緩和できますが、デメリットもあります。

Apple Watchは常に露出しているため、壁にぶつけたりドアに挟んだりして画面が割れてしまうことも考えられます。画面の交換には数万円かかるため、心配であれば保護ケースを付けるのも1つの方法です。ただし、水の中や雨の日には曇ってしまい、操作しづらくなるなどのデメリットもあります。アウトドアなどリスクが高い場所に行く際だけ取り付ける、といった使い方がちょうどよいかもしれません。

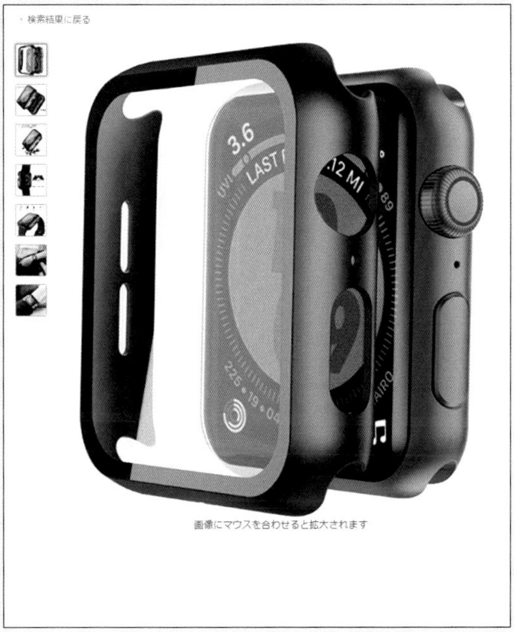

市販されている保護ケースは、本体全体を包み込むようなタイプのものが主流です。操作性はやや悪くなりますが、画面割れのリスクは軽減できます。

Apple Watchの基本 Series 1 2 3 4 5

Q 024 保護フィルムなら操作性に影響がないのでは？

A 慎重に選べばよい選択肢となります。

Apple Watchの破損の危険を軽減するために保護フィルムを貼るという選択肢もあります。この場合、ガラスフィルムでは意味がありません。Apple Watchの画面はサファイアガラスという非常に硬質なガラスなので、ガラスフィルムで保護できる傷はそもそもつかないためです。保護フィルムを貼りたい場合は、ガラスフィルムよりも弾力性があるTPU素材などを選択したほうがよいでしょう。

多くのフィルムは1つのパッケージに複数枚が同梱されており、経済的です。

Q 025 iPhoneとペアリングするにはどうするの？

A iPhoneの<Watch>アプリから行います。

Apple Watchの使用を始めるには、iPhoneとのペアリングが必要です。ペアリングの前に、iPhoneを最新バージョンの iOSにアップデートしておきます。また、iPhoneのBluetoothが有効になっていて、Wi-Fiまたはモバイルデータ通信に接続されていることも必要です。

Apple Watchのサイドボタンを長押しして電源をオンにします。

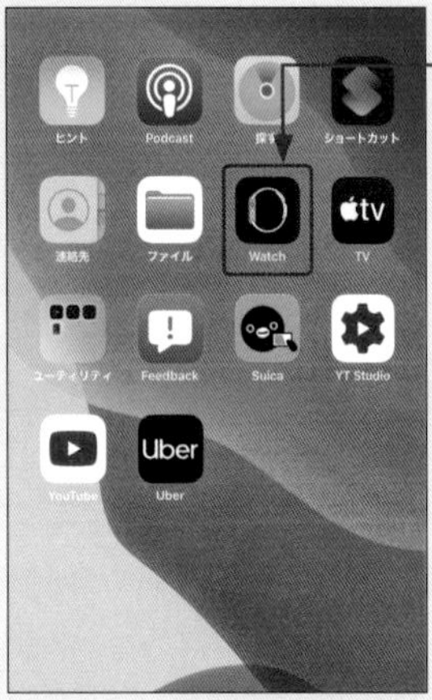

1 iPhoneのホーム画面で<Watch>をタップします。

2 <ペアリングを開始>をタップします。

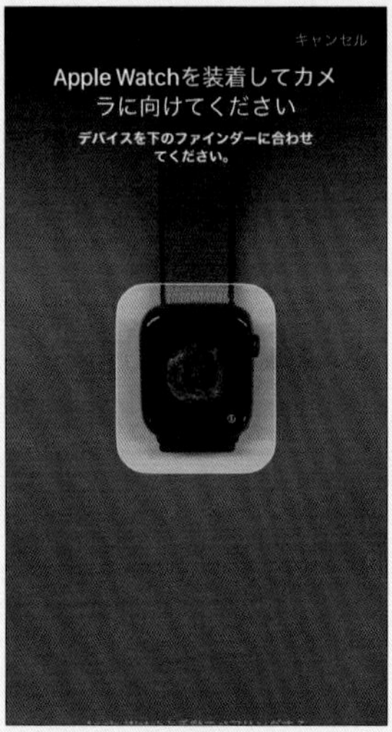

3 Apple Watchのディスプレイ部分が、iPhoneのファインダーに写るようにします。

4 <新しいApple Watchとして設定>をタップします。

↗

5 Apple Watchを装着する腕を選択します。<左>か<右>をタップします。

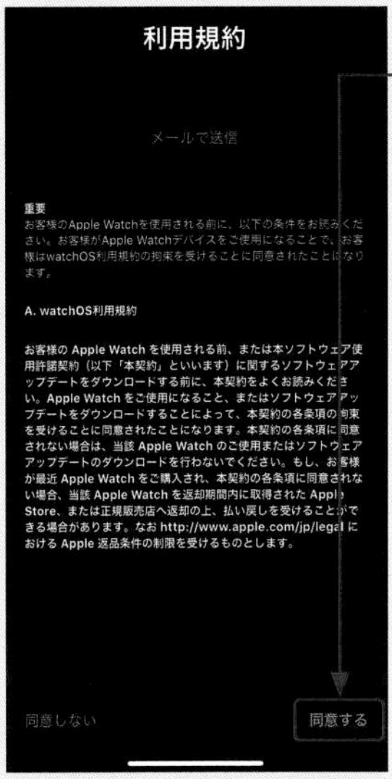

6 「利用規約」画面で<同意する>をタップします。

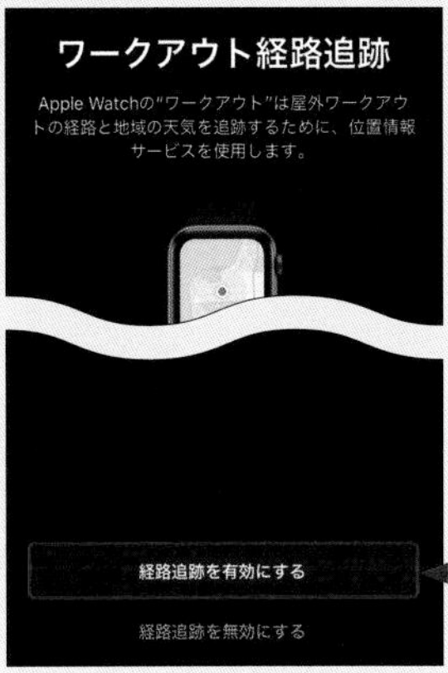

7 「ワークアウト経路追跡」画面で<経路追跡を有効にする>をタップします。

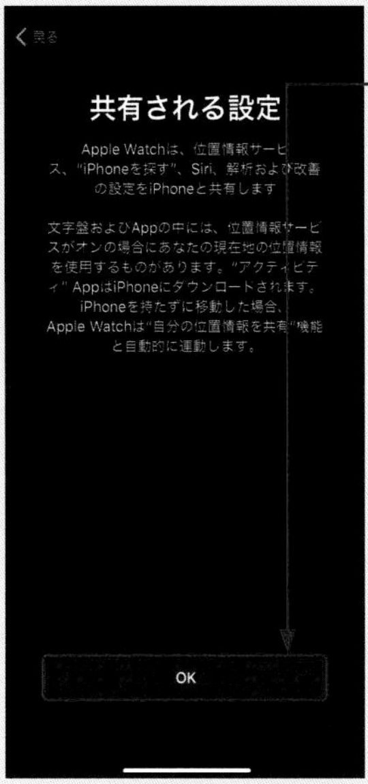

8 「共有される設定」画面が表示されます。<OK>をタップします。

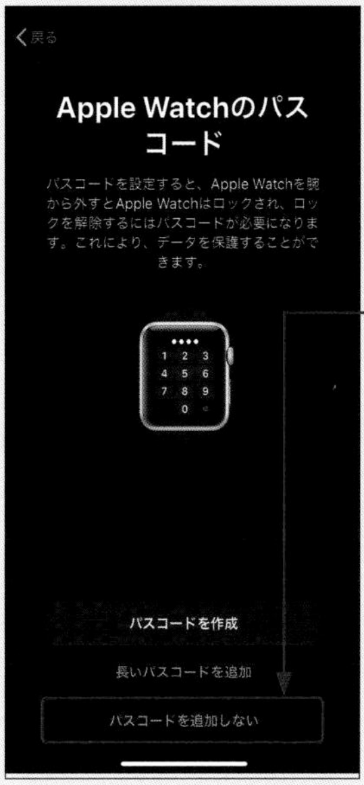

9 「Apple Watchのパスコード」画面が表示されます。ここでは<パスコードを追加しない>をタップします。その後、「アクティビティ」画面で<この手順をスキップ>→「Apple Watchを常に最新の状態に」画面で<続ける>→「緊急SOS」画面で<続ける>の順にタップすると、ペアリングが始まります。

Apple Watchの基本 Series 1 2 3 4 5

Q 026 Apple Watchとペアリングできるiphoneの種類は？

A iOS 13以降を搭載したiPhone 6s以降であればOKです。

2020年6月現在、Apple Watchとペアリングできるiphoneは、iOS 13以降を搭載したiPhone 6s以降のモデルです。対象となるのは、iPhone 6s/6s Plus、iPhone SE（第1世代）、iPhone 7/7 Plus、iPhone 8/8 Plus、iPhone X、iPhone XS/XS Max、iPhone XR、iPhone 11、iPhone 11 Pro/11 Pro Max、iPhone SE（第2世代）です。

Apple Watchの基本 Series 3 5

Q 027 Apple Watchを家族で共有できるの？

A その都度ペアリングし直せば、可能です。

家族がみなiPhoneを使っていて、Applie Watchが1台だけある場合、そのままでは家族で共有することはできません。ペアリングを解除して、ほかの家族のiPhoneとペアリングし直せば不可能ではありませんが、そのたびに20〜30分ほど時間がかかるため、あまり現実的とは言えません。

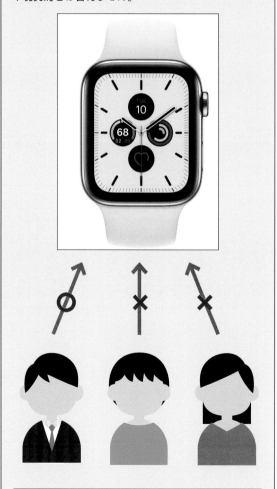

1台のApple Watchは、同時に複数のiPhoneと同期することはできません。

Apple Watchの基本　Series 1 2 3 4 5

Q 028 複数のApple Watchを使いたい！

A iPhoneに複数のApple Watchをペアリングすることができます。

1台のiPhoneには、最大5台のApple Watchをペアリングできます。その際、ペアリングしたすべてのApple WatchでiPhoneのデータが共有されます。複数のApple WatchをiPhoneとペアリングするには、以下の手順を実行してください。なお、一度ペアリングしたApple Watchを切り替える方法は、切り替えたい方のApple Watchを装着して手首を上げるだけです。

1 iPhoneで＜Watch＞をタップします。

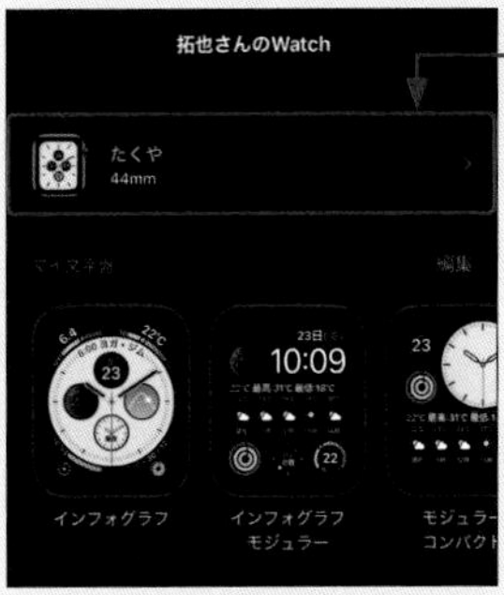

2 ＜ユーザー名＞をタップします。

3 ＜新しいWatchとペアリング＞をタップして、Q.025を参考にペアリングします。

Apple Watchの基本　Series 1 2 3 4 5

Q 029 ペアリング中のカメラの読み込みができない！

A 手動でペアリングすることも可能です。

ペアリングの際に、iPhoneのカメラがApple Watchを上手く読み込めないことがあります。そのようなとき以下の手順を実行してください。

1 ＜Apple Watchと手動でペアリングする＞をタップして、

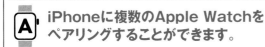

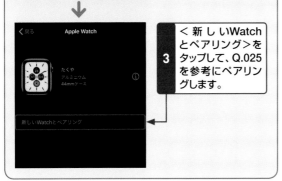

2 Apple Watchで＜i＞をタップすると、

3 Apple Watchの名前が表示されます。Apple Watchの名前をタップすると、ペアリングが始まります。

Apple Watchの基本　Series 3 4 5

Q 030 Wi-Fi環境がある場合、自動的に通信が切り替わるの？

A ペアリングしているiPhoneと同じネットワークに切り替わります。

GPS＋CellularモデルのApple Watchがモバイルデータ通信に接続していない場合は、Wi-Fiに接続できます。ペアリングしているiPhoneが接続しているWi-Fi通信に自動的に切り替わります。

ペアリングしているiPhoneと同じWi-Fiネットワークにある場合、

Wi-Fiが自動的に有効になります。有効になります。

もう一度同じ場所をタップするとWi-Fiがオフになります。

Apple Watchの基本　Series 3 4 5

Q 031 Wi-Fi環境のない場所で通信したい！

A タップ1つでかんたんに行えます。

GPS+CellularモデルのApple Watchであれば、コントロールセンターから、すぐにモバイルデータ通信に接続できます。モバイルデータ通信の圏外でなければ、Apple Watch単体で通信機能を使うことができます。

1 をタップします。

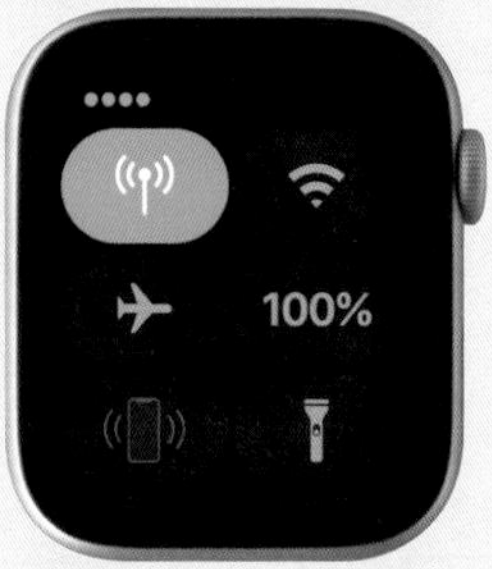

モバイルデータ通信がオンになります。

もう一度同じ場所をタップするとWi-Fiがオフになります。

Q Apple Watchの基本 Series 1 2 3 4 5

032 電源の切り方を教えて!

A サイドボタンを長押しすることで切ることができます。

Apple Watchの調子が悪い時など、いったん電源を切って、電源を入れ直すと解決することがあります。電源を切るには、サイドボタンを長押しして画面を操作します。同様に、電源を入れる際も、サイドボタンを長押しします。

1 サイドボタンを長押しします。

2 <電源オフ>をスライドします。

3 電源がオフになります。

Q Apple Watchの基本 Series 1 2 3 4 5

033 Apple Watchを充電したい!

A 付属の磁気充電ケーブルで行います。

Apple Watch の充電には、付属の磁気充電ケーブルを利用します。充電の際は、Apple Watchの裏面をくぼんでいる面に近づけると磁石でくっつきます。

Apple Watch磁気充電ケーブルを電源アダプタに差し込みます。

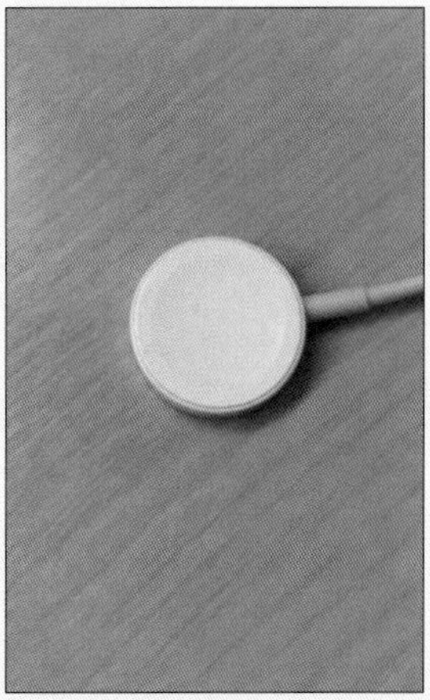

1 くぼんでいる面を上にして、平らな面に置きます。

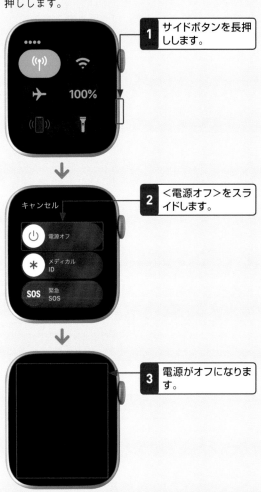

2 その上にApple Watchを置くと、充電が始まります。

Apple Watchの基本 Series 1 2 3 4 5

Q 034 純正の磁気充電ケーブルでしか充電できないの？

A 純正モバイルデータ通信の以外にも充電する製品があります。

磁気充電ケーブル以外にも、Apple Watchを充電するための製品はあります。Apple純正の「Apple Watch磁気充電ドック」は、その上にApple Watchを置くだけで充電することができます。サードパーティー製の「ベルキン iPhone + Apple Watch用 ワイヤレス充電器」は、Apple WatchとiPhoneを同時に充電することができます。

Apple Watch磁気充電ドック（8,800円）

Belkin BOOST UP Wireless Charging Dock for iPhone + Apple Watch（15,800円）

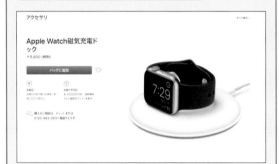

Apple Watchの基本 Series 1 2 3 4 5

Q 035 丸一日、装着し続けたらバッテリー切れになる？

A 通常の使い方であれば大丈夫です。

Apple Watchのバッテリー駆動時間は、公式では18時間とされています（18時間の間に90回の時刻チェック、90回の通知、45分間のアプリ使用、Apple WatchからBluetooth経由で音楽を再生しながらの60分間のワークアウトを行った場合にもとづく）。そのため、地図アプリなど消費電力の多いアプリを使用し続けるといったケースでない限り、丸一日Apple Watchを装着し続けていても問題ないでしょう。バッテリーの充電時間は、0%から100%になるまでに2時間ほどです。

操作	時間
1日のバッテリー駆動時間	18時間
連続通話	4G LTEに接続した状態で最大1.5時間
オーディオ再生	Apple Watchのストレージからの再生で最大10時間 4G LTE経由でのプレイリストのストリーミングで最大7時間
ワークアウト	屋内ワークアウトで最大10時間 GPSを使用した屋外ワークアウトで最大6時間 GPSと4G LTEを使用した屋外ワークアウトで最大5時間

もしバッテリーの減りが異常に早かったり充電時間に時間がかかったりする場合は、アプリに不具合がある可能性があります。いったんApple Watchの電源をオフにしてもう一度オンにすると、解消されることがあります。

Q Apple Watchの基本 Series 1 2 3 4 5

036 モバイルバッテリーは使えるの？

A Apple Watch用のモバイルバッテリーが販売されています。

一般的なモバイルバッテリー + 付属の充電ケーブルでも充電は可能です。ケーブルを持ち運ぶのがわずらわしい場合は、スマートフォン用のものと比較するとやや割高ですが、Apple Watch用のモバイルバッテリーがサードパーティーから販売されています。ベルキン社のモバイルバッテリーは、約170gのコンパクトなボディながら、最大63時間分（約3.5回分）の充電が可能となっています。白く丸いくぼみの部分にApple Watchを置くだけで充電を行うことができます。

Apple Watch+iPhone用Valet Charger™ Power Pack 6700 mAh（9,945円）

Q Apple Watchの基本 Series 1 2 3 4 5

037 寝ている間も装着したい！

A 充電時間を別途確保すれば可能です。

Apple Watchは、就寝中に装着することで、寝ている間の心拍数などのデータを記録可能です。1.5時間で80%の充電が可能なので、帰宅してから寝るまでの間に充電しておけば、寝ている間にも装着が可能です。

帰宅後、シャワーを浴びている間などに充電しておけば、就寝中も装着し続けることができます。

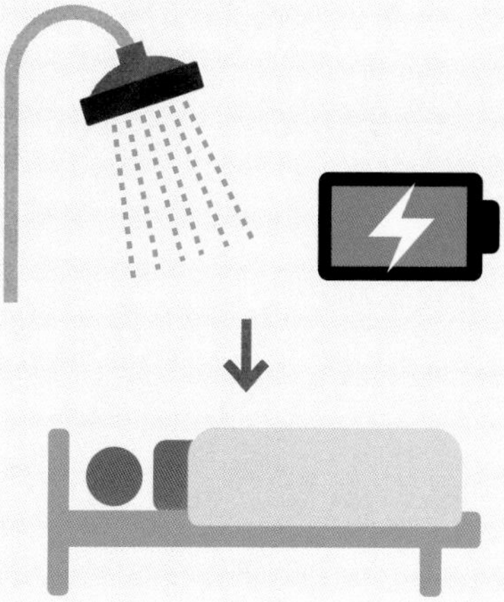

就寝中もApple Watchを装着しておくことで、寝ている間のデータも記録できます。

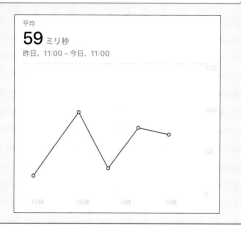

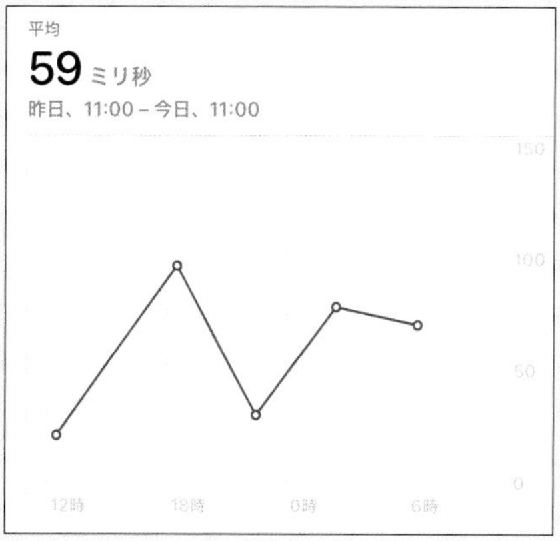

Apple Watchの基本　Series 2 3 4 5

Q 038 付けっぱなしでお風呂に入っても大丈夫？

A 大丈夫ですが、注意点もあります。

Apple Watchを装着したままでお風呂に入ること自体は問題ありません。ただし、石鹸やシャンプー、リンスといった液体がApple Watchに付着すると「水密性」や「通音膜」の性能低下を招くことになるとApple社が公式に発表しています。よって、できれば外してから入浴したほうが安全でしょう。

Apple Watchの基本　Series 1 2 3 4 5

Q 039 Apple Watchの汚れを落としたい！

A 水洗いが可能です。

Apple Watchは耐水性能があるため、多少の汚れであれば水やぬるま湯で洗い流すことが可能です。ただし、石鹸、洗剤、研磨剤、エアダスター、超音波洗浄、外部熱源は損傷の原因となるため、使ってはいけません。

1 電源を切ってバンドを外します。必要に応じて、水かぬるま湯で洗い流します。

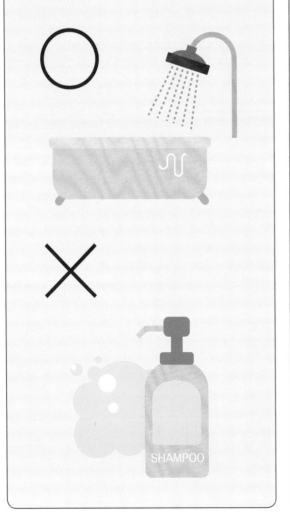

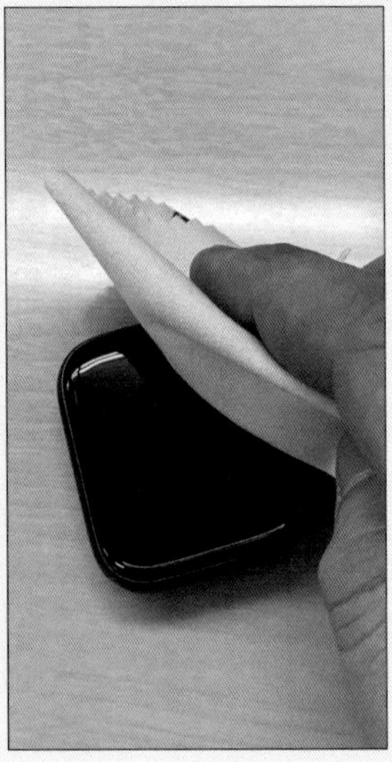

2 糸くずの出ない柔らかい布（眼鏡拭きなど）で拭きます。

Q 040 万が一の故障に備えたい!

A Apple Watch購入と同時にAppleCare+に入ることができます。

Apple Watchは、製品購入後1年間のハードウェア製品保証と、90日間の無償サポートが付いていますが、製品購入時に「AppleCare+ for Apple Watch」に加入することも可能です。AppleCare+に加入した場合、AppleCare+ for Apple Watchに加入すると、保証とサポートがAppleCare+の購入日から2年間に延長されます。さらに、過失や事故による損傷に対する修理などのサービスを、1回につき8,400円(税別)のサービス料で2回まで受けることも可能です。そのほか、トラブル時などにAppleのサポートにチャットまたは電話で優先的に問い合わせることもできます。AppleCare+ for Apple Watch EditionまたはAppleCare+ for Apple Watch Hermèsに加入すると、保証とサポートがAppleCare+の購入日から3年間に延長されます。

「AppleCare+ for Apple Watch」に加入すると、Apple認定技術者による2年間のサービスとサポート、テクニカルサポートへの優先アクセス、過失や事故による損傷に対する修理などのサービス(2回まで)、バッテリーの修理保証を受けることができます。

画面

Series 5

Q

041 画面の見方を教えて！

A 画面は大きく分けて2種類あります。

Apple Watchの画面は、基本的に2種類あります。1つ目は、時刻や各種ステータス、通知などが確認できる文字盤です。この画面には、現在の時刻が表示されるほか、Apple Watchの状態やコンプリケーションなどが表示されます。いつでもすぐに見ることができる画面なので、優先的に知りたい情報をこの画面に集めておくと便利です。また、デザインを自由に変更して、個性をアピールすることもできます。

もう1つは、ホーム画面です。この画面ではインストールしたアプリの一覧が表示されます。それぞれのアイコンをタップすると、すぐにそのアプリを起動できます。Apple Watchにはこれ以外にもさまざまな画面が存在しますが、基本となるのはこの2つの画面です。それぞれの役割を把握しておきましょう。

文字盤

Apple Watchの文字盤です。時計として時刻を見ることができるほか、画面上部のステータスアイコンで通知の有無を確認できます。また、画面の中央に位置する4つの丸いアイコンはコンプリケーションと呼ばれ、日付や気温などのさまざまなデータが表示されます。文字盤やコンプリケーションはカスタマイズが可能なので、好みのデザインやひんぱんに確認するデータなどに応じて組み合わせることで、使い勝手が向上します。

ホーム画面

Apple Watchのホーム画面です。文字盤が表示されている状態でデジタルクラウンを押すと、切り替えることができます。ホーム画面ではApple Watch内にインストールされているアプリがグリッド状に表示され、それぞれをタップして起動することができます。ホーム画面を強く長押しすると、上記のグリッド表示からリスト表示に切り替えられます。

042 画面の操作方法を知りたい！

A シンプルなので、すぐに覚えられます。

タップ

画面に軽く触れてすぐに離すことを「タップ」といいます。

スワイプ

画面を指先で払うような動作を「スワイプ」といいます。

強く押す

タップと違い、画面を強く押す操作です。

ダブルタップ

「タップ」を素早く2回くり返すことを「ダブルタップ」といいます。

ドラッグ／スライド

ボタンや文字などに触れたまま特定の位置まで指を動かすことを「ドラッグ」または「スライド」といいます。

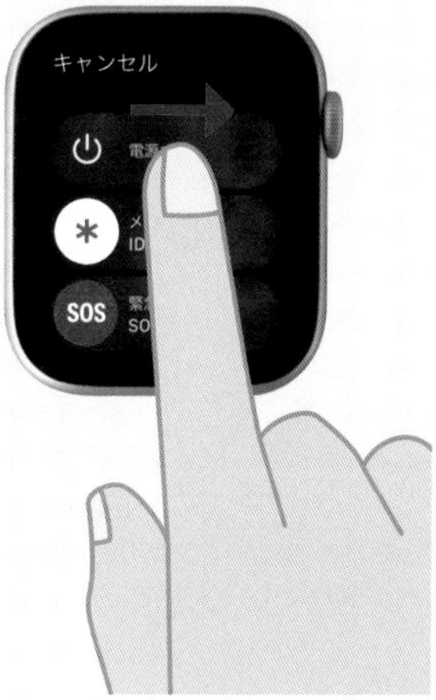

Q 操作方法

Series 1 2 3 4 5

043 本体ボタンの使い方を教えて！

A 長押しと2度押しもあわせて覚えておきましょう。

デジタルクラウンを押す

ディスプレイが表示されます。

デジタルクラウンを上下に回す

拡大や縮小、スクロールなどをすばやく行えます。

サイドボタンを長押しする

電源オフ、メディカルID、緊急SOSの画面になります。

サイドボタンを押す

ディスプレイが表示されている状態でサイドボタンを押すと、Dock画面が表示されます。

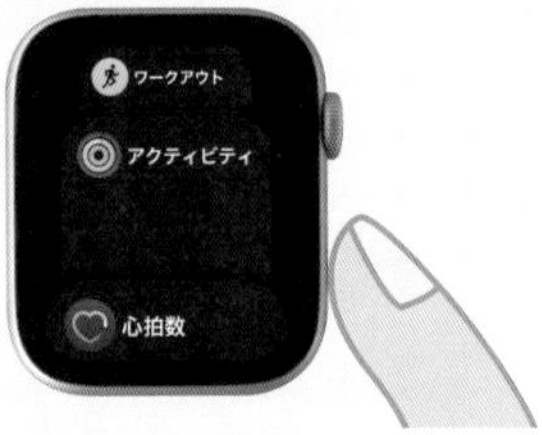

サイドボタンを2度押しする

サイドボタンを2度押しすると、Apple Payの画面になります。

デジタルクラウンを2回押す

最後に起動したアプリが表示されます。

デジタルクラウンを長押しする

Siri（Q.060参照）が起動します。

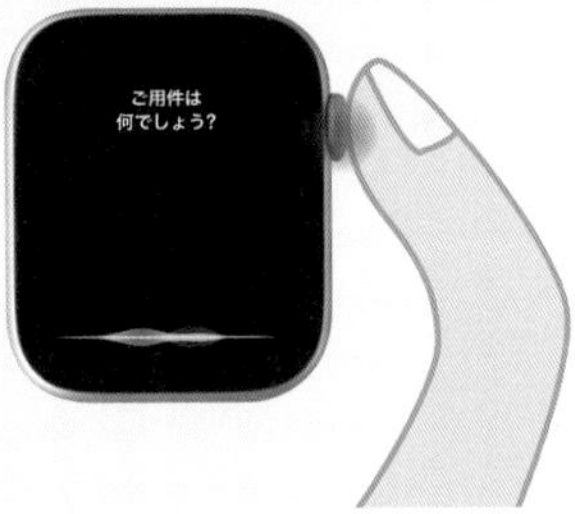

Q 044 画面の切り替え方を知りたい！

A 文字盤を起点として切り替えます。

Apple Watchの画面の切り替えは、文字盤を起点として操作します。基本的にどの画面のときでも、デジタルクラウンを1回押すと文字盤に戻ることができます。アプリ画面からアプリを起動したときだけは、デジタルクラウンを2回押すと文字盤に戻ります。もし、よくわからない画面になってしまったら、文字盤に戻って落ち着いてやり直すのがよいでしょう。

デジタルクラウンを押して切り替える

ホーム画面

1回押すと、ホーム画面（Q.041参照）になります。

最近利用したアプリの表示

2回押すと、最近利用したアプリが表示されます。

サイドボタンから切り替える

Dock

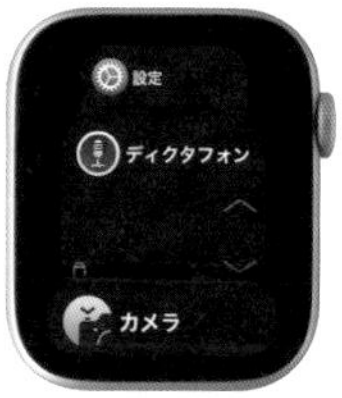

1回押すとDock（Q.066参照）が表示されます。

文字盤を触って切り替える

通知センター

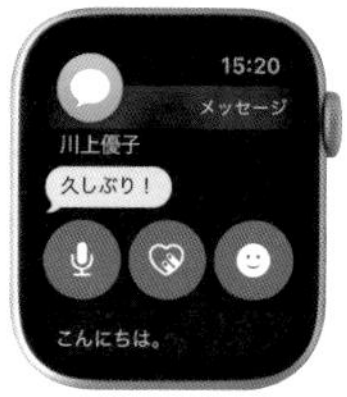

文字盤を下方向にスワイプすると通知センター（Q.053、057参照）が表示されます。

文字盤のカスタマイズ

文字盤を強く押すと文字盤のカスタマイズ画面（Q.094、095、097参照）になります。

マイ文字盤

文字盤を左右にスワイプするとマイ文字盤（Q.093、100参照）に登録されている文字盤が表示されます。

コントロールセンター

文字盤を上方向にスワイプするとコントロールセンター（Q.069参照）が表示されます。

アプリの起動

文字盤に表示されているコンプリケーション（Q.096参照）をタップするとアプリが起動します。

Q アイコン Series 1 2 3 4 5

045 文字盤の上側に表示されるアイコンの意味は？

A 通知の有無などです。

文字盤の上部に表示されるステータスアイコンによってApple Watchの現在の状態や通知を一目で確認することができます。

ステータスアイコン	
	通知：未読の通知がある場合に表示されます。
	充電中：Apple Watchの充電中に表示されます。
	機内モード：すべての通信がオフになっています。通信を利用しない機能のみ利用することができます（Q.075参照）。
	防水ロック：防水ロックがオンになっているときに表示されます。防水ロック中は、タップしても画面が反応しません（Q.091参照）。
	接続なし：Apple Watchとモバイルデータ通信ネットワークとの接続が切れている状態です。
	おやすみモード：電話や通知などによって音が鳴ったり、ディスプレイが点灯しない状態です。アラームのみ有効です（Q.076参照）。
	ロック：Apple Watchにパスコードロックがかかっている状態です。
	iPhoneとの接続が解除されている：iPhoneとのペアリング接続が解除されている状態です。
	ワークアウト：ワークアウトを実行中に表示されます。
	シアターモード：腕を動かしたり通知があっても、画面をタップするか、ボタンを押すまでは画面が暗いままになり、音も鳴らなくなります（Q.051参照）。

Q アイコン Series 1 2 3 4 5

046 文字盤に表示されている大きなアイコンは何？

A コンプリケーションです。

文字盤に表示されている丸いアイコンは、コンプリケーションと呼ばれるものです。下の画像では、カレンダー、気温、UV指数と天気、アクティビティの4つのコンプリケーションが表示されています。コンプリケーションはカスタマイズ可能です。

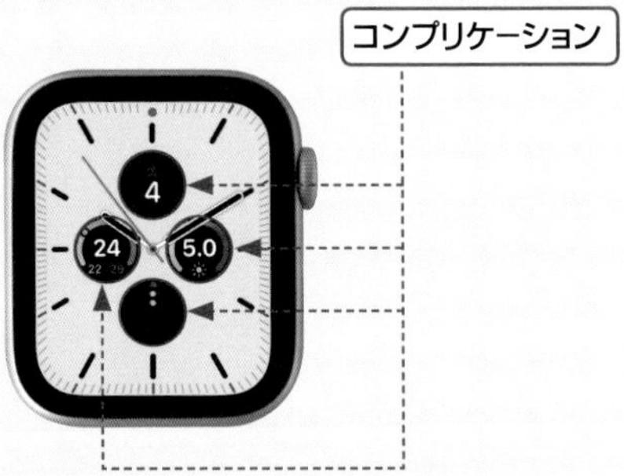

Q 操作方法 Series 1 2 3 4 5

047 アプリ画面の操作を教えて！

A ほとんどはタップだけで操作可能です。

起動しているアプリは、多くの操作を画面で行います。基本的にはボタンや文字をタップするだけですが、画面下に丸い印が出ている場合は左右にスワイプすることで画面を移動できます。

Q 操作方法 Series 5

048 画面の常時点灯をオフにしたい！

A <設定>アプリの<画面表示と明るさ>から変更できます。

常時点灯機能は、Series5で新しく搭載された機能です。暗い画面で常に時刻や一部のコンプリケーションが表示され、腕を上げたり画面をタップしたりすると、通常の明るい画面表示になります。常時点灯機能を使う必要がなければ、オフにするとバッテリーの消費を抑えることができます。

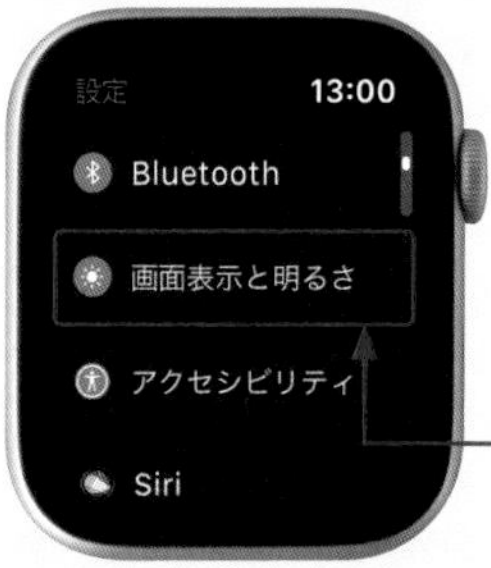

1 文字盤でデジタルクラウンを押してホーム画面を表示し、アプリ一覧の中から<設定>アプリをタップします。

2 <画面表示と明るさ>をタップします。

3 <常にオン>をタップします。

4 「常にオン」のをタップしてにすると、常時点灯がオフになります。

Q 操作方法 Series 1 2 3 4 5

049 スリープするまでの時間を変更したい！

A <設定>アプリの<画面をスリープ解除>から設定できます。

通常は、Apple Watchの画面をタップするとスリープが解除されて、15秒間画面が点灯します。このスリープが解除されている時間が短いと感じる場合は、70秒に変更できます。

1 文字盤でデジタルクラウンを押してホーム画面を表示し、アプリ一覧の中から<設定>アプリをタップします。

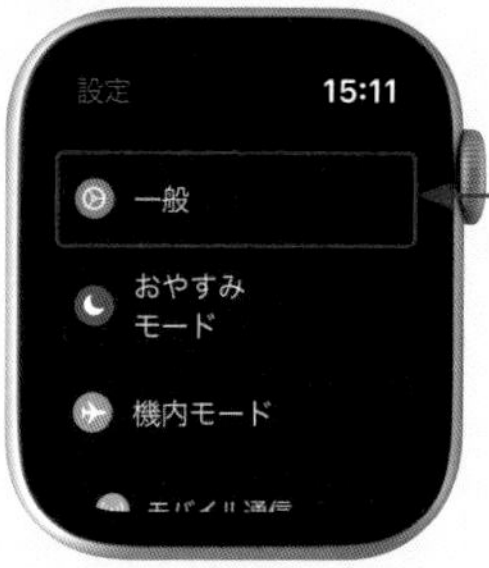

2 <一般>をタップします。

3 <画面をスリープ解除>をタップします。

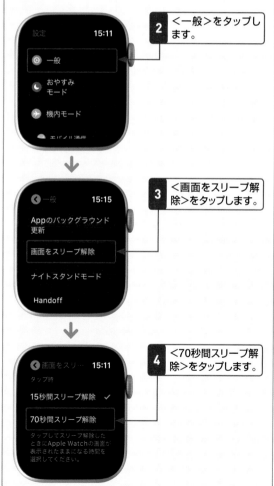

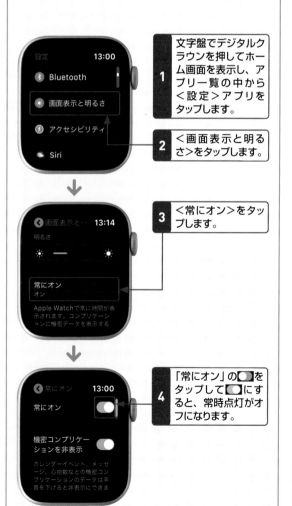

4 <70秒間スリープ解除>をタップします。

操作方法　Series 5

Q 050 プライバシー情報を画面に表示したくない!

A <設定>アプリの<画面表示と明るさ>から変更できます。

コンプリケーション(Q.096参照)は常に文字盤に表示されています。コンプリケーションの中でも、カレンダーに設定しているイベントの内容やメッセージの文面、心拍数といった個人情報を示すものを「機密コンプリケーション」といいます。画面の常時点灯時に、これらをほかの人に見られたくない場合は設定を変更して非表示にすることができます。

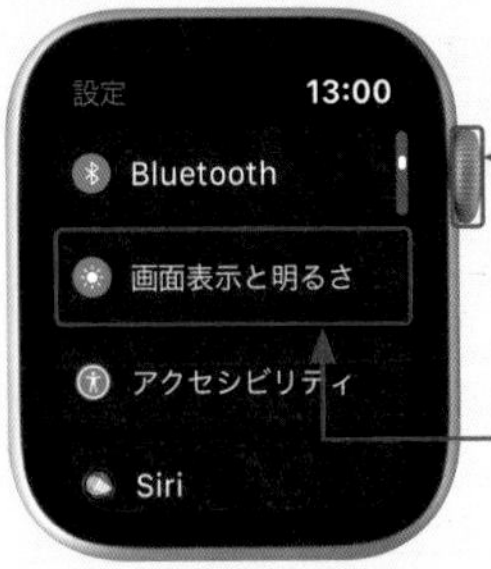

1 文字盤でデジタルクラウンを押してホーム画面を表示し、アプリ一覧の中から<設定>アプリをタップします。

2 <画面表示と明るさ>をタップします。

3 <常にオン>をタップします。

4 <機密コンプリケーションを非表示>をタップすると、腕を上げていないとき、機密コンプリケーションのみ非表示になります。

操作方法　Series 1 2 3 4 5

Q 051 手首を上げても画面がオンにならない!

A シアターモードを確認してください。

手首を上げても画面が暗いという場合は、誤ってシアターモードに設定されていないかどうかを確認しましょう。シアターモードをオンにすると、再び画面をタップするかボタンを押すまで、画面が暗くなり、音も鳴らなくなります。意図せずオンにしてしまったときは、コントロールセンターから解除しましょう。

1 文字盤を表示して、下から上方向へスワイプします。

2 🎭をタップします。

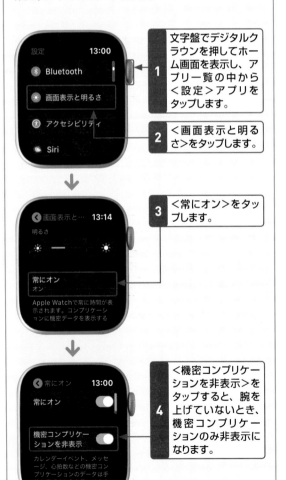

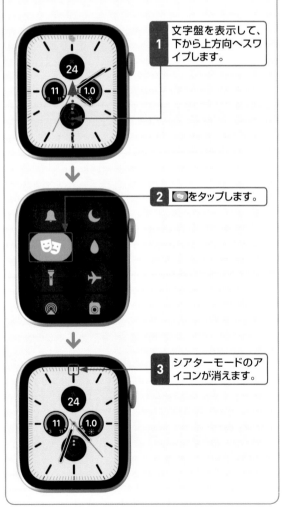

3 シアターモードのアイコンが消えます。

Q 052 通知を確認したい！

A 音と振動で知らせてくれます。

電話を着信したり、メールを受信したりすると、Apple Watchに音と振動で通知されます。通知が届いたら、Apple Watchの画面を見てみましょう。どのアプリにどのような通知が来たかを一目で確認することができます。さらに詳細を確認したい場合は、デジタルクラウンを回すか通知をタップします。

1 音と振動で通知を感知したら、手首を上げ てApple Watchを確認してみましょう。

2 通知の内容が表示されます。確認したら、デジタルクラウンを回すか通知をタップします。

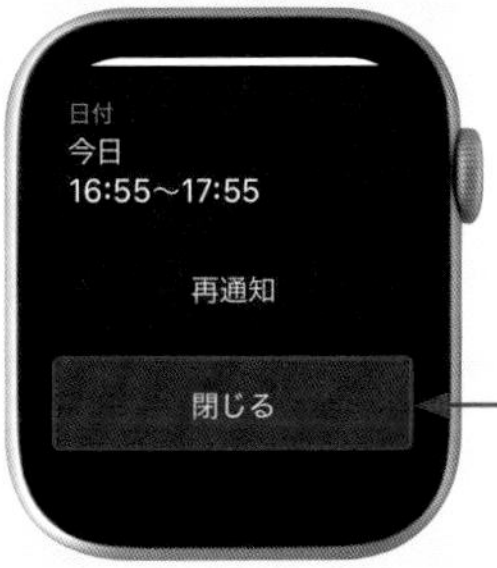

3 <閉じる>をタップします。

通知 Series 1 2 3 4 5

Q 053 見逃した通知を確認したい！

A 「通知」アイコンから確認できます。

届いた通知を見逃すと、文字盤に「通知」のステータスアイコンが表示されます。通知を確認するまでステータスアイコンが消えることはありません。文字盤をスワイプすると、通知を確認することができます。

通知があると、文字盤上部に通知アイコンが表示されます。

1 文字盤を表示して、上方向から下方向へスワイプします。

2 通知の概要が表示されるので、通知を確認したら、右から左方向にスワイプします。

3 通知の内容が表示されます。確認したら、タップします。

通知 Series 1 2 3 4 5

Q 054 通知が表示されない！

A iPhoneの<Watch>アプリで設定を確認します。

iPhoneには通知が届いたのに、Apple Watchには届かなかった、という場合は、iPhoneの通知設定がApple Watchに反映されていない可能性があります。そのようなときは、iPhoneの<Watch>アプリの設定を見直してみましょう。

1 iPhoneのホーム画面から<Watch>アプリをタップします。

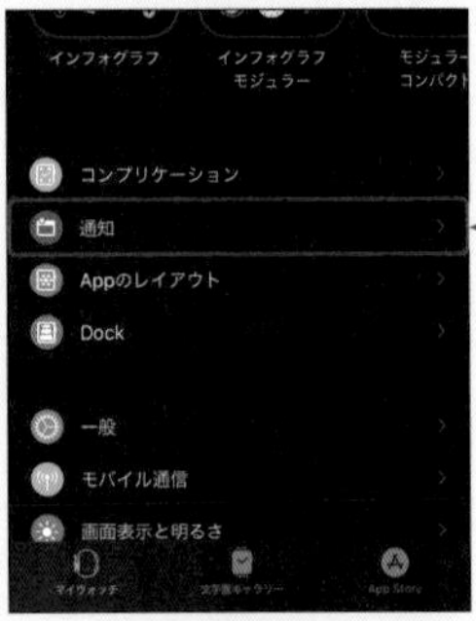

2 <通知>をタップします。

3 になっているアプリは通知がオフになっています。タップすると通知がオンになります。

通知 Series 1 2 3 4 5

Q 055 アプリごとに通知を設定したい！

A iPhoneの<Watch>アプリから個別に設定できます。

Apple Watchで通知を受け取るかどうかは、アプリごとに設定することができます。iPhoneの<Watch>アプリで、通知をオフにしたいアプリを選んで設定すると、必要な通知だけを受け取ることができます。

1 iPhoneのホーム画面から<Watch>アプリをタップします。

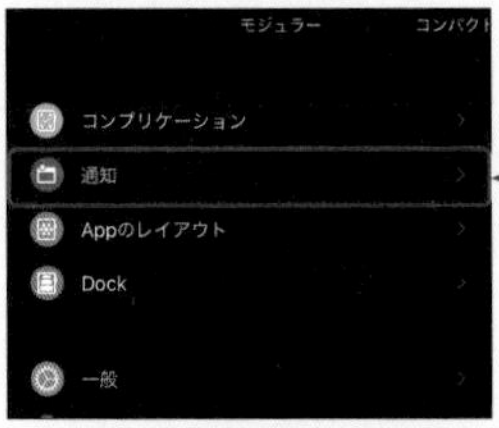

2 <通知>をタップします。

3 通知をオフにしたいアプリを選んでタップします。

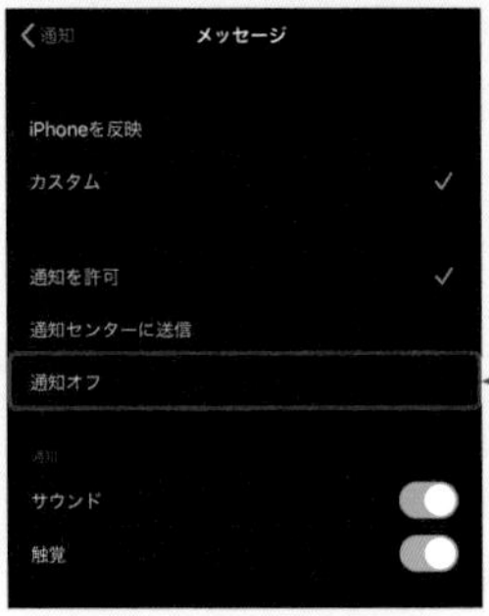

4 <通知オフ>をタップすると、そのアプリの通知はApple Watchから行われなくなります。

Q 056 通知されたくない時間帯を指定したい！

A おやすみモードをカスタマイズすることで可能です。

iPhoneの<設定>アプリで「おやすみモード」を設定すると、指定した時間帯はアラームを除くすべての通知がオフになります。

1 <設定>をタップします。

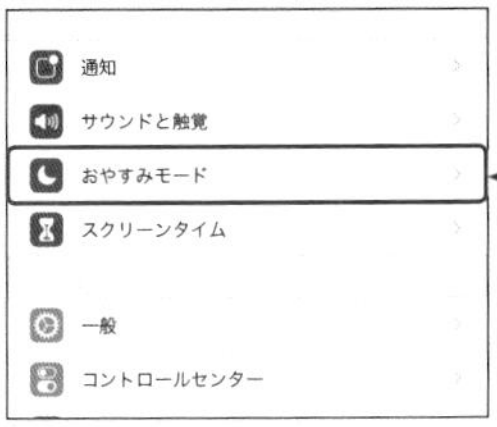

2 <おやすみモード>をタップします。

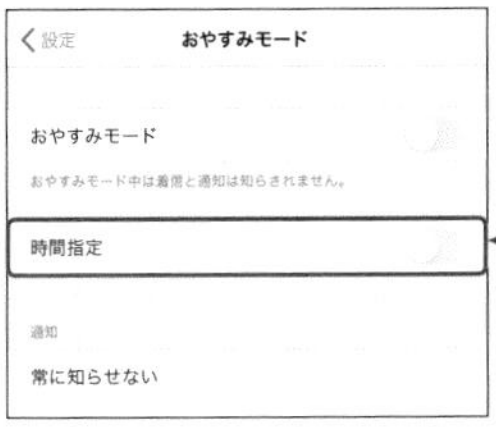

3 <時間指定>をタップします。

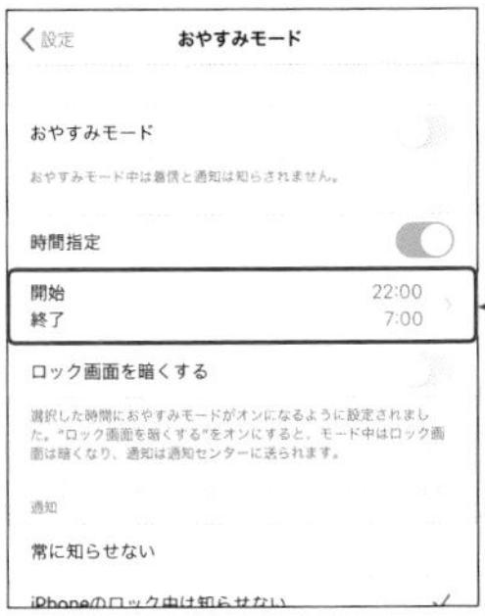

4 時間帯を指定すると、その間「おやすみモード」が自動でオンになります。

Q 057 通知を一括して消去したい！

A 画面を強く押して消去します。

長時間Apple Watchを確認していないと、たくさんの通知がたまってしまうことがあります。そのようなときは、1つ1つ手動で通知を消去するのではなく、一括で消去すると効率的です。

1 文字盤を表示して、上方向から下方向へスワイプします。

2 画面を強く押します。

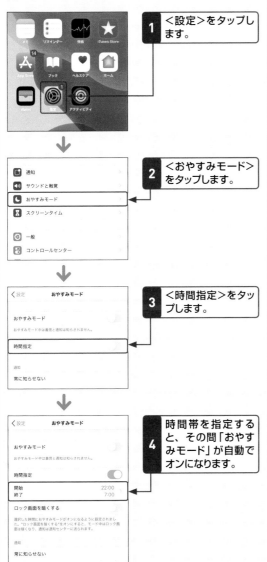

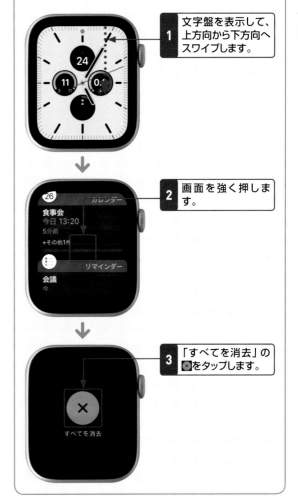

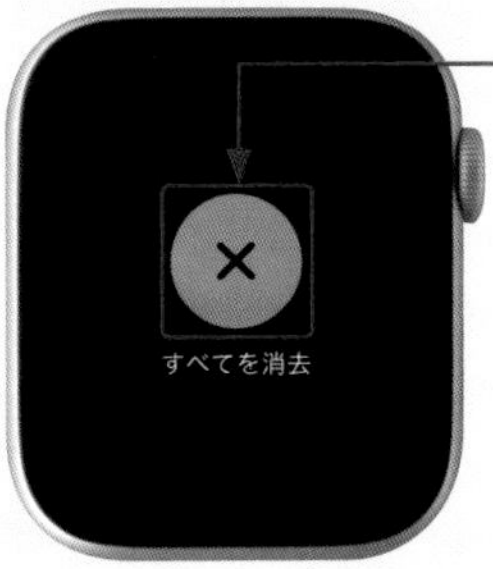

3 「すべてを消去」の×をタップします。

通知　Series 1 2 3 4 5

Q 058 通知音を小さくしたい！

A <設定>アプリの<サウンドと触覚>から可能です。

<設定>アプリから通知音を小さくすることができます。どの程度小さな音量になるかは、実際にクリック音を聞きながら確かめることができます。

1 文字盤でデジタルクラウンを押してホーム画面を表示し、アプリ一覧の中から<設定>アプリをタップします。

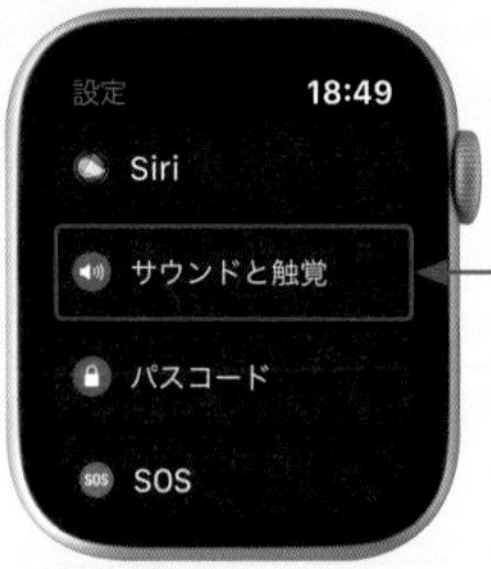

2 <サウンドと触覚>をタップします。

3 をタップします。

4 タップするごとに音が小さくなっていきます。

通知　Series 1 2 3 4 5

Q 059 緊急速報を受信できるようにしたい！

A iPhoneの<設定>アプリから「通知」を変更します。

Apple Watchで、気象庁の地震速報や津波速報などの緊急速報を受け取ることができます。

1 <設定>をタップします。

2 <通知>をタップします。

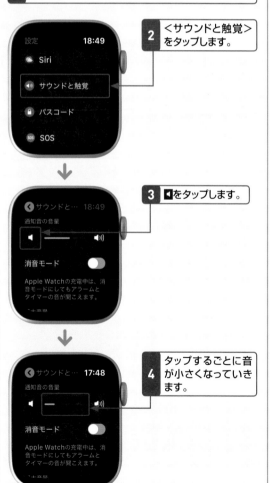

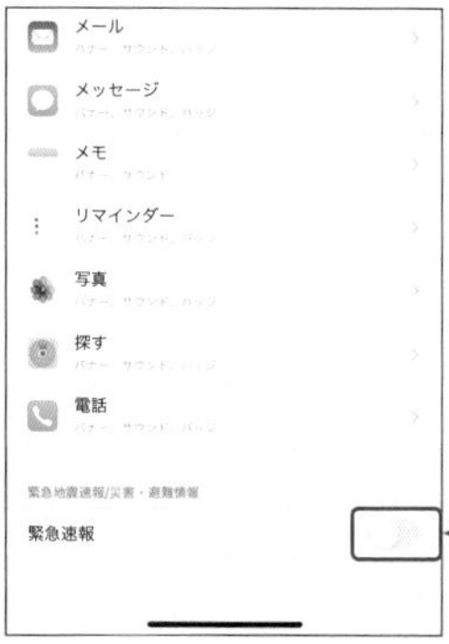

3 <緊急速報>のをタップしてになったら緊急速報をApple Watchで受け取ることができます。

Q Siri Series 1 2 3 4 5

060 SiriでApple Watchを操作したい!

A 「Hey,Siri」と話しかけます。

Siriとは音声だけでApple製のデバイスを操作できる音声アシスタントで、Apple Watchでも使うことができます。Apple WatchでSiriを起動するにはいくつかの方法がありますが、デジタルクラウンを長押しする方法、手首を上げて話しかける方法(Q.061参照)、「Hey,Siri」と話しかけて起動する方法があります。状況に応じて使い分けるとよいでしょう。

1 デジタルクラウンを長押しします。

2 Siriが起動するので、Apple Watch上で知りたいことを話しかけます。ここでは、今日の天気を聞いています。

3 <天気>アプリが起動しました。

Q Siri Series 1 2 3 4 5

061 手首を上げてすぐにSiriを起動したい!

A 少しコツがいります。

手首をすばやく口元に移動して、Apple Watchに話しかけると「Hey,Siri」と呼びかける手間を省いてSiriを起動することができます。デジタルクラウンを長押しするより手軽に起動できる点がメリットです。ゆっくりと手首を動かしたり、話しかけるタイミングが遅かったりすると起動しません。また、なるべく画面に口を近づけて話したほうが確実です。

1 手首を素早く口元へ移動させ、すぐに話しかけます。

2 Siriが起動します。コツは、素早く行うこと、なるべく口元を画面に近づけて話すことです。

3 今日の天気が表示されました。

Q Siri Series 1 2 3 4 5

062 Apple WatchでWebページは見られないの？

A Siriを利用すれば見ることができます。

Apple WatchにはSafariやGoogle Chromeのようなブラウザアプリは搭載されていません。しかし、Siriを起動（Q060,061参照）して、「Appleの公式ホームページを開いて」などと話しかけると、Webページを表示することができます。ただし、モバイルデータ通信かWi-Fiのネットワークに繋がっていることが条件です。

1 Q.060,061を参照に、Siriを起動します。

2 ここでは「Appleの公式ホームページを開いて」と話しかけます。

3 画面をタップすると、Webページを見ることができます。

Q アプリ Series 1 2 3 4 5

063 ホーム画面のアプリ一覧をリスト表示したい！

A 画面の長押しで設定できます。

アプリ画面には、標準ではアイコンがグリッド上に配置されています。アイコンのない部分を強く押すと、アプリの一覧をリスト表示に切り替えることができます。リスト表示にすると、アプリ名も表示されるのでアプリを探しやすくなります。

1 ホーム画面でアイコンのない暗い部分を強く押します。

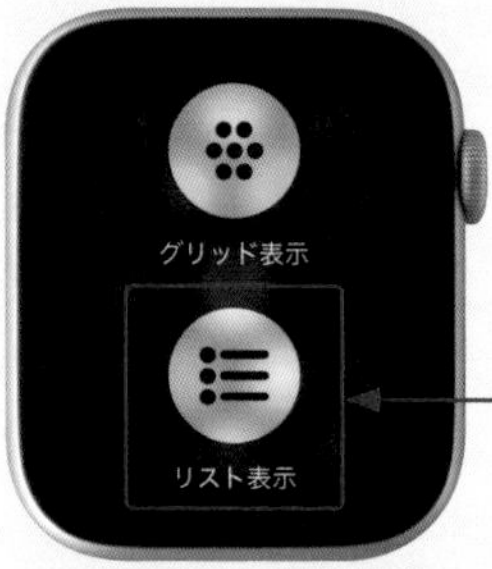

2 <リスト表示>をタップすると、

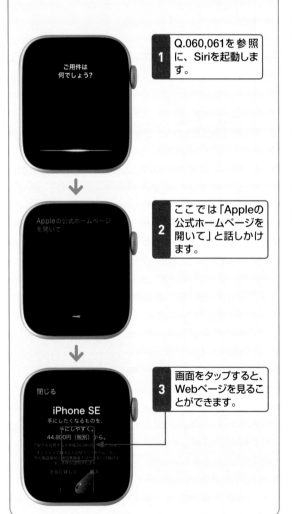

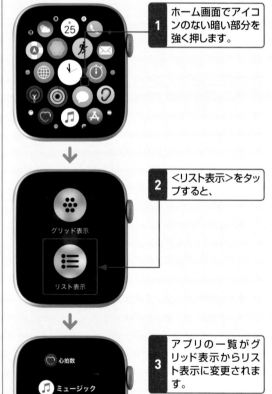

3 アプリの一覧がグリッド表示からリスト表示に変更されます。

アプリ Series 1 2 3 4 5

Q 064 アプリ画面のレイアウトを変更したい！

A アプリアイコンの長押しで変更できます。

アプリの一覧をグリッド状で表示している場合、それぞれの配置を変更することができます。＜設定＞→＜一般＞→＜リセット＞の順にタップすると、もとのレイアウトに戻すことができます。

1 文字盤が表示されている状態でデジタルクラウンを押し、ホーム画面を表示します。

2 移動させたいアプリのアイコンを長押しします。

3 アイコンが震えたら、移動させたい場所までドラッグします。

アプリ Series 1 2 3 4 5

Q 065 iPhoneからアプリ画面のレイアウトは変えられるの？

A iPhoneの＜Watch＞アプリからも変更できます。

画面の小さいApple Watchで、アプリのレイアウトを変更するのは少々手間がかかります。iPhoneの＜Watch＞アプリを使うと、大きな画面でレイアウトの変更をスムーズに行うことができます。

1 ＜Watch＞アプリをタップして、＜Appのレイアウト＞をタップします。

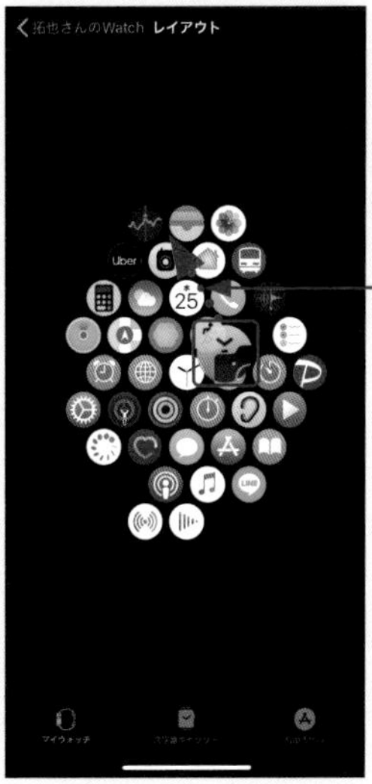

2 移動したいアプリのアイコンを長押しします。アイコンが浮き上がったら、移動させたい場所までドラッグします。

Dock　Series 1 2 3 4 5

Q 066 Dockからアプリを起動したい！

A サイドボタンから起動できます。

Dockは、アプリを最大10個まで表示する機能です。標準の状態では、Dockのトップには最後に使用したアプリから順に、最近使用したアプリが表示されます。最近使ったアプリをすばやく開いたり、ホーム画面に戻らずに、アプリから別のアプリに切り替えることができます。

1 サイドボタンを押します。

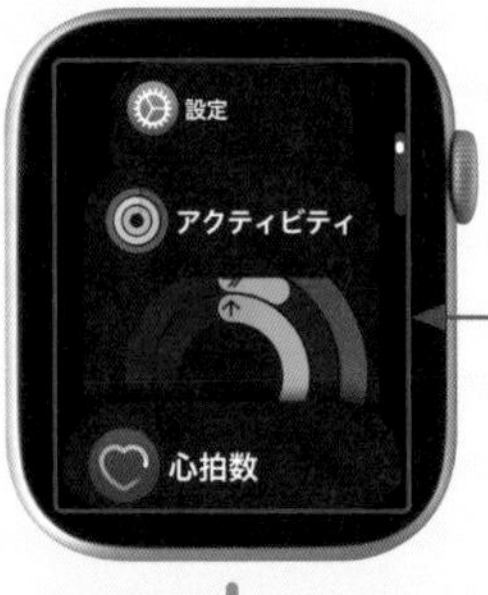

2 Dockに最近起動したアプリが表示されます。

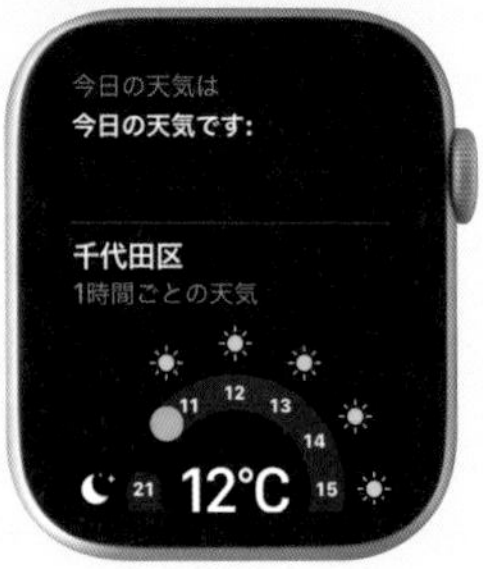

3 タップするとアプリが起動します。なお、ここでサイドボタンを押すとDockに戻り、デジタルクラウンを押すと文字盤に戻ります。

Dock　Series 1 2 3 4 5

Q 067 よく使うアプリをDockに登録したい！

A iPhoneの＜Watch＞アプリの＜コンプリケーション＞から可能です。

Dockには最近使ったアプリではなく、よく使うアプリを表示するように設定することもできます。iPhoneの＜Watch＞アプリで設定します。なお、よく使うアプリと最近使ったアプリを混在させてDockに表示させることはできません。

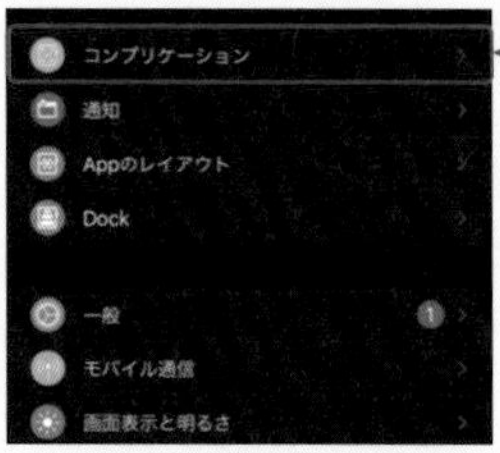

1 ＜Watch＞アプリを起動し、＜コンプリケーション＞をタップします。

2 ＜よく使う項目＞をタップします。

3 ＜編集＞をタップします。

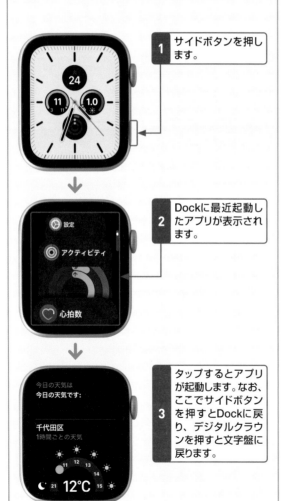

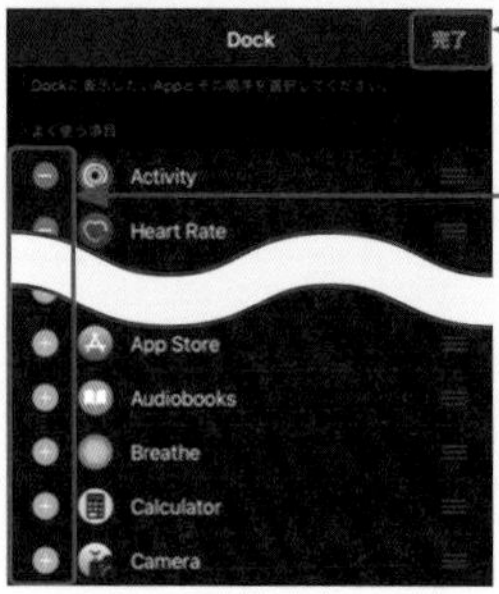

4 ⊖と⊕をタップしてDockに登録するアプリを選択し、

5 ＜完了＞をタップします。

Q Dock Series 1 2 3 4 5

068 Dockからアプリを消去したい!

A スライドでかんたんに消去できます。

Dockに表示されるアプリは、アプリを起動するたびに追加されていきます。最大10個という上限はありますが、そのまま使い続けていると目的のアプリを探すのに時間がかかってしまいます。あまり利用しないアプリはDockから消去しましょう。

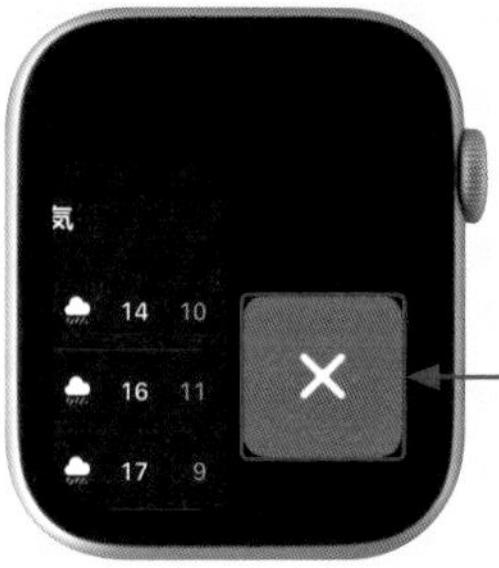

1 Q.066手順 1 ～ 2 を参考にDockを起動し、消去したいアプリを右から左にスライドすると、消去画面が表示されるので、× をタップします。

Q コントロールセンター Series 1 2 3 4 5

069 コントロールセンターって何？

A Apple Watchの状態を確認したり、設定を切り替えたりできます。

コントロールセンターは、文字盤を下から上方向にスワイプすると表示されます。コントロールセンターで確認できる状態や設定は次のようなものがあります。また、コントロールセンターの配置は並べ替えて、より使いやすくすることができます（Q.071参照）。

❶モバイルデータ通信（Q.019参照）
❷Wi-Fi（Q.021参照）
❸iPhone呼び出し（Q.079参照）
❹バッテリー残量（Q.087参照）
❺消音モード（Q.090参照）
❻おやすみモード（Q.076参照）
❼シアターモード（Q.051参照）
❽防水ロック（Q.091参照）
❾懐中電灯（Q.080参照）
❿機内モード（Q.074参照）
⓫AirPlay（Q.276参照）
⓬トランシーバー（Q.216参照）

コントロールセンター　Series 1 2 3 4 5

Q 070 アプリの利用中にコントロールセンターを表示したい！

A 一度文字盤に戻る必要があります。

アプリの利用中に画面をスワイプしても、コントロールセンターを表示することはできません。コントロールセンターを表示するときは、デジタルクラウンを押して文字盤に戻りましょう。

1 デジタルクラウンを押します。

2 文字盤に戻るので、画面を下から上にスワイプします。

3 コントロールセンターが表示されます。

コントロールセンター　Series 1 2 3 4 5

Q 071 コントロールセンターの順番を入れ替えたい！

A コントロールセンターから設定できます。

コントロールセンターにあまり使わない機能がある場合は、順番を入れ替えることができます。よく使うものは上のほうに配置しておくと操作がスムーズになります。

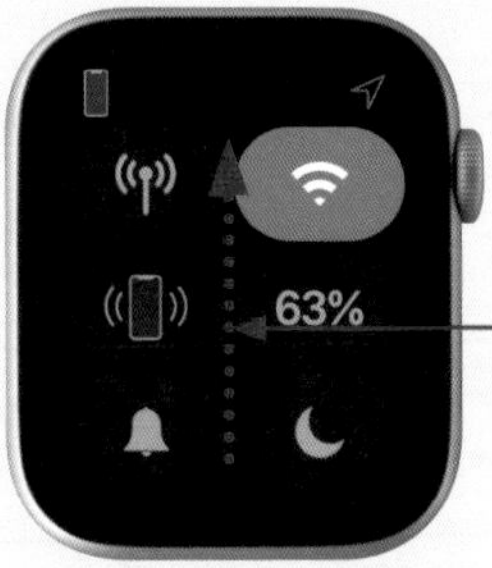

1 Q.069を参考にコントロールセンターを表示し、上方向にスライドします。

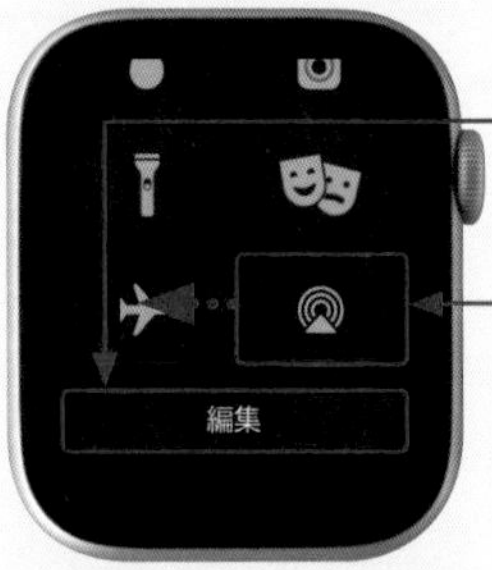

2 <編集>をタップするとアイコンが震えるので、

3 アイコンを押しっぱなしにして移動します。

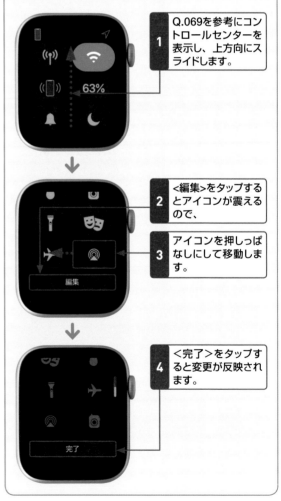

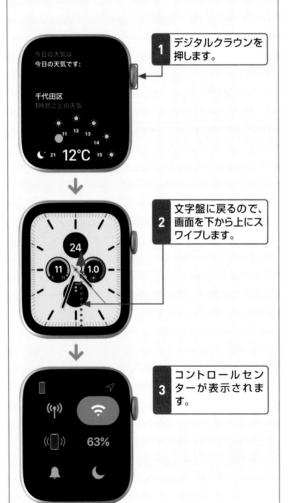

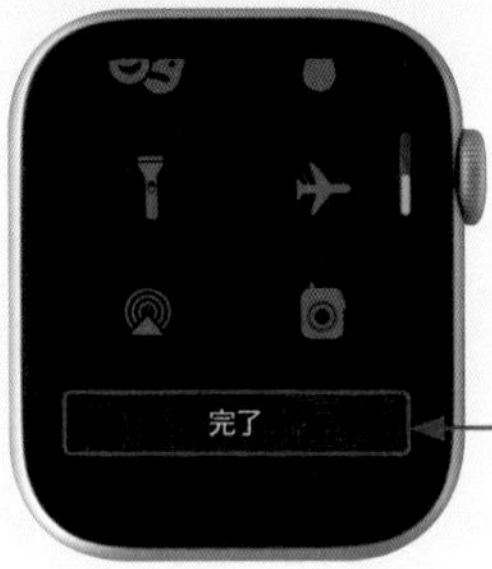

4 <完了>をタップすると変更が反映されます。

通信 Series 3 4 5

Q 072 バッテリーを節約したい！

A モバイルデータ通信をオフにして節約できます。

GPS+Cellularモデルであれば、Apple Watch単体でモバイルデータ通信に接続できるため、iPhoneを持ち歩かなくても電話やメールを利用できます。ただし、そのぶんバッテリーの減りも早くなります。モバイルデータ通信をオフにしておくとバッテリーの消費を節約できます。

1 Q.069を参考にコントロールセンターを表示します。

2 （アイコン）をタップします。

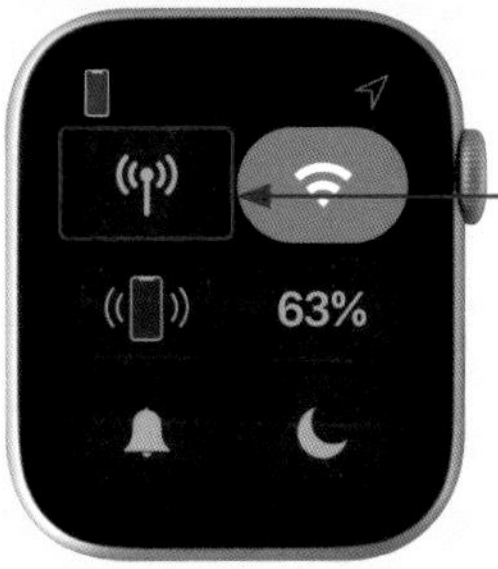

3 モバイルデータ通信がオフになります。

通信 Series 3 4 5

Q 073 Wi-Fiをオフにしたい！

A コントロールセンターからオフにできます。

Wi-Fiのネットワーク環境が悪く、通信速度が遅い場合は、Wi-Fiをオフにしてモバイルデータ通信を利用しましょう。Apple Watch GPS + Cellular モデルに限り、Wi-Fi接続をオフにできます。オフにした後は、コントロールセンターで再びWi-Fiをオンにするか、別の場所に移動するか、現地時刻の朝5時になるか、再起動するか、いずれかの操作を行うまで、オフにしたWi-FiにApple Watchが再接続することはありません。

1 Q.069を参考にコントロールセンターを表示します。

2 （アイコン）をタップします。

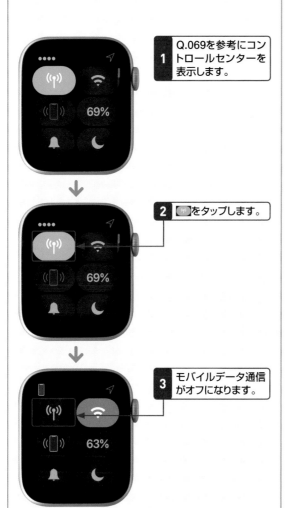

3 Wi-Fiがオフになります。

通信 Series 1 2 3 4 5

Q 074 通信をオフにしたい！

A 機内モードをオンにします。

飛行機の中や病院など、通信や電波をオフにしなければならない場所にいるときは、機内モードをオンにしましょう。機内モードをオンにすると、キャリアによるモバイルデータ通信、Wi-Fi、Bluetooth、GPSといったすべての通信機能がオフになります。

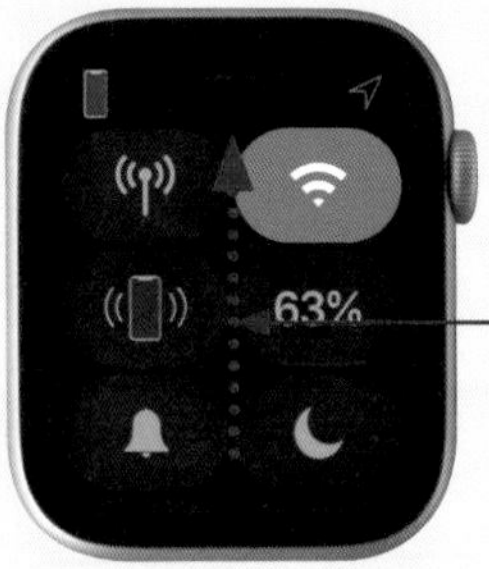

1 Q.069を参考にコントロールセンターを表示し、上方向にスライドします。

2 ✈をタップします。

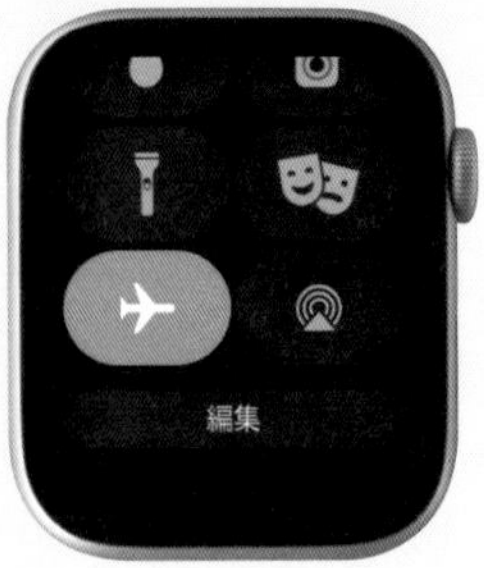

3 機内モードがオンになり、すべての通信が遮断されます。

通信 Series 1 2 3 4 5

Q 075 機内モードをiPhoneと連動させたい！

A ＜Watch＞アプリから設定できます。

Apple Watchの機内モードは、iPhoneの機内モードと連動してオン／オフを切り替えることができます。あらかじめiPhoneで設定しておくことで、いちいちApple WatchとiPhoneの両方を操作しなくても済むようになります。

1 ＜Watch＞アプリをタップして、＜一般＞をタップします。

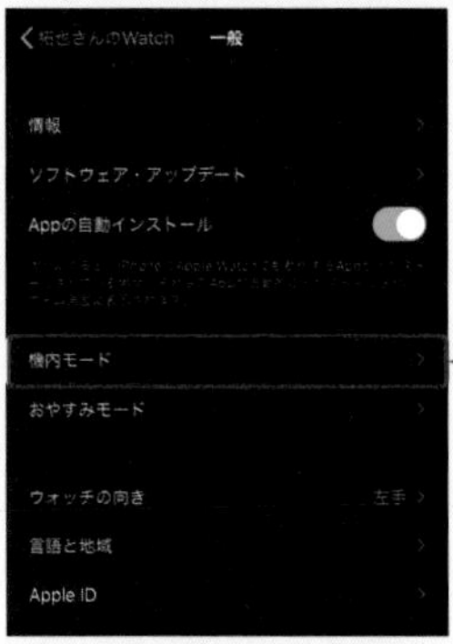

2 ＜機内モード＞をタップします。

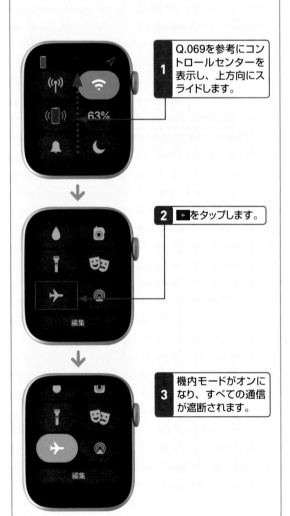

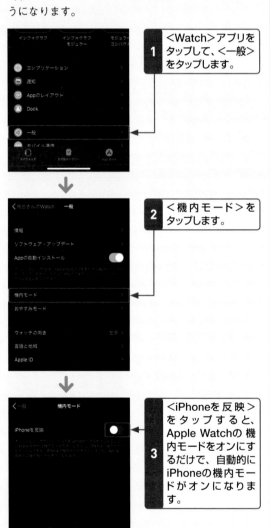

3 ＜iPhoneを反映＞をタップすると、Apple Watchの機内モードをオンにするだけで、自動的にiPhoneの機内モードがオンになります。

通知 Series 1 2 3 4 5

Q 076 通知音や振動をオフにしたい！

A おやすみモードをオンにします。

おやすみモードをオンにすると、アラームを除いて、Apple Watchの着信音、警告音、通知音や振動が鳴らなくなります。就寝前にオンにしておくと、通知によって起こされてしまう心配がなくなります。

1 をタップします。

2 ＜オン＞＜1時間オン＞＜今日の夜までオン＞＜ここを出発するまで＞から好きなものを選択してタップします。

3 おやすみモードがオンになります。

通知 Series 1 2 3 4 5

Q 077 特定の時間だけ通知が来ないようにしたい！

A おやすみモードを時間指定できます。

毎日、決まった時間に行われる会議など、特定の時間だけ通知をオフにしたい場合は、iPhoneの＜設定＞アプリから設定します。

1 iPhoneの＜設定＞アプリをタップして＜おやすみモード＞をタップします。

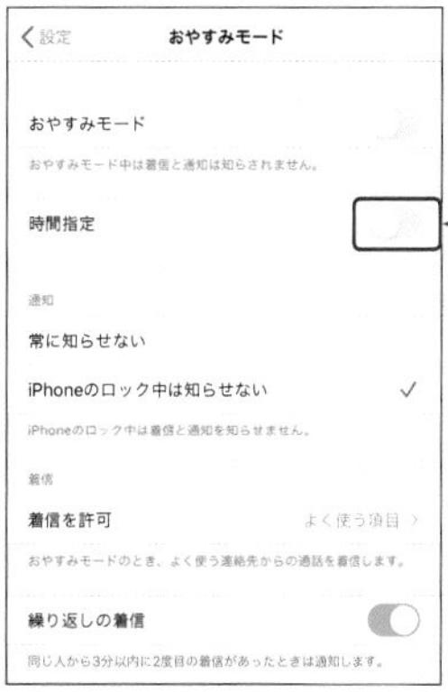

2 時間指定の を タップして にします。

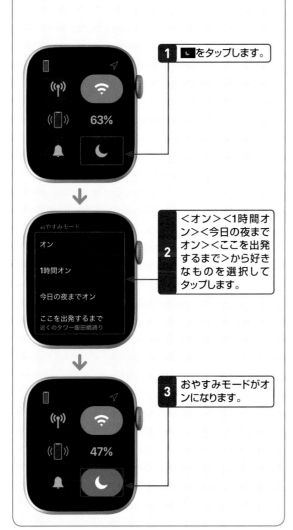

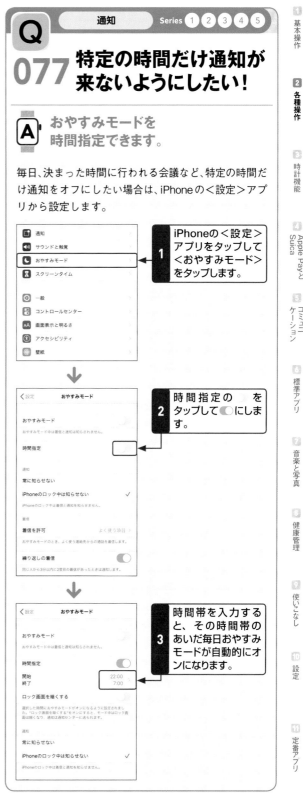

3 時間帯を入力すると、その時間帯のあいだ毎日おやすみモードが自動的にオンになります。

通知 Series 1 2 3 4 5

Q 078 おやすみモードでも特定の相手からの通知は受けたい!

A おやすみモードを時間指定できます。

できるだけ通知を受け取らないようにしたいものの、特定の相手からのメッセージや着信だけは受け取りたいときは、iPhoneの<設定>アプリから特定の連絡先を許可しましょう。

1 <設定>アプリをタップします。

2 <おやすみモード>をタップします。

通知
常に知らせない
iPhoneのロック中は知らせない
iPhoneのロック中は着信と通知を知らせません。
着信
着信を許可
よく使う項目
おやすみモードのとき、よく使う連絡先からの通話を着信します。
繰り返しの着信
同じ人から3分以内に2度目の着信があったときは通知します。

3 <着信を許可>をタップします。

4 許可する連絡先を選択してをタップします。

設定 Series 1 2 3 4 5

Q 079 iPhoneを探したい!

A Siriから探すことができます。

iPhoneが見当たらないときは、Apple Watchで探すことができます。Siriに「iPhoneを探して」と話しかけてみましょう。iPhoneが近くにある場合は、音と振動が鳴るので、iPhoneの場所がすぐにわかります。iPhoneが見つかったら、「iPhoneを探す」の確認画面で<OK>をタップすると、サウンドが停止します。

1 Q.060を参考にSiriを起動します。

2 「iPhoneを探して」と話しかけます。

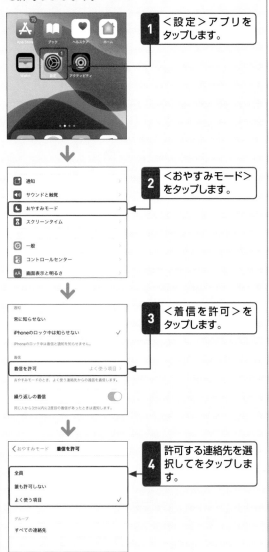

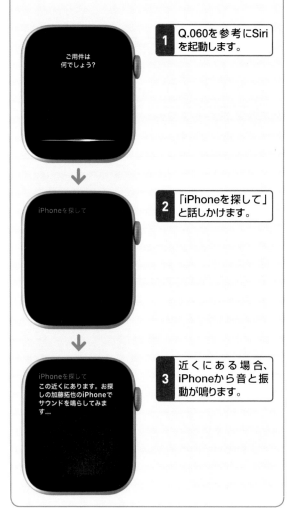

3 近くにある場合、iPhoneから音と振動が鳴ります。

Q 設定 Series 1 2 3 4 5

080 画面を点灯して懐中電灯として使いたい!

A コントロールセンターから設定できます。

Apple Watchの画面を最大輝度に点灯して、簡易的な懐中電灯として使用することができます。非常時にiPhoneを探すときなどに使用することができます。点滅させたり赤色に変更して非常灯として利用することも可能です。

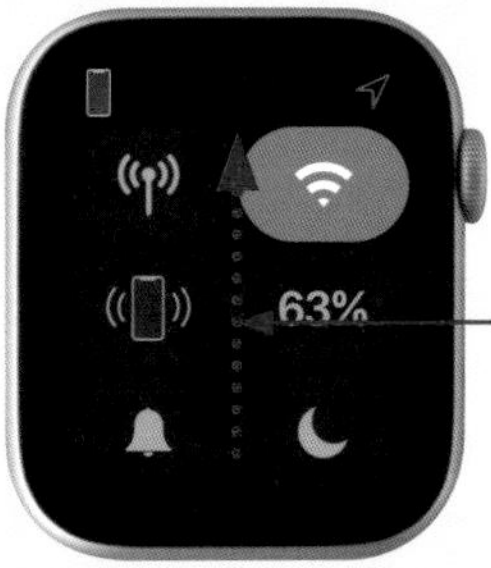

1 Q.069を参考にコントロールセンターを表示し、上方向にスライドします。

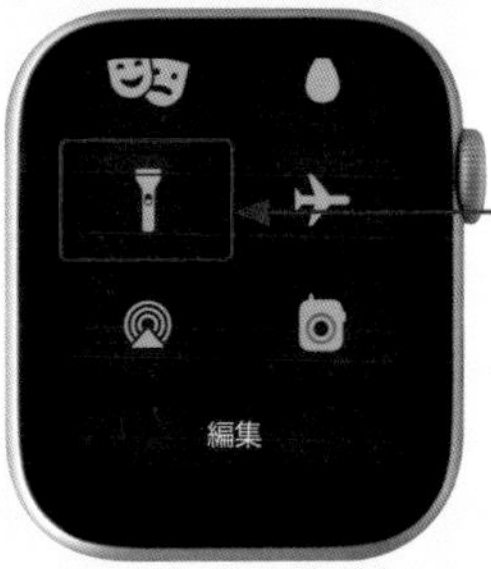

2 をタップします。

3 ライトがオンになります。左右にスワイプすると、ライトの色を変えることができます。

Q パスコード Series 1 2 3 4 5

081 パスコードを設定したい!

A <設定>アプリから可能です。

Apple Watchにパスコードを設定しておくと、Apple Watchを操作する際に、パスコードの入力が必要になります。パスコードはiPhoneとのペアリング時に設定しますが、この手順をスキップして、あとから<設定>アプリで設定することもできます

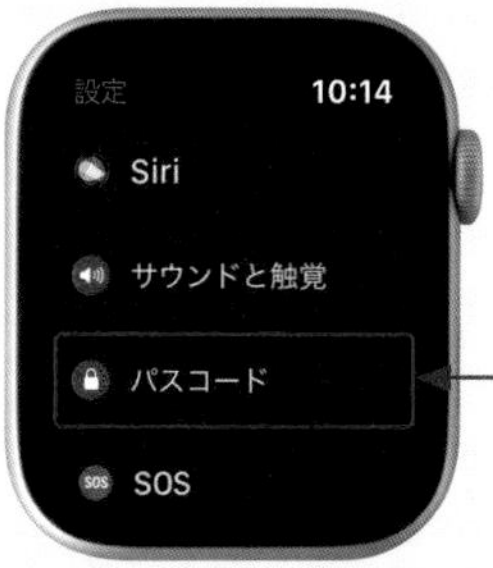

1 <設定>→<パスコード>の順にタップします。

2 <パスコードをオンにする>をタップします。

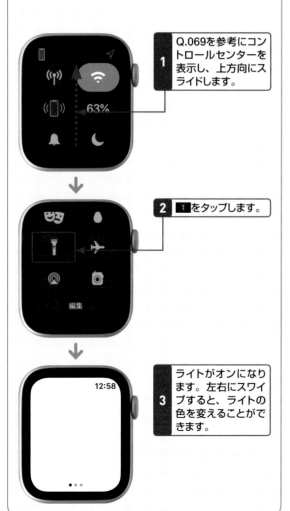

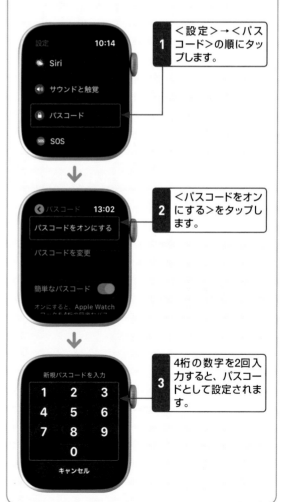

3 4桁の数字を2回入力すると、パスコードとして設定されます。

パスコード Series 1 2 3 4 5

Q 082 外したApple Watchを他人に操作されたくない!

A 手首検出をオンにします。

パスコードを設定した上で手首検出をオンにしておくと、Apple Watchを外した時だけロックがかかるようになります。操作する時には、パスコードの入力が必要なので、ほかの人に外したApple Watchを操作されるリスクを抑えることができます。なお、手首検出をオフにすると、再起動時のみパスコードの入力が必要になります。

1 ホーム画面から<設定>アプリをタップします。

2 <パスコード>をタップして、

3 <手首検出>をタップしてオンにします。

パスコード Series 1 2 3 4 5

Q 083 パスコードを4桁以上で設定したい!

A <設定>アプリから可能です。

iPhoneでは6桁のパスコードを設定できますが、Apple Watchでも同様に、6桁のパスコードを設定することができます。セキュリティーを高めたい場合には6桁のパスコードを設定するとよいでしょう。なお、あらかじめパスコードがオンになっている状態で行います。

1 Q.081手順1～2を参考に、「パスコード」画面を表示し、<簡単なパスコード>の をタップして にします。

2 現在のパスコードを入力します。

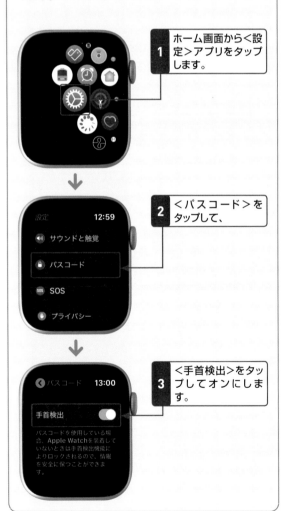

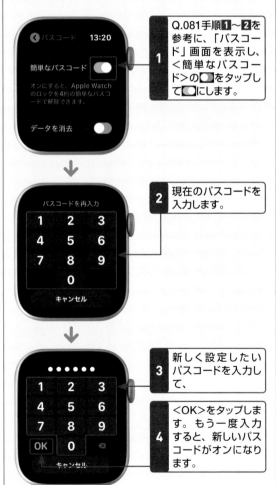

3 新しく設定したいパスコードを入力して、

4 <OK>をタップします。もう一度入力すると、新しいパスコードがオンになります。

Q パスコード Series 1 2 3 4 5

084 iPhoneからApple Watchのロックを解除したい!

A <Watch>アプリから設定できます。

iPhoneからApple Watchのロックを解除するには、iPhoneの<Watch>アプリからApple Watchのパスコードを入力します。iPhoneのロックを解除している間は、Apple Watchのロックも解除したままになります。

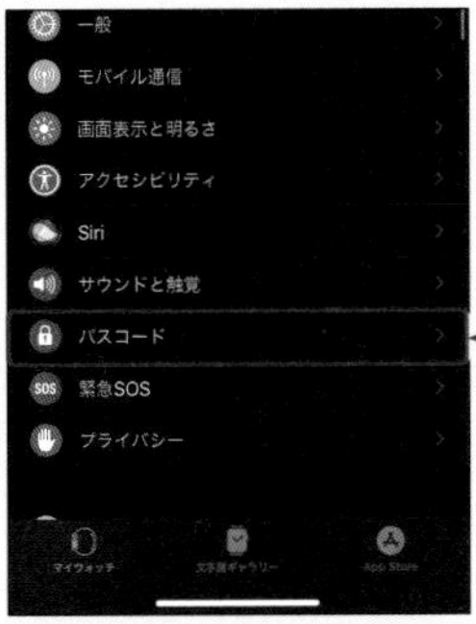

1 <Watch>アプリをタップして、<パスコード>をタップします。

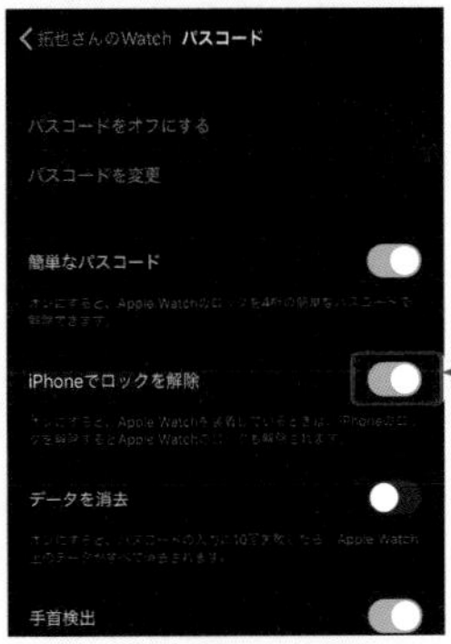

2 <iPhoneでロックを解除>をタップします。

3 Apple Watchでパスコード入力を求められるので、Apple Watchにパスコードを入力します。

Q パスコード Series 1 2 3 4 5

085 パスコードを忘れてしまった!

A リセットする必要があります。

パスコードを忘れてしまい、どうしても思い出せない場合はApple Watchをリセットしなければなりません。しかし、iPhoneと再びペアリングを行う際に、バックアップから復元できるので、少々時間はかかりますが、もとの状態に戻すことができます。

1 Apple WatchをiPhoneに近づけます。

2 <Watch>アプリをタップして、<一般>をタップします。

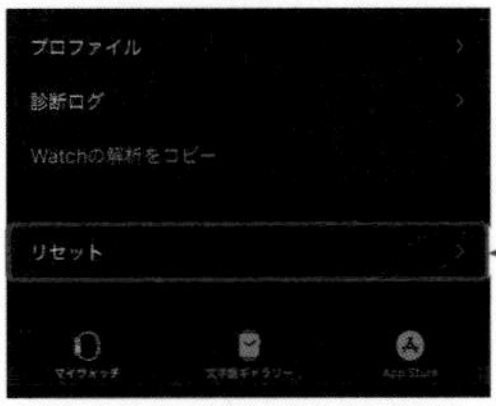

3 <リセット>をタップします。

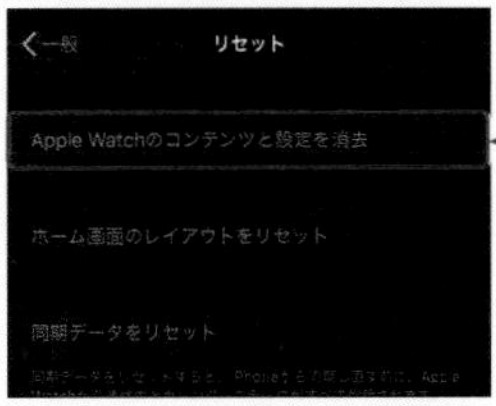

4 <Apple Watchのコンテンツと設定を消去>をタップします。

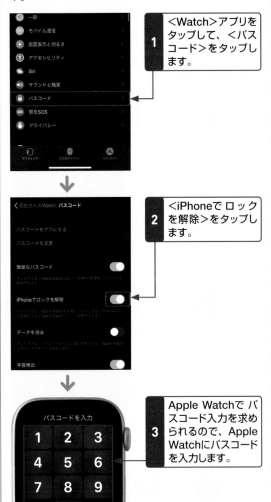

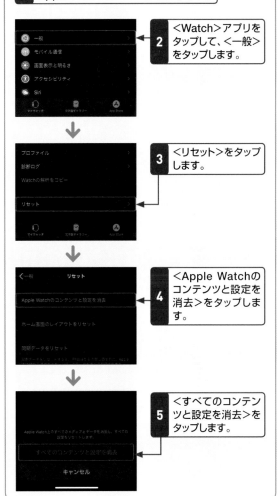

5 <すべてのコンテンツと設定を消去>をタップします。

設定 Series 1 2 3 4 5

Q 086 Apple Watchを右腕につけたい!

A <設定>アプリから可能です。

Apple Watchは、<設定>アプリで<向き>を変更すると、画面が180°回転して表示され、右腕につけて利用することができるようになります。また、この設定ではデジタルクラウンを回す方向も変更可能です。

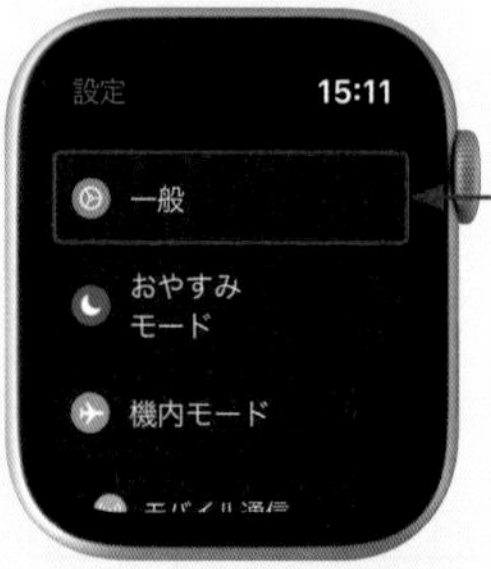

1 <設定>→<一般>の順にタップします。

2 <向き>をタップします。

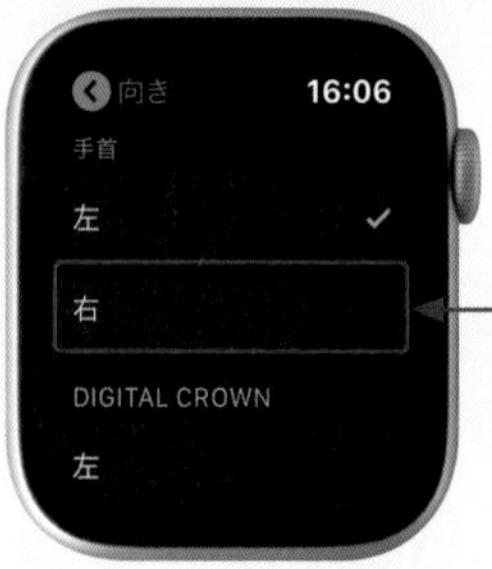

3 <右>をタップします。

コントロールセンター Series 1 2 3 4 5

Q 087 バッテリーの残量を確認したい!

A コントロールセンターから確認できます。

文字盤やホーム画面ではApple Watchの正確なバッテリー残量はわかりません。バッテリー残量を正確な数値で確認したいときは、コントロールセンターから確認します。

1 文字盤を表示して、画面を下から上にスワイプします。

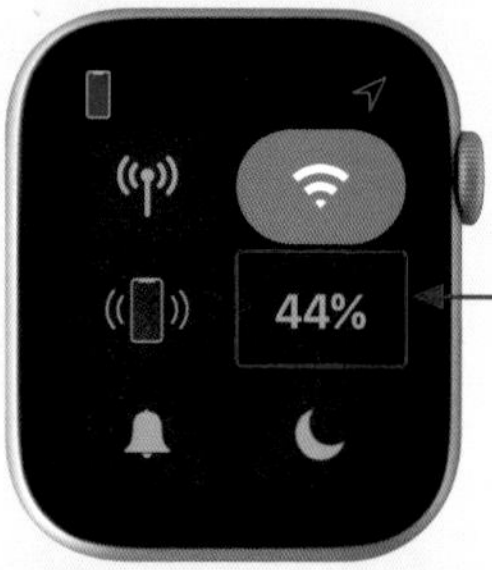

2 バッテリー残量が表示されるのでタップします。

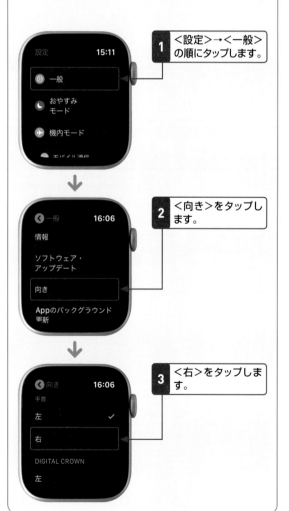

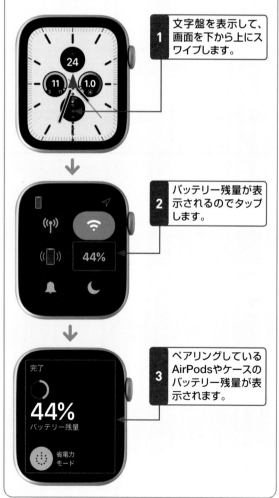

3 ペアリングしているAirPodsやケースのバッテリー残量が表示されます。

Q 088 省電力モードに切り替えたい！

コントロールセンター　Series 1 2 3 4 5

A コントロールセンターから切り替えられます。

省電力モードにすると、暗い画面の右上にデジタルで現在時刻が表示される以外、すべての機能や通知がオフになります。Apple Watchが省電力モードの間は、サイドボタンを押すと現在の時刻が表示されます。省電力モード中は、Apple WatchとiPhoneは通信しません。また、Apple Watchのその他の機能も使用できません。

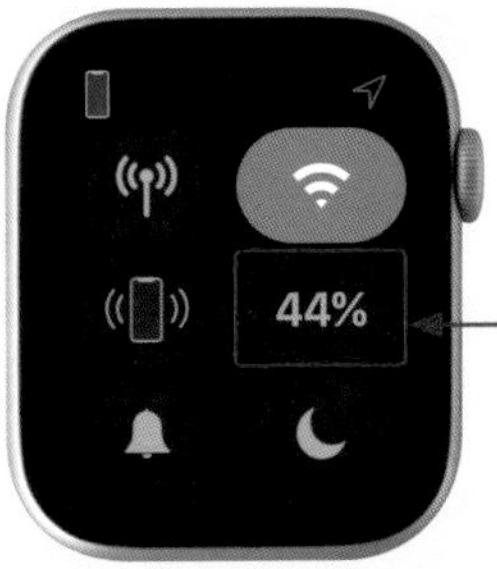

1 Q.087手順1～2を参考にコントロールセンターを表示し、電池残量のアイコンをタップします。

2 ＜省電力モード＞をスワイプします。

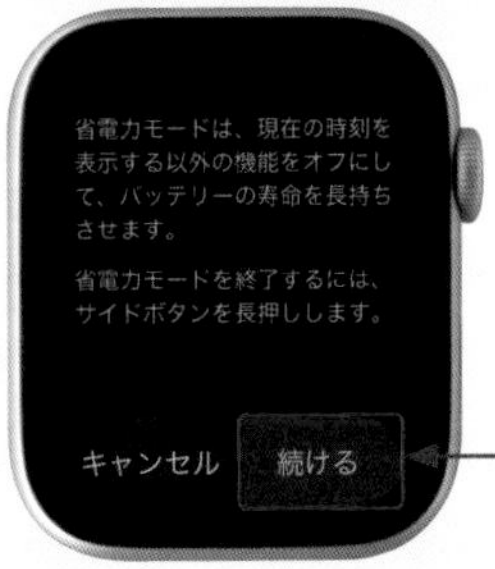

3 ＜続ける＞をタップします。

Q 089 すぐにスリープモードにしたい！

操作　Series 1 2 3 4 5

A 画面を手で覆う方法があります。

Apple Watchを操作していない時は、画面が消灯してスリープモードになります。画面の点灯中にApple Watchを手で覆うと、すぐにスリープモードになります。手のひらが画面につくくらいはっきりと覆うのがコツです。ただし、Series5で常時点灯をオンにしている場合は利用できません。

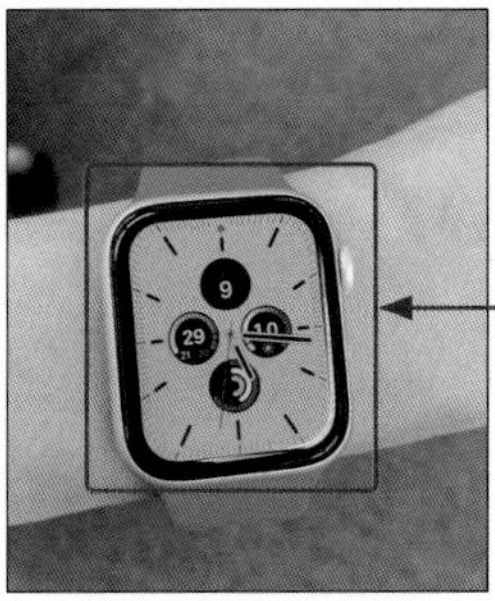

1 画面が点灯していることを確認します。

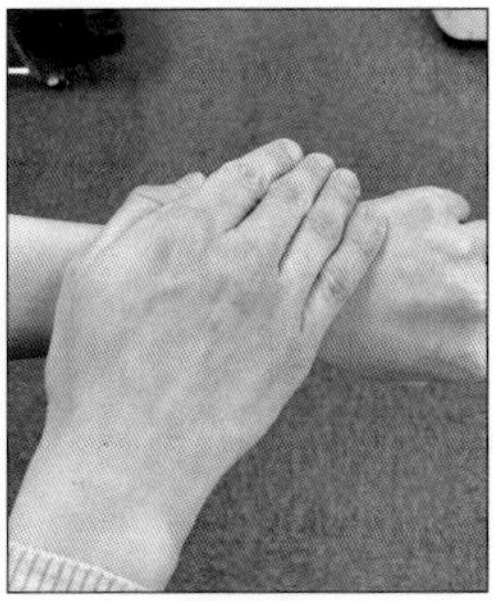

2 画面全体を手で覆います。

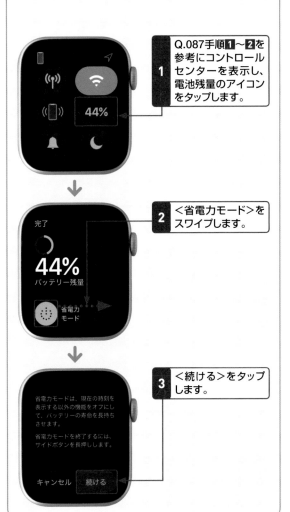

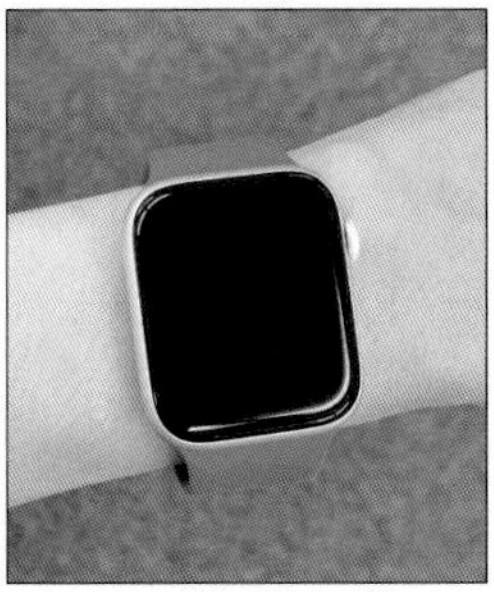

3 すぐにスリープモードになります。

操作 Series 1 2 3 4 5

Q 090 音が鳴らないようにしたい！

A 消音モードにします。

Apple Watchの音を鳴らしたくないけれど、通知は受け取りたい場合は消音モードを利用します。消音モードをオンにすると、通知音が鳴らなくなり、アラームは振動のみになります。ただし、充電中には消音モードでもアラームが鳴ります。

1 文字盤を表示して、画面を下から上にスワイプします。

2 コントロールセンターが表示されたら、■をタップします。

3 消音モードがオンになります。

操作 Series 2 3 4 5

Q 091 水に濡れるのが心配なときは？

A 防水ロックを設定します。

水に濡れる環境でApple Watchを使用する場合は防水ロックを設定しましょう。ただし、スキューバダイビングやウォータースキー、高速水流または低浸水を超える潜水を伴うアクティビティを行う場合は、Apple Watchを外しましょう。洗い物で洗剤を使用する、入浴でシャンプーを利用するといった場合はApple Watchを外すようにしましょう。

1 Q.087手順1〜2を参考にコントロールセンターを表示し、■() をタップします。

2 防水ロックが有効になります。

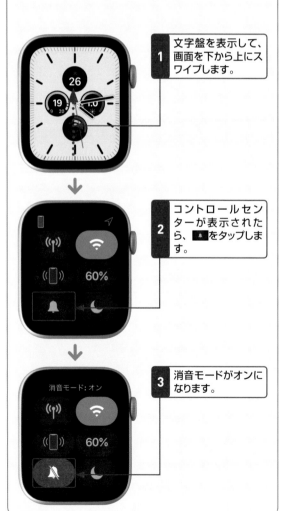

3 デジタルクラウンを回すと、防水ロックを解除できます。

Q 092 Apple Watchにはどんな文字盤があるの？

A 文字盤には多種多様なデザインが用意されています。

Apple Watchにはさまざまなデザインの文字盤が用意されています。ここでは、Appleが提供している文字盤を紹介します。気に入った文字盤を見つけたら、Q.093を参考に切り替えてみましょう。なお、Apple以外のサードパーティーから文字盤のデザインは提供されていません。

メディリアン

4つのサブダイアルのコンプリケーションを同時に表示できます（Series4以降）。

カリフォルニア

ローマ数字とアラビア数字を組み合わせた個性的なデザインです（Series4以降）。

数字・デュオ

数字を大きく表示します（Series4以降）。

グラデーション

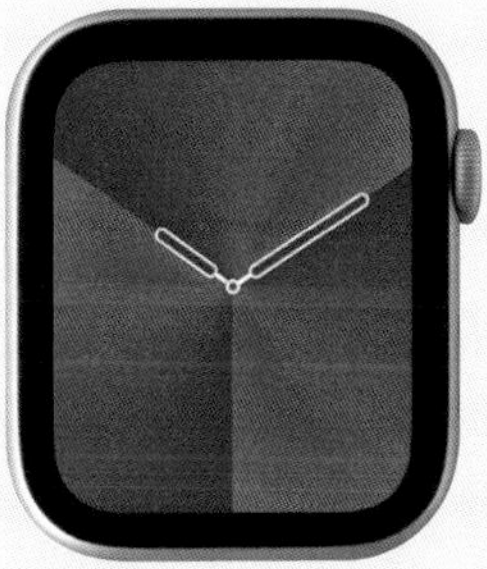

時間の経過とともにグラデーションが変化していきます（Series4以降）。

ソーラーダイヤル

太陽の動きによって時間を計ってくれます（Series4以降）。

アクティビティ

デジタルとアナログの2種類からアクティビティリングを表示できます。

SIRI

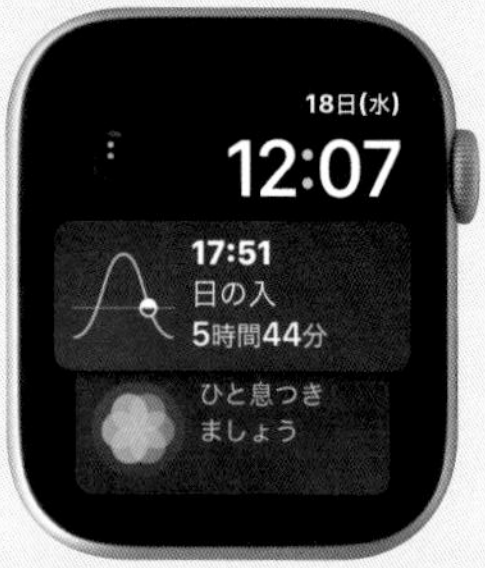

Siriがユーザーの必要とする情報を予想して自動で表示します。

インフォグラフ

8つのコンプリケーションを同時に表示できます(Series4以降)。

アストロノミー

太陽系儀がモチーフです。時刻に応じて地球に光が当たります。

ヴェイパー

毎秒数千フレームで撮影された水蒸気のイメージが流れます。

エクスプローラー

GPS+Cellularモデルのみで選択できる文字盤です(Series3以降)。

カラー

さまざまなバリエーションがあり、好きな色を設定できます。

クロノグラフ

アナログ風ストップウォッチ付きのクラシックなデザインです。

シンプル

ミニマリスティックな無駄のないデザインです。

タイムラプス

湖や都市などの風景写真を鮮やかに表示します。

プライド

レインボーフラッグがモチーフです。画面をタップすると動きます。

モーション

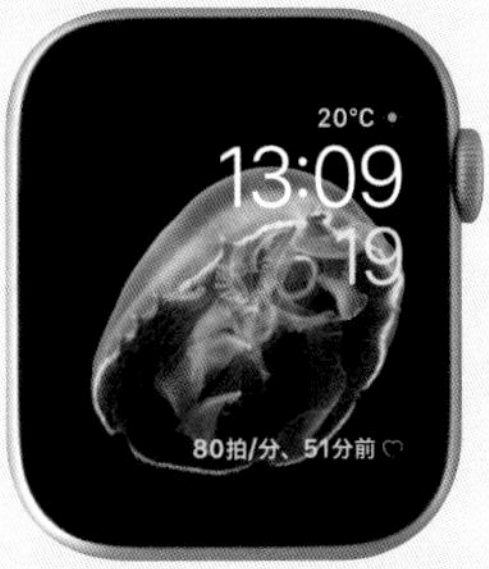

クラゲや花などのテーマをアニメーションで表示します。

ユーティリティ

実用性を重視したシンプルなデザインです。

リキッドメタル

Apple Watchの材質からヒントを得た金属的な文字盤です。

火と水

火と水のどちらかのイメージを選ぶことができます。

呼吸

リラックスを促すデザインで、タップすると「呼吸」アプリが起動します。

万華鏡

時間の経過に合わせてデザインが万華鏡のように変化します。

文字盤 Series 1 2 3 4 5

Q 093 別の文字盤にすぐに切り替えたい！

A 画面をスワイプすることで切り替えられます。

現在の文字盤をほかの文字盤に切り替えるには、ホーム画面でデジタルクラウンを押して文字盤を表示し、画面を左右にスワイプします。なお、文字盤は「マイ文字盤」に登録されている種類のものにだけ切り替えることができます。「マイ文字盤」とは、数ある文字盤のデザインの中から気に入ったものを登録しておける機能のことです。「マイ文字盤」へのデザインの追加方法は、Q.104を参照してください。

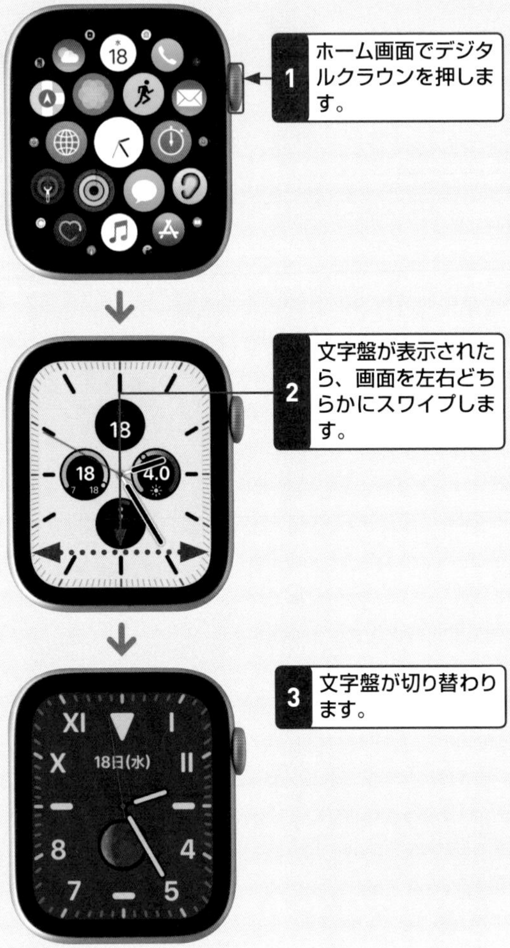

1 ホーム画面でデジタルクラウンを押します。
2 文字盤が表示されたら、画面を左右どちらかにスワイプします。
3 文字盤が切り替わります。

文字盤 Series 1 2 3 4 5

Q 094 文字盤の色を変更したい！

A 文字盤をカスタマイズします。

文字盤の中には、色を変更できるものがあります。ます。文字盤の画面を強く押すとカスタマイズできるようになるので、デジタルクラウンを回して好みの色に変更しましょう。「インフォグラフ」「インフォグラフモジュラー」「カリフォルニア」などの文字盤は、色を変更できません。

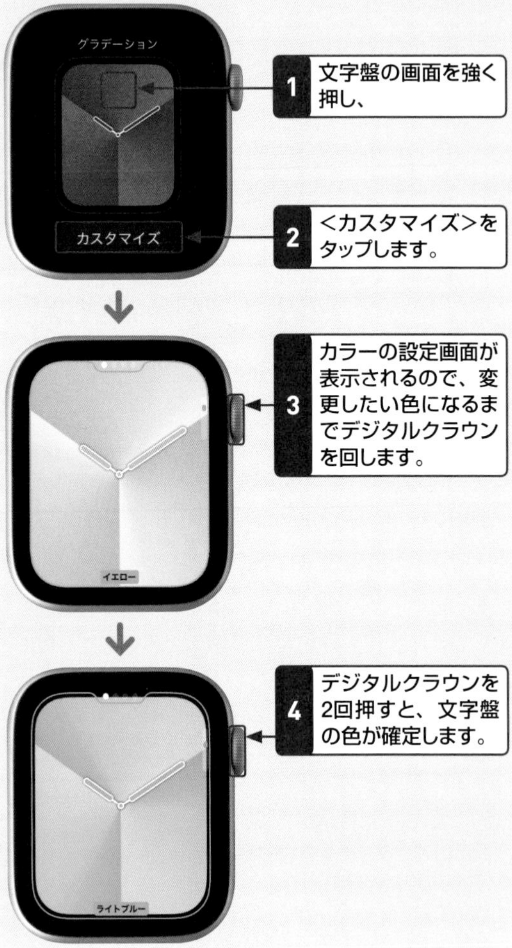

グラデーション
カスタマイズ
1 文字盤の画面を強く押し、
2 <カスタマイズ>をタップします。
3 カラーの設定画面が表示されるので、変更したい色になるまでデジタルクラウンを回します。
イエロー
4 デジタルクラウンを2回押すと、文字盤の色が確定します。
ライトブルー

文字盤 Series 1 2 3 4 5

Q 095 文字盤のデザインを変更したい！

A 文字盤ごとにデザインを選ぶことができます。

文字盤は、それぞれデザインを変更することができます。文字盤の画面を強く押し、カスタマイズ画面の「スタイル」でデジタルクラウンを回すと、変更できるデザインを確認できます。変更できるデザインの数は文字盤によって異なるため、デジタルクラウンを回してすべてのデザインを一度チェックしてみて、気に入ったデザインを設定しましょう。ここでは、「シンプル」のデザインの変更方法を紹介します。

1 文字盤の画面を強く押し、

2 <カスタマイズ>をタップします。

3 スタイルの設定画面が表示されるので、変更したいデザインになるまでデジタルクラウンを回します。

4 デジタルクラウンを2回押すと、デザインが変更されます。

文字盤 Series 1 2 3 4 5

Q 096 コンプリケーションって何？

A アプリや設定を文字盤に表示できる機能です。

コンプリケーションとは、Apple Watchのアプリや設定をアイコンとして文字盤に表示する機能です。コンプリケーションが表示される数や形式は、文字盤によって異なります。フルスクリーンモード（Q.099参照）以外の文字盤のコンプリケーションは自由にカスタマイズすることができます。変更方法は、Q.097を参照してください。

「呼吸」では2つのコンプリケーションを表示できます。

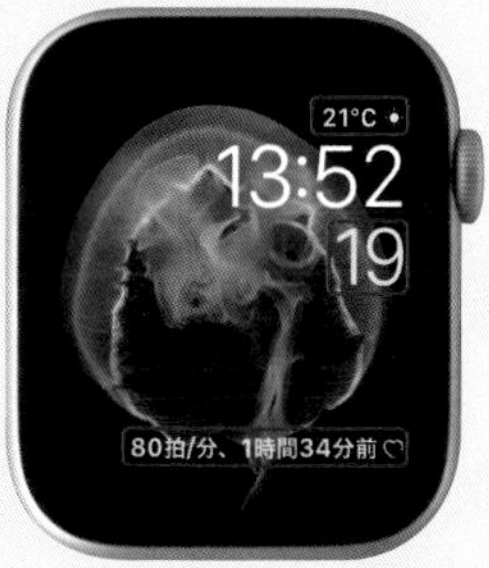

「モーション」では3つのコンプリケーションを表示できます。

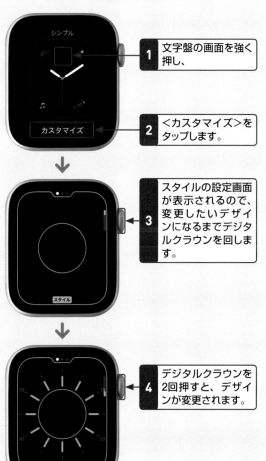

「インフォグラフモジュラー」では5つのコンプリケーションを表示できます。

Q 文字盤 Series 1 2 3 4 5

097 よく使うアプリをコンプリケーションに表示したい！

A カスタマイズ画面でコンプリケーションを変更します。

アプリをコンプリケーションとして文字盤に表示するには、カスタマイズ画面でコンプリケーションを変更します。表示するコンプリケーションの種類や数は、文字盤やデザインによって異なります。コンプリケーションには、Apple Watchにはじめからインストールされているアプリのほか、App Storeから新たに入手したアプリを表示させることもできます。コンプリケーションに対応したアプリは、Q.098を参考に確認してください。ここでは、「ユーティリティ」のコンプリケーションの変更方法を紹介します。

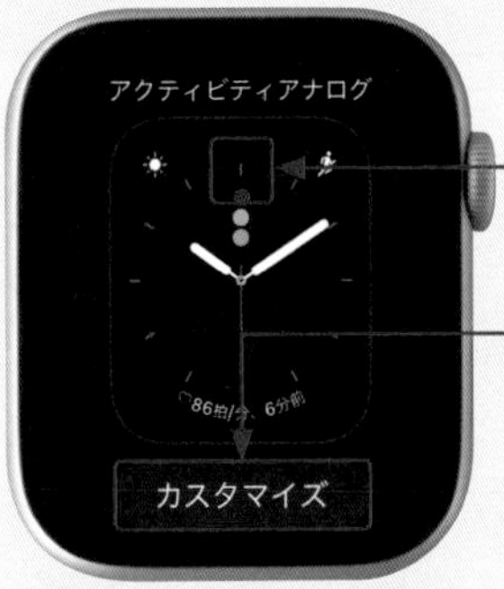

1 文字盤の画面を強く押し、

2 <カスタマイズ>をタップします。

3 画面を左方向に2回スワイプします。

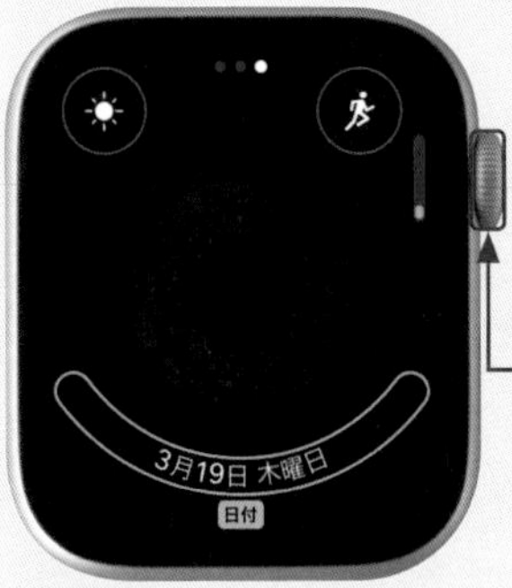

4 コンプリケーションの設定画面が表示されます。

5 デジタルクラウンを回して、下部のコンプリケーションを変更します。

6 左上の項目をタップし、

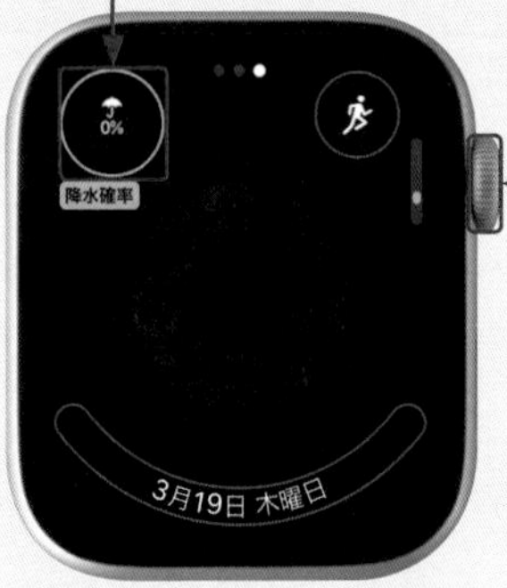

7 デジタルクラウンを回してコンプリケーションを変更します。

8 右上の項目をタップし、

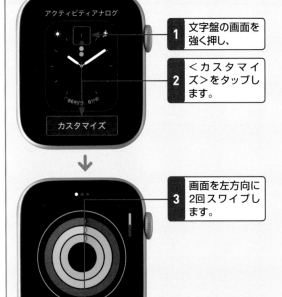

9 デジタルクラウンを回してコンプリケーションを変更します。

10 デジタルクラウンを2回押すと、コンプリケーションが変更されます。

Q 文字盤

Series 1 2 3 4 5

098 コンプリケーションに対応したアプリを確認したい!

A iPhoneの＜Watch＞アプリから確認できます。

コンプリケーションに対応したアプリは、iPhoneの＜Watch＞アプリの「コンプリケーション」から確認できます。対応したアプリがApple Watchにインストールされていない場合、「コンプリケーション」には何も表示されません。

1 「Watch」アプリで＜コンプリケーション＞をタップすると、

2 コンプリケーションに対応したアプリが表示されます。

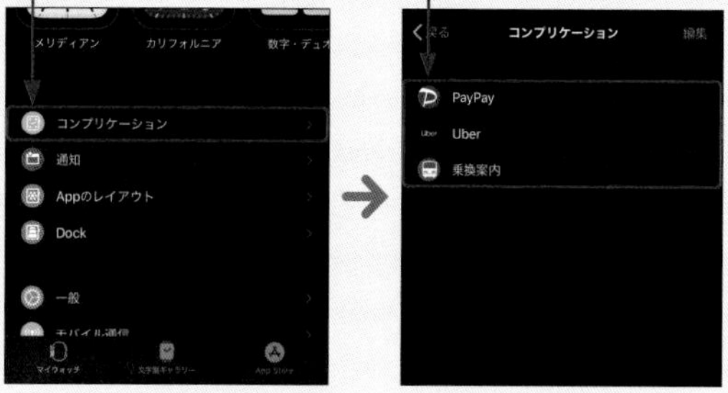

Q 文字盤

Series 1 2 3 4 5

099 コンプリケーションを追加できない!

A フルスクリーンモードの文字盤は追加できません。

追加できるコンプリケーションは、文字盤によって異なります。たとえば、「ヴェイパー」「グラデーション」「リキッドメタル」「火と水」「万華鏡」などといった文字盤はフルスクリーンモードのため、コンプリケーションが追加できない仕様になっています。

フルスクリーンモードの文字盤は、コンプリケーションを追加することができません。

ヴェイパー

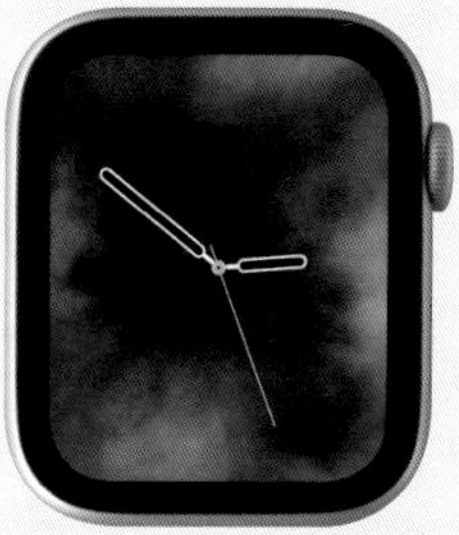

万華鏡

Q 文字盤

Series 1 2 3 4 5

100 設定した文字盤を登録したい!

A 文字盤を「マイ文字盤」に登録します。

文字盤の画面を強く押して左方向に何度かスワイプしたら、「新規」の⊕をタップし、画面を上下にスワイプして（またはデジタルクラウンを回して）登録したい文字盤をタップすると、カスタマイズした文字盤が「マイ文字盤」に登録されます。

1 「新規」画面で⊕をタップし、

2 画面を上下にスワイプして、登録したい文字盤をタップします。

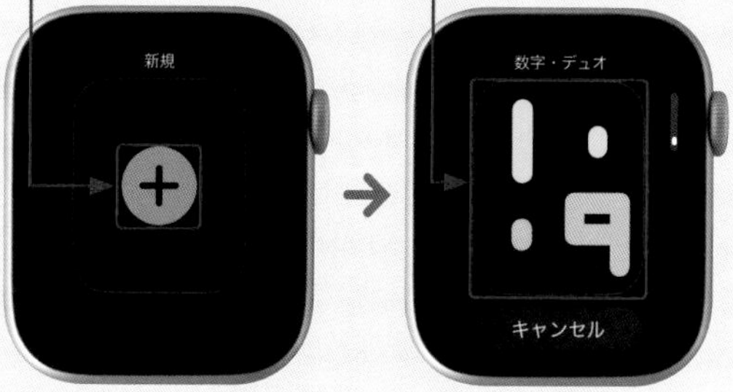

Q 文字盤

Series 1 2 3 4 5

101 自分で撮った写真を文字盤に表示したい!

A iPhoneからApple Watchに同期するアルバムを選択します。

iPhoneのアルバムを同期することで、Apple Watchの文字盤に自分で撮った写真を表示することができます。なお、文字盤に写真を表示したい場合は、iPhoneから「写真」の文字盤を追加しておく必要があります(Q.104参照)。

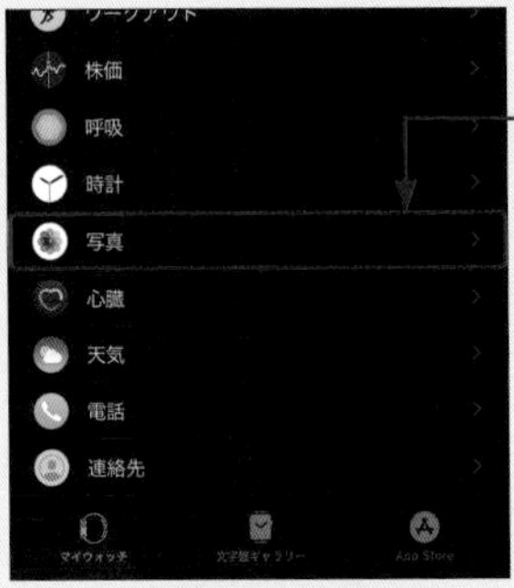

1 iPhoneの「Watch」アプリで<写真>をタップし、

2 <同期されているアルバム>をタップして、

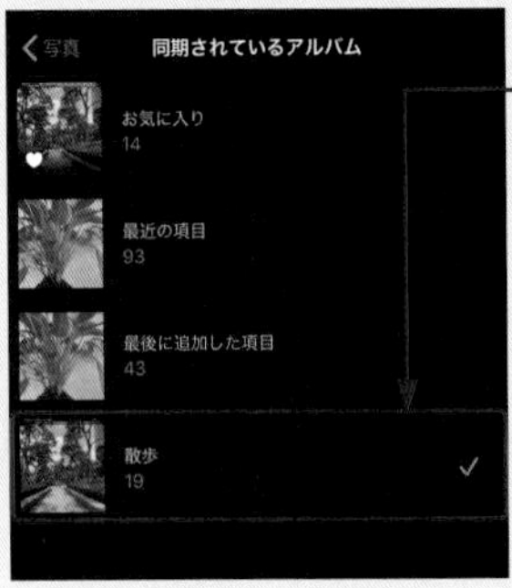

3 同期したいアルバムをタップします。

4 Apple Watchの文字盤の画面を強く押し、

5 <カスタマイズ>をタップします。

6 画面を左右にスワイプして「写真」の文字盤を表示し、

7 デジタルクラウンを2回押します。

8 画面をタップすると、同期したアルバムのほかの写真が表示されます。

Apple Watchを装着した状態で手首を上げることでも、写真を切り替えることができます。

Q 文字盤 Series 1 2 3 4 5

102 1枚の写真を文字盤に表示したい!

A <写真>アプリから設定します。

Q.101では、アルバム内の複数の写真を表示させる「写真」の文字盤の設定方法を紹介しました。お気に入りのアルバムの写真をローテーションで表示してくれる仕様ですが、「写真」の文字盤は、時計の位置が上下のどちらかに固定されているため、写真によっては時計が見づらくなってしまいます。1枚の写真を固定して文字盤に表示したい場合は、<写真>アプリから設定を行います。

1 ホーム画面から<写真>アプリを開き、文字盤に表示したい写真をタップします。

2 画面を強く押し、

3 <文字盤を作成>をタップすると、文字盤に写真が表示されます。

Q 文字盤 Series 1 2 3 4 5

103 iPhoneから文字盤を変更したい!

A 「マイ文字盤」から変更します。

文字盤はApple Watch本体からだけでなく、iPhoneの<Watch>アプリからも変更することができます。「マイ文字盤」で任意の文字盤の<現在の文字盤として設定>をタップすると、文字盤が変更されます。

1 iPhoneの「Watch」アプリの「マイ文字盤」から、変更したい文字盤をタップします。

2 文字盤の設定画面下部の<現在の文字盤として設定>をタップします。

3 文字盤が変更されます。

Q 文字盤 Series 1 2 3 4 5

104 iPhoneから文字盤を追加したい!

A 「文字盤ギャラリー」から追加します。

Apple Watch本体で文字盤を変更するときは、「マイ文字盤」に登録済みの文字盤しか選ぶことができません。「マイ文字盤」に新しく文字盤を登録するには、iPhoneの「文字盤ギャラリー」から追加します。

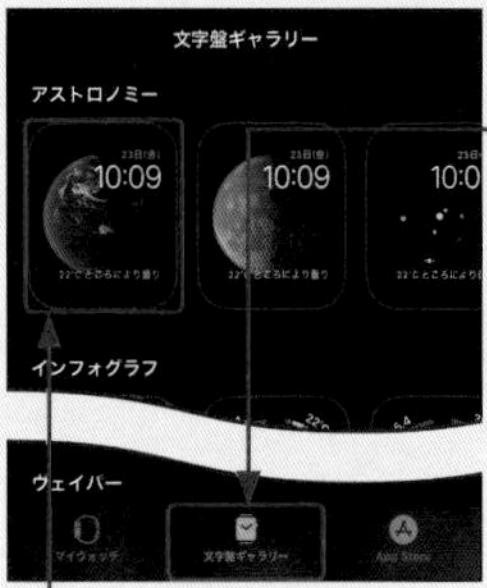

1 iPhoneの「Watch」アプリの＜文字盤ギャラリー＞をタップし、

2 追加したい文字盤をタップします。

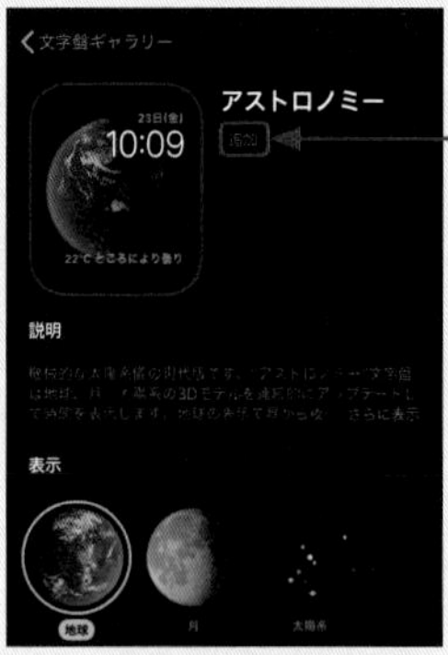

3 ＜追加＞をタップします。

4 文字盤が「マイ文字盤」に追加され、文字盤が変更されます。

Q 文字盤 Series 1 2 3 4 5

105 マイ文字盤を整理したい!

A iPhoneから並び順を変更します。

文字盤をどんどん追加していくと、マイ文字盤が煩雑になってきてしまいます。管理しやすいように、iPhoneから文字盤を並び替えて整理しましょう。また、手順2の画面で任意の文字盤の■→＜削除＞→＜完了＞の順にタップすると、文字盤を削除することができます。

1 iPhoneの「Watch」アプリで、「マイ文字盤」の＜編集＞をタップします。

2 任意の文字盤の■をタップし、上下にドラッグして並び順を変えます。

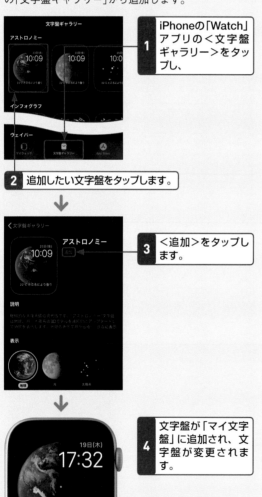

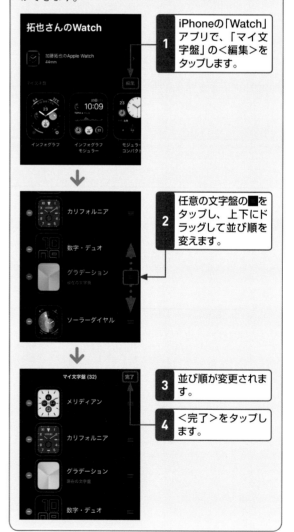

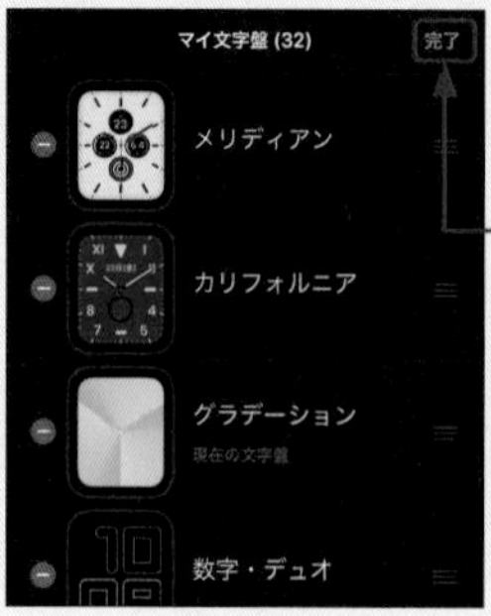

3 並び順が変更されます。

4 ＜完了＞をタップします。

Q 106 文字盤にAppleのロゴを表示したい！

A 「カラー」の文字盤で「モノグラム」をオンにします。

「カラー」の文字盤では、「モノグラム」でテキストを表示させることができます。ここでは、テキスト入力欄にAppleのロゴを表示させる方法を紹介します。なお、ここでは特殊文字のAppleのロゴマークを使用しています。通常のテキストを入力して表示することも可能です。

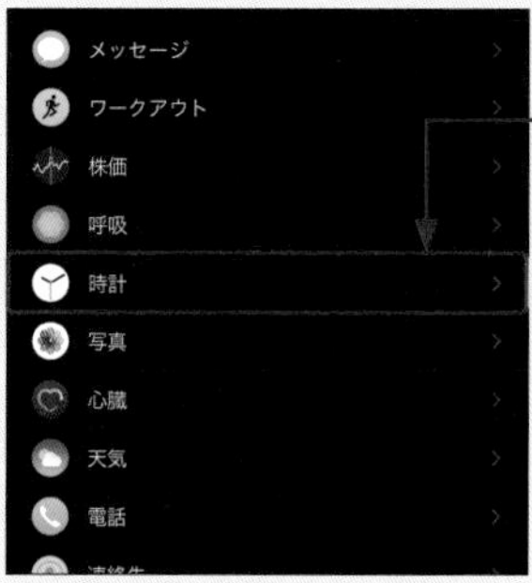

1 iPhoneの「Watch」アプリで<時計>をタップし、

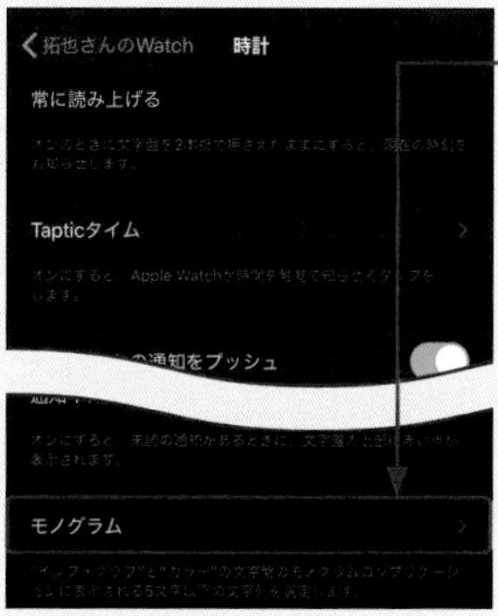

2 <モノグラム>をタップして、

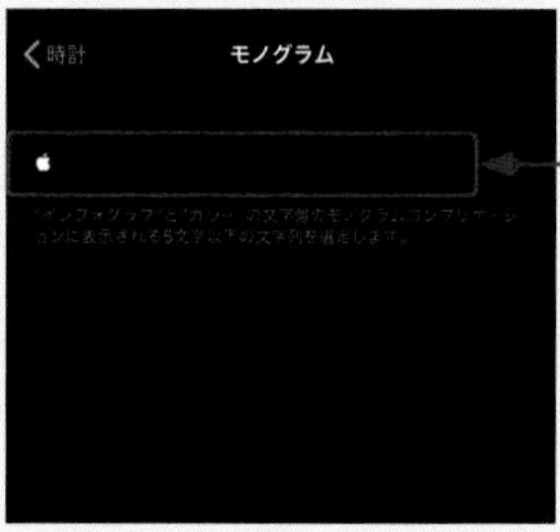

3 入力欄に任意のテキスト（ここでは特殊文字のAppleのロゴ）を入力します。

4 Q.104を参考に、文字盤ギャラリーから「カラー」を追加しておきます。

5 「マイ文字盤」から<カラー>をタップし、

6 「モノグラム」の ● をタップして ● にし、

7 <現在の文字盤として設定>をタップします。

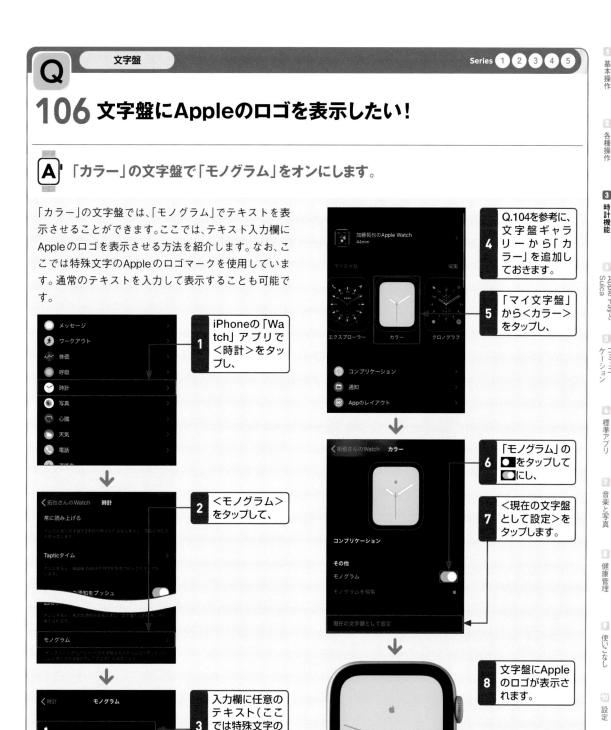

8 文字盤にAppleのロゴが表示されます。

文字盤 Series 1 2 3 4 5

Q 107 Apple Watchから文字盤を削除したい!

A 削除したい文字盤を上方向にスワイプします。

「マイ文字盤」に追加した文字盤は、Apple Watch本体とiPhoneのどちらからでも削除が可能です(Q.105参照)。Apple Watch本体では文字盤の画面を強く押し、削除したい文字盤を表示して上方向にスワイプしたら、<削除>をタップします。「マイ文字盤」に追加した文字盤を削除しても、「文字盤ギャラリー」からは削除されません。

1 文字盤の画面を強く押し、

2 左右にスワイプして、削除したい文字盤を表示します。

3 上方向にスワイプし、

4 <削除>をタップします。

時計 Series 1 2 3 4 5

Q 108 時計を進めて少し先の時間を表示したい!

A 文字盤の時間の表示を早めることができます。

時間に余裕を持たせるために、Apple Watchの文字盤に表示される時間を1〜59分の間で早めることができます。この設定で変更されるのは文字盤に表示される時間だけであり、アラーム、通知、世界時計などは実際の時間で作動するので注意しましょう。なお、時計は時間を進めることはできますが、反対に時間を遅らせることはできません。

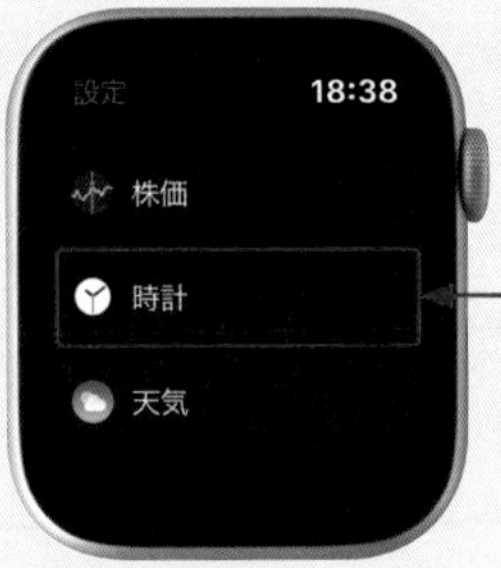

1 ホーム画面で「設定」アプリをタップし、<時計>をタップして、

2 <+0分>をタップします。

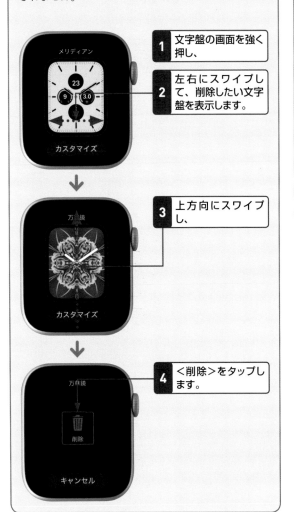

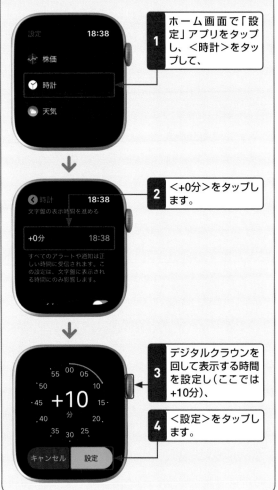

3 デジタルクラウンを回して表示する時間を設定し(ここでは+10分)、

4 <設定>をタップします。

Q アラーム Series 1 2 3 4 5

109 アラームを使いたい！

A <アラーム>アプリでアラームを設定します。

Apple Watchでアラーム機能を利用するには、<アラーム>アプリの<アラームを追加>をタップして、アラームをセットします。決まった曜日だけにアラームを鳴らす「繰り返し」(Q.111参照)や、一定時間ごとに何度もアラームを鳴らす「スヌーズ」(Q.112参照)なども設定できます。アラームが鳴ったら、<停止>をタップして止めます。セットしたアラームの時刻を忘れてしまいそうなときは、Q.097を参考にして、文字盤にアラームのコンプリケーションを追加しておきましょう。

1 ホーム画面で「アラーム」アプリをタップし、

2 <アラームを追加>をタップします。

3 時間または分をタップし、

4 デジタルクラウンを回してアラームを鳴らしたい時間を設定したら、

5 <設定>をタップします。

Q アラーム Series 1 2 3 4 5

110 アラームを削除したい！

A アラームの編集画面で<削除>をタップします。

アラームは、新しく設定するたびに数が増えてしまいます。不要になったアラームは削除しましょう。「アラーム」アプリで削除したいアラームをタップすると編集画面が表示されるので、最下部の<削除>をタップして、アラームを削除します。

1 「アラーム」アプリで、削除したいアラームをタップします。

2 画面最下部の<削除>をタップすると、アラームが削除されます。

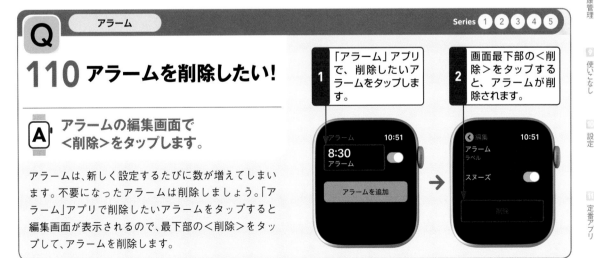

アラーム Series 1 2 3 4 5

Q 111 決まった曜日にアラームを鳴らしたい！

A 「繰り返し」を設定します。

平日だけ、または休日だけアラームを鳴らしたいという場合は、「繰り返し」を設定しましょう。「毎日」「平日」「週末」の3つからおおまかに選択できますが、任意の曜日だけにアラームを鳴らすこともできます。アラームのセット後に「繰り返し」の設定を行わなかった場合、そのアラームは一回作動したあとに自動的にオフになります。

1 「アラーム」アプリで、曜日を設定したいアラームをタップします。

2 アラームの編集画面で＜繰り返し＞をタップします。

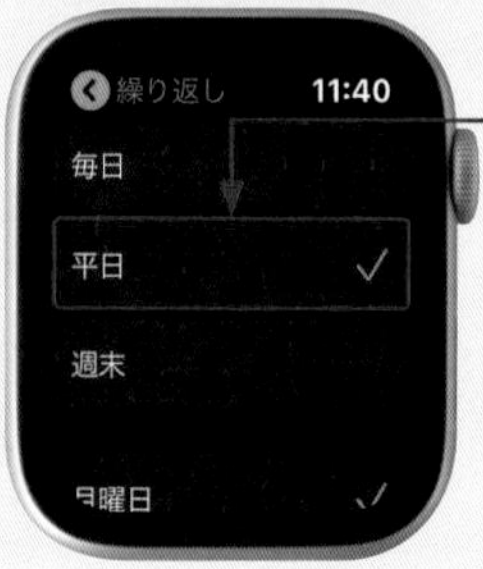

3 アラームを鳴らしたい曜日（ここでは＜平日＞）をタップします。

アラーム Series 1 2 3 4 5

Q 112 二度寝を防止したい！

A 「スヌーズ」を設定します。

アラームを止めたあとの二度寝を防止したいときは、止めたあとに再びアラームが鳴る「スヌーズ」を設定するとよいでしょう。スヌーズを設定したアラームが鳴ったときは、＜スヌーズ＞をタップします。このとき、＜停止＞をタップしてしまうとスヌーズは機能しません。また、スヌーズの間隔は9分に設定されており、ほかの分数にカスタマイズすることはできません。

1 「アラーム」アプリで、スヌーズを設定したいアラームをタップします。

2 「スヌーズ」のを タップして、にします。

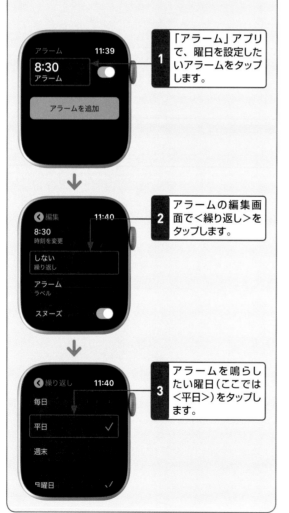

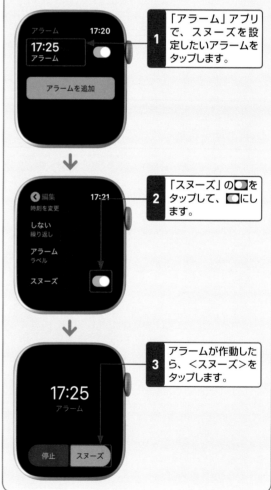

3 アラームが作動したら、＜スヌーズ＞をタップします。

アラーム Series 1 2 3 4 5

Q 113 アラームを振動だけにしたい！

A 「消音モード」にしてアラーム音を無効にします。

職場や電車の中でアラームを使いたいときは、周りの人に迷惑にならないように、アラームを振動のみに設定しましょう。アラームを振動のみにするには、Q.070を参考にコントロールセンターを表示し、「消音モード」をオンします。

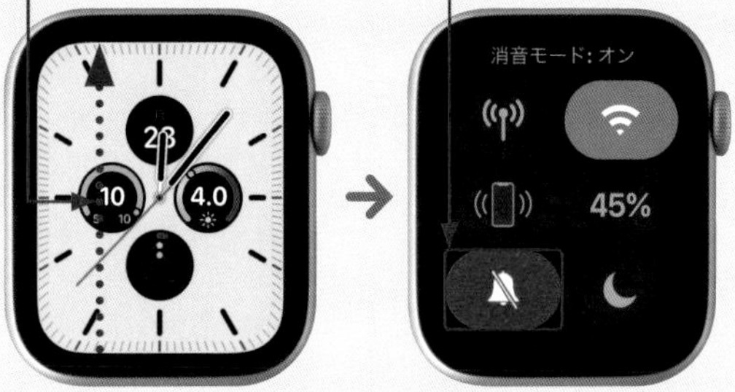

1 画面を上方向にスワイプしてコントロールセンターを表示し、

2 🔔をタップして消音モードにします。

アラーム Series 1 2 3 4 5

Q 114 アラームをすばやくセットしたい！

A 「ラベル」を設定します。

複数のアラームをいくつも追加すると、使用したいアラームがわかりづらくなっていまいます。アラームの管理をしやすくするために、アラームの「ラベル」機能で、それぞれのアラームに名前を付けておきましょう。また、アラームにラベルを設定しておくと、Siriへの呼びかけですばやくアラームをセットすることができます。Siriへの呼びかけを行うには、「設定」アプリで<Siri>をタップし、「SIRIに頼む」を有効にしておく必要があります。

1 ラベルを付けたいアラームをタップし、<ラベル>をタップします。

2 ラベルの名前（ここでは“打ち合わせ”と発声して）<完了>をタップすると、

3 ラベルが設定されます。

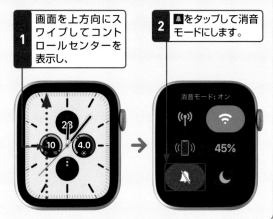

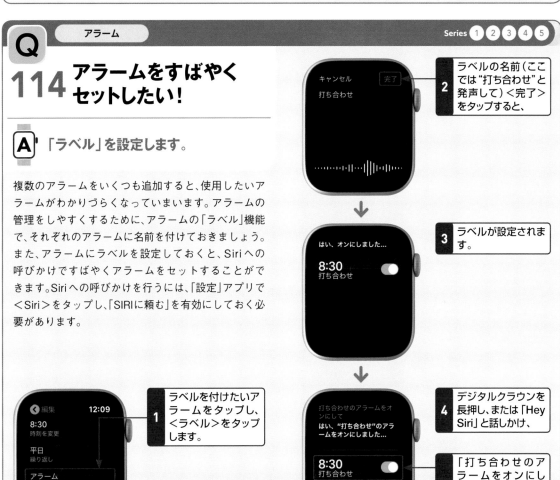

4 デジタルクラウンを長押し、または「Hey Siri」と話しかけ、

5 「打ち合わせのアラームをオンにして」と伝えると、アラームがセットされます。

アラーム

Series 1 2 3 4 5

Q 115 iPhoneと同じ時刻にアラームを鳴らしたい！

A 「iPhoneからの通知をプッシュ」をオンにします。

iPhoneにセットしたアラームは、「Watch」アプリで「iPhoneからの通知をプッシュ」を有効にすると、Apple Watchと同期することができます。iPhoneのアラームが鳴るとApple Watchも同時に鳴り、Apple Watchからアラームを停止したりスヌーズにしたりすることができます。なお、Apple Watchで設定したアラームが作動しても、iPhoneには通知されません。

1 iPhoneの「Watch」アプリで<時計>をタップし、

2 「iPhoneからの通知をプッシュ」のをタップしてにします。

3 iPhoneで設定したアラームがApple Watchに通知されます。

4 <停止>または<スヌーズ>をタップすると、iPhoneのアラームが停止します。

アラーム

Series 1 2 3 4 5

Q 116 アラームを文字盤に表示したい！

A コンプリケーションに追加できます。

コンプリケーションにアラームを追加できる文字盤では、アラームが鳴る時刻を表示できます。Q.109を参考にアラームを設定し、Q.097を参考に文字盤のカスタマイズ画面で、コンプリケーションにアラームを表示しましょう。

1 文字盤のカスタマイズ画面で、コンプリケーションにアラームを設定します。

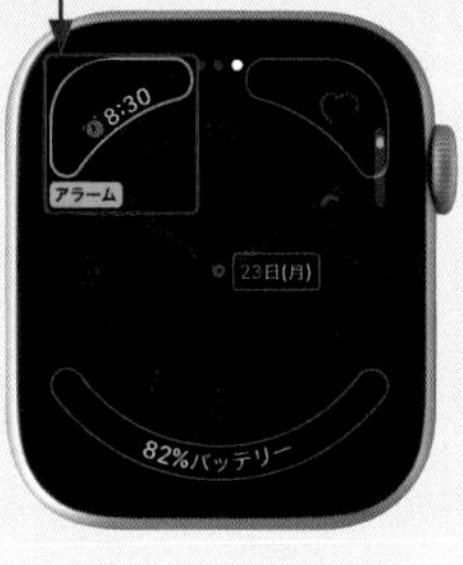

2 文字盤にアラームが表示されます。

アラーム　Series 1 2 3 4 5

Q 117 充電中でもアラームを使いたい！

A ナイトスタンドモードを有効にします。

「ナイトスタンドモード」を有効にし、磁気充電ケーブル（Q.033参照）をApple Watchに接続して横向きに置くと、画面が横向きに表示されます。これは就寝時にApple Watchを置き時計として利用する機能で、アラームの操作も可能です。ナイトスタンドモードは初期設定では有効になっていますが、無効になっている場合は、「設定」アプリで＜一般＞→＜ナイトスタンドモード＞の順にタップし、をタップしてにします。

1 磁気充電ケーブルを接続し、Apple Watchを横向きに置くと、ナイトスタンドモードの時計画面が表示されます。

↓

2 アラームが鳴ったら、サイドボタンを押してアラームを止めます。スヌーズにする場合は、デジタルクラウンを押します。

ストップウォッチ　Series 1 2 3 4 5

Q 118 ストップウォッチで時間を計りたい！

A ＜ストップウォッチ＞アプリを使います。

Apple Watchには「ストップウォッチ」の機能が搭載されています。ストップウォッチの画面は初期設定では「デジタル」になっていますが、用途に応じて使いやすい画面を選ぶことができます。画面の変更方法は、Q.120を参照してください。

1 ホーム画面で「ストップウォッチ」アプリをタップすると、

↓

2 ストップウォッチ画面が表示されます。

3 ＜開始＞をタップすると、

↓

4 時間の計測が始まります。

5 ＜停止＞をタップすると、計測を停止できます。

最初から計り直したい場合は、＜リセット＞をタップします。

Q ストップウォッチ Series 1 2 3 4 5

119 経過時間を記録したい!

A ＜ラップ＞をタップします。

マラソンなどで自分のタイムを計測したいときは、「ストップウォッチ」アプリの「ラップ」機能を利用します。＜ラップ＞をタップするとその時点での経過時間が記録されます。複数回ラップタイムを記録することができます。ラップタイムのボタンや記録の表示方法は、選択している画面（Q.120参照）によって異なります。記録したラップは、あとからグラフなどで確認することができます。

1 「ストップウォッチ」アプリを開き、＜開始＞をタップします。

2 記録したい時間で＜ラップ＞をタップします。

3 ラップタイムが記録されます。

Q ストップウォッチ Series 1 2 3 4 5

120 ストップウォッチの画面を変更したい！

A 4つの種類から切り替える画面を選択できます。

「ストップウォッチ」アプリの画面は、ラップタイムが見やすい「アナログ」、直感的に使用しやすい「デジタル」、視覚的にわかりやすい「グラフ」、3つの要素を1つにまとめた「ハイブリッド」の4つの種類から切り替えることができます。初期設定の画面は「デジタル」になっています。

1 ストップウォッチの画面を強く押すと、

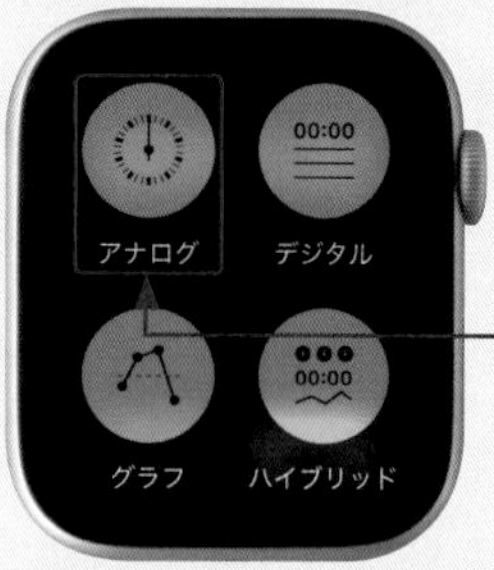

2 画面を切り替えるメニューが表示されます。

3 変更したい画面の種類（ここでは＜アナログ＞）をタップします。

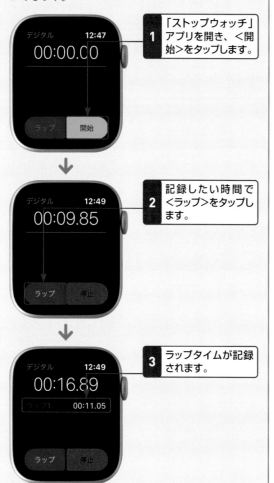

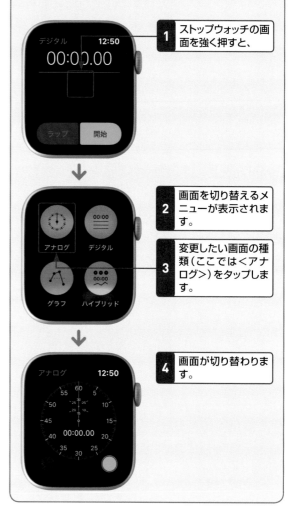

4 画面が切り替わります。

タイマー　Series 1 2 3 4 5

Q 121 料理などで時間を計りたい！

A <タイマー>アプリを使います。

<タイマー>アプリは、料理の待ち時間や勉強時間の計測に便利です。Apple Watchには、あらかじめキリのよい分数のタイマーが用意されています。使用したい分数のタイマーをタップするとカウントダウンが始まり、設定した分数が経過すると音が鳴ります。

1 ホーム画面から「タイマー」アプリを開き、使用したい分数をタップします。

2 タイマーが終了したら、<停止>をタップすると音が止まります。

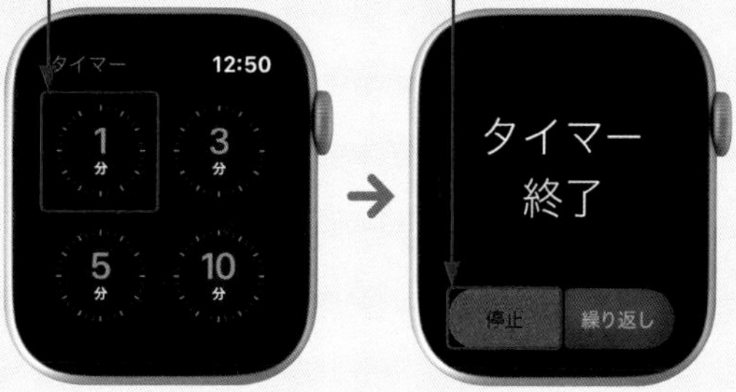

タイマー　Series 1 2 3 4 5

Q 122 タイマーを好きな時間に設定したい！

A 設定時間をカスタムします。

Q.121手順**1**の画面を上方向にスワイプし、最下部の<カスタム>をタップすると、好きな時間をタイマーに設定することができます。「時間」「分」「秒」のそれぞれの項目をデジタルクラウンを回して設定し、<開始>をタップすると、計測が始まります。

1 タイマーの選択画面の最下部の<カスタム>をタップします。

2 デジタルクラウンを回して時間を設定し、<開始>をタップします。

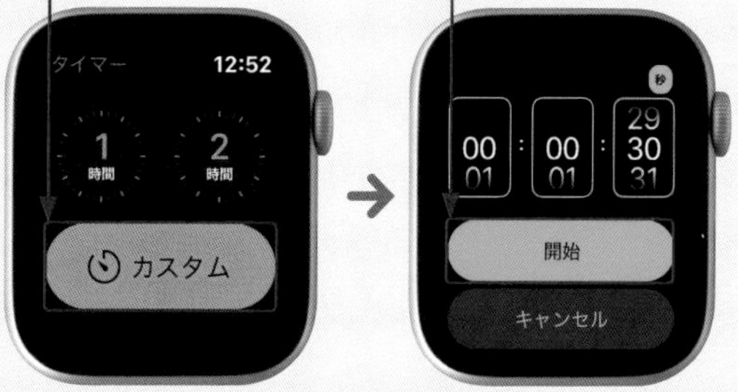

タイマー　Series 1 2 3 4 5

Q 123 Siriですぐにタイマーを使いたい！

A 計ってほしい時間をSiriに伝えます。

計ってほしい分数をSiriに伝えると、すぐにタイマーが起動して、カウントダウンが始まります。なお、Siriへの呼びかけによるタイマーの時間は自由に設定できるため、Q.122のカスタム設定は必要ありません。

1 デジタルクラウンを長押し、または「Hey Siri」と話しかけ、

2 「タイマーで1分計って」と伝えると、タイマーが起動します。

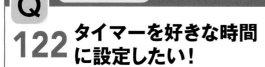

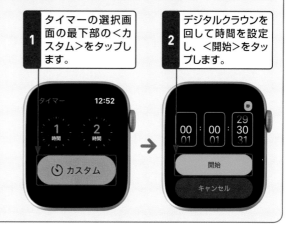

世界時計 Series 1 2 3 4 5

Q 124 ほかの都市の時間を表示したい！

A 世界時計でほかの都市の時間を表示させせます。

「世界時計」アプリで、時刻を表示したい都市を追加すると、コンプリケーションで日本の時刻と世界の時刻を同時に表示することができます。表示したい都市が設定されていない場合は、「世界時計」アプリで＜都市を追加＞をタップし、「音声入力」または「指書き入力」で都市名を追加します。

1 ホーム画面から「世界時計」アプリを開き、表示したい都市を追加します。

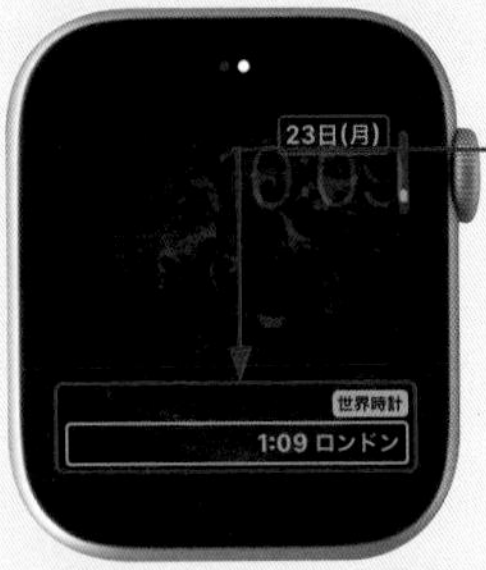

2 Q.097を参考に、文字盤のカスタマイズ画面で世界時計のコンプリケーションを設定します。

3 日本の時計と設定した都市の時刻が1つの文字盤に表示されます。

世界時計 Series 1 2 3 4 5

Q 125 都市名を短縮して表示したい！

A iPhoneから「都市名の短縮形」を設定します。

文字盤によっては、都市名を短縮形で表示することができます。iPhoneで短縮形を設定すると、3文字までがApple Watchの文字盤に反映されます。

1 iPhoneの「Watch」アプリで＜時計＞をタップし、

2 ＜都市名の短縮形＞をタップします。

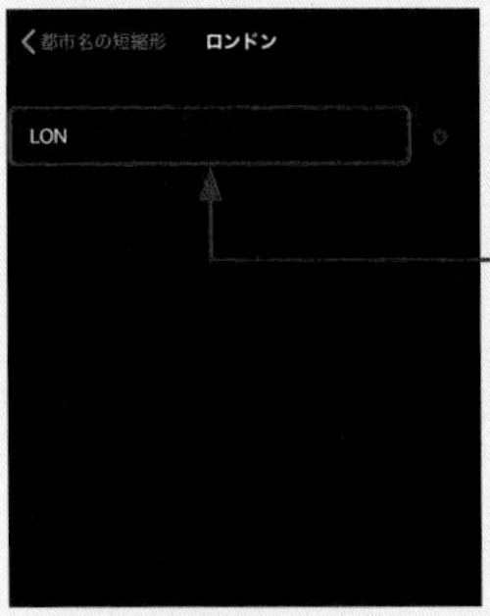

3 任意の都市をタップし、

4 表示させたい都市名の短縮形を入力します。

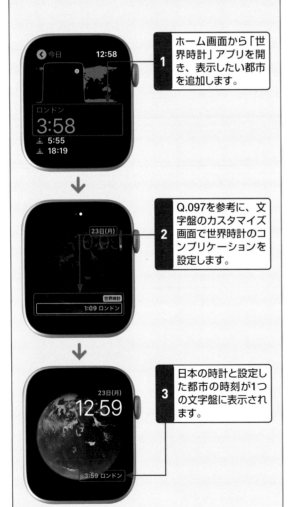

5 世界時計を追加できる文字盤で、都市名が短縮形で表示されます。

Q 126 Apple Payで何ができるの？

A 日々の生活をより便利にしてくれます。

Apple Payは、Appleが提供する決済サービスです。Apple WatchにSuicaやクレジットカードを登録すると、交通機関で利用したり、店舗で買い物をしたりすることができます。専用の端末にかざすだけで支払いが完了するので、日々の生活がより便利になります。Apple WatchでSuicaを利用するには、iPhoneで＜Wallet＞アプリにプラスチックのSuicaカードを取り込む方法（Q.134参照）と、＜Suica＞アプリを使って新しいSuicaを発行する方法（Q.135参照）の2つがあります。

交通機関

Apple Watchを改札機のリーダーにかざすだけで、通り抜けることができます。

店舗

Suica、iD、QUICPayのいずれかで支払うことを伝え、Apple Watchを専用のリーダーにかざして支払いを行います。

Q 127 Apple Payって安全なの？

A さまざまな情報がしっかり保護されています。

Apple Payで支払いをする際、Apple Payに登録しているクレジットカード情報が支払先に伝わることはありません。また、Apple Payでの情報のやり取りはすべて暗号化されているため、不正利用される心配もありません。万が一、Apple Watchを紛失してしまっても、「iPhoneを探す」（Q.079参照）が有効になっていれば、デバイスを紛失モードにしてApple Payの利用を一時的に停止させることができます。その後、WebブラウザでiCloudにサインインして、カード情報をリモートで削除することも可能です。

「iPhoneを探す」を有効にしていれば、デバイスを紛失モードにできます。

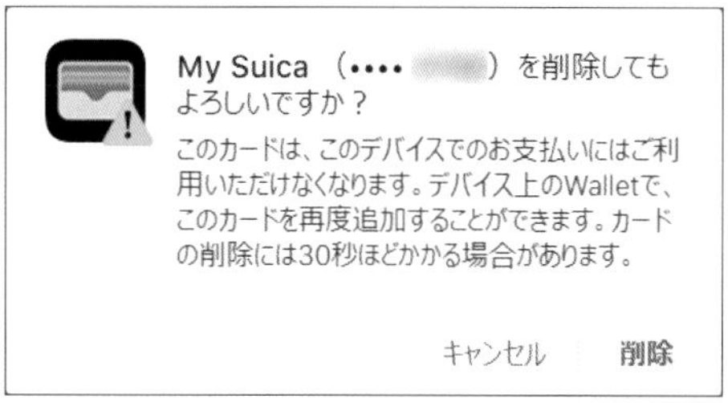

My Suica （••••　）を削除してもよろしいですか？
このカードは、このデバイスでのお支払いにはご利用いただけなくなります。デバイス上のWalletで、このカードを再度追加することができます。カードの削除には30秒ほどかかる場合があります。
キャンセル
削除

カード情報をリモートで削除できます。

Apple Pay　Series 2 3 4 5

Q 128 Apple Payは海外で使えないの？

A 対応した国やブランドであれば利用できます。

対応している国やブランドであれば、海外でも利用することができます。Apple Payに対応している国は、Appleの公式サイト（https://support.apple.com/ja-jp/HT207957）で確認することができます。また、海外で使える国際ブランドは「Mastercard」「JCB」「American Express」の3つです。VISAブランドは日本国内では使えますが、海外での支払いには対応していないので注意が必要です。登録しているカードが海外での支払いに対応しているかどうかを知りたいときは、Appleの公式サイトで確認できます。

1 iPhoneで<Wallet>アプリを起動し、

2 クレジットカードをタップしたら、

3 右上の⋯をタップします。

4 カードブランドを確認できます。

Appleの公式サイトで、対応している国を調べることができます。

Apple Pay　Series 2 3 4 5

Q 129 海外で購入したApple WatchでApple Payが使えない！

A Apple Watchのシリーズを確認しましょう。

海外で購入したiPhone 7/7 Plus、Apple Watch Series2にはFelicaが搭載されていないため、日本でApple Payを利用することはできません。日本で交通機関や店舗での支払いにApple Payを使いたい場合は、日本国内で販売された端末である必要があります。なお、iPhone 8以降、Apple Watch Series3以降は、海外で販売されたモデルでもApple Payの利用が可能です。

海外で購入したiPhone 7/7 Plus、Apple Watch Series2は使えません。

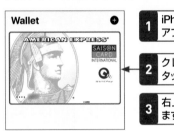

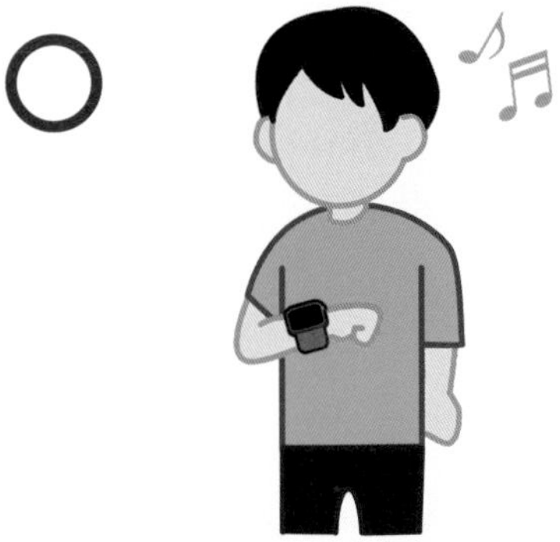

iPhone 8以降、日本国内で販売されたiPhone 7/7 Plus、Apple Watch Series3以降、日本国内で販売されたApple Watch Series2では使えます。

Q Apple Pay Series 2 3 4 5

130 PayPayや楽天Payって使えるの？

A Apple Payに登録することはできません。

Apple Payは、SuicaやiD、QUICPayの3種類の電子マネーと連携することができます。PayPayや楽天PayをApple Payに登録したり、Apple Payからチャージしたりすることはできません。それぞれのアプリを入手して使うようにしましょう。

PayPayアプリiPhone版

PayPayアプリApple Watch版

PayPayアプリはiPhoneとApple Watchで利用することができます。

Q Suica Series 2 3 4 5

131 Suicaを使ってみたい！

A 専用端末にかざします。

Suicaは、JR東日本が提供している、交通機関の乗車券（切符、定期券）と電子マネー（プリペイド式）のサービスです。乗り越し精算やクレジットカードからのチャージに対応しているのが特徴です。キャリア携帯電話で提供されている「モバイルSuicaサービス」とほぼ同等のサービスをApple Payに組み込んだ日本独自のもので、プラスチックのSuicaカードと同様に、ICマークのある交通機関や実店舗での支払いに利用できます。

改札を通る

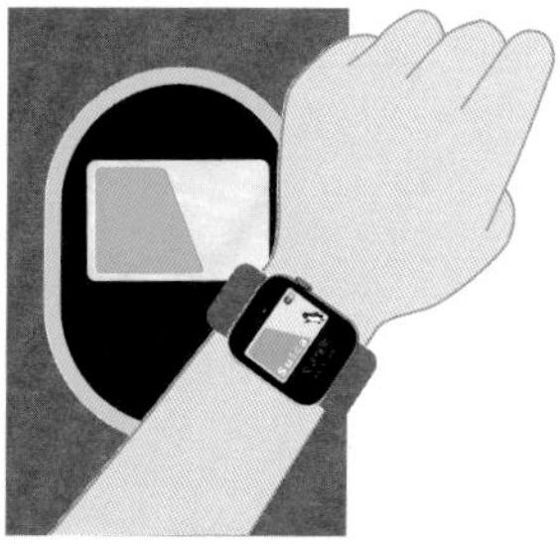

Apple Watchを改札機のリーダーにかざすだけなので、移動もスムーズです（Q.137参照）。

Suicaで支払う

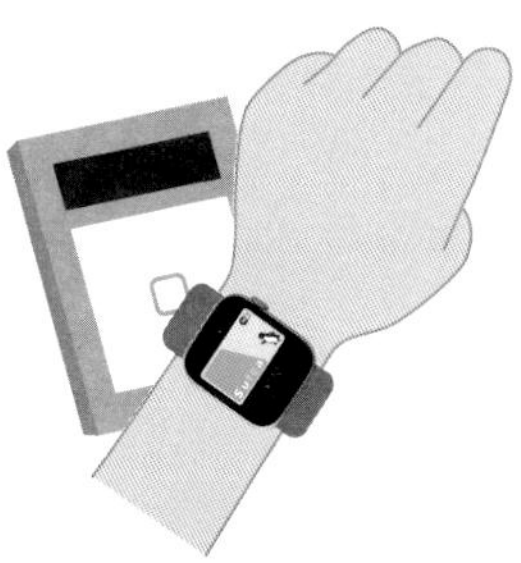

専用端末にかざすだけで支払いが完了するため、買い物をより楽しめます（Q.136参照）。

Suica　Series 2 3 4 5

Q 132 SuicaはApple Watchにいくつ登録できるの？

A 最大12枚まで登録できます。

iPhone 8以降、Apple Watch Series3以降では、最大12枚までのカードを登録することができます（それ以前のモデルは8枚まで）。Apple PayのSuicaで交通機関や店舗での支払いを行う際は、エクスプレスカード（Q.139参照）に設定したSuicaで支払われます（エクスプレスカード以外のSuicaを使用したい場合は、Q.140参照）。登録したSuicaは＜Suica＞アプリから名称を変えることができるので、管理もしやすくなります。

1 ＜Suica＞アプリを起動し、「チケット購入 Suica管理」をタップします。

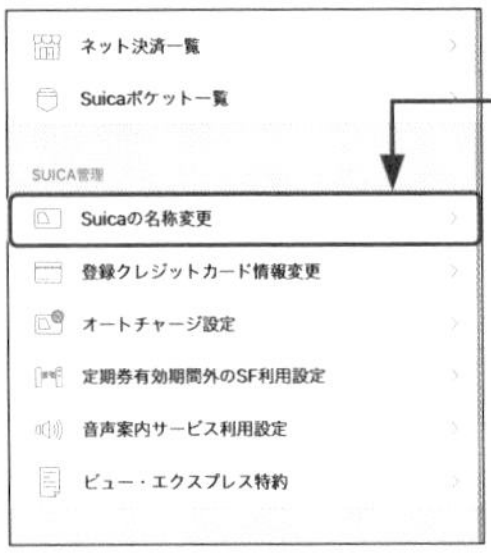

2 ＜Suicaの名称変更＞をタップして名称を変更し、

3 ＜次へ＞→＜登録する＞の順にタップします。

4 Suicaカードに記載されている名称が変更されます。

Suica　Series 2 3 4 5

Q 133 iPhoneのSuicaと共用できるの？

A どちらかの端末でしか使えません。

Apple WatchでSuicaを利用するには、iPhoneに登録したSuicaをApple Watchに転送する必要があります（Q.134参照）。転送後はiPhoneから消えてしまうため、1枚のSuicaをiPhoneとApple Watchで共用して使うことはできません。両方で利用したい場合は、iPhoneに2枚以上のSuicaを登録し、1枚をApple Watchに転送します。

Suicaが1枚の場合

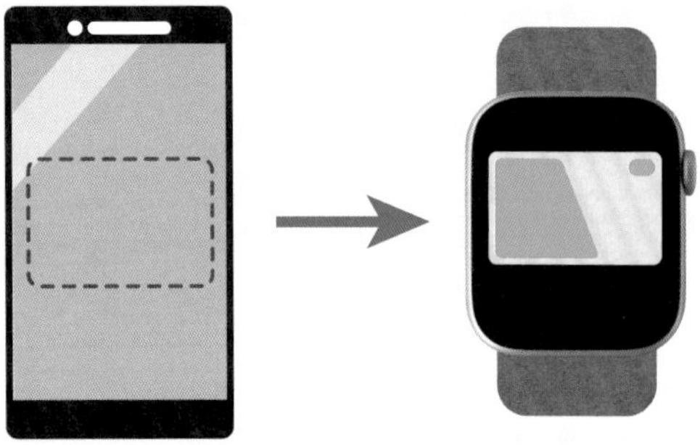

iPhoneからSuicaが消え、Apple Watchでのみ利用できるようになります。

Suicaが2枚以上の場合

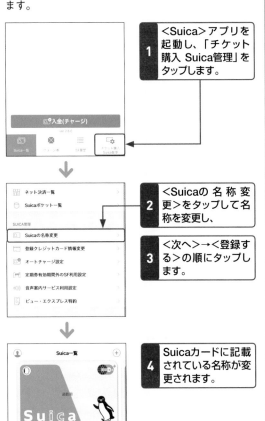

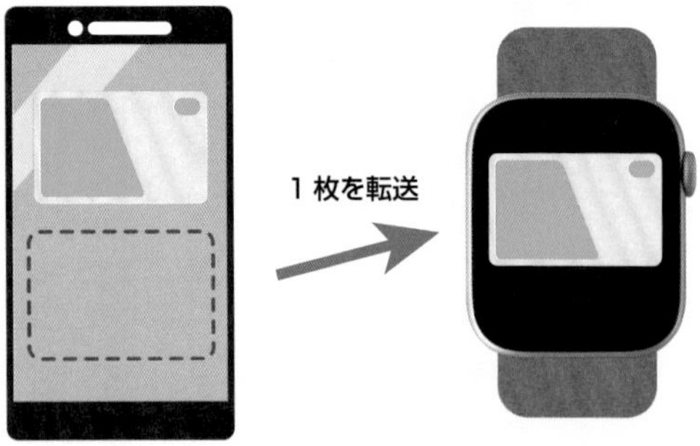

1枚をiPhoneに、1枚をApple Watchに転送すれば、両方でSuicaを使うことができます。

Q 134 SuicaをApple Watchに登録したい！

A iPhoneでプラスチックのSuicaカードを読み取ります。

Apple WatchにSuicaを登録したいときは、iPhone 7以降のiPhoneにプラスチックのSuicaカードを移行しましょう。iPhone 6/6sで利用したい場合は、＜Suica＞アプリで新規にSuicaを作成する必要があります（Q.135参照）。なお、Apple WatchからSuicaにチャージしたい場合は、クレジットカードを登録しておく必要があります（Q.149参照）。

1 iPhoneで＜Watch＞アプリを起動し、＜WalletとApple Pay＞をタップします。

2 ＜カードを追加＞をタップします。

「Apple Watchのロックを解除」が表示されたら＜OK＞をタップし、Apple Watchのロックを解除します。

3 ＜続ける＞→＜Suica＞の順にタップします。

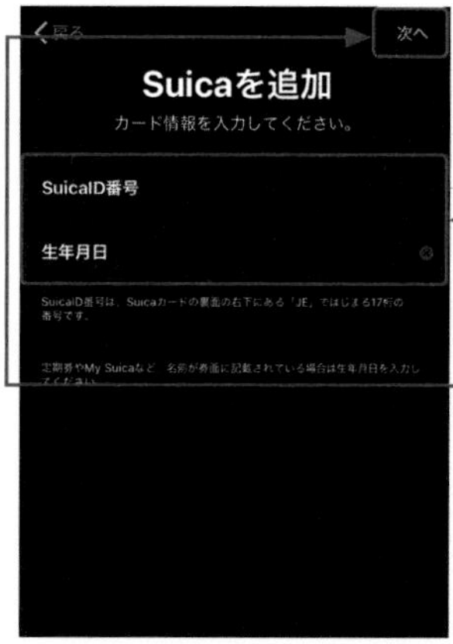

4 Suicaカードの背面の右下に表示されている数字の下4桁を入力し、任意で生年月日を入力します。

5 ＜次へ＞をタップし、利用規約が表示されたら内容を確認して、問題なければ＜同意する＞をタップします。

6 金属以外の平らな面にSuicaカードを置き、iPhoneの上部を重ねて置きます。

7 「カードの追加」画面が表示されたら＜次へ＞→＜完了＞の順にタップします。

8 Apple Watchに通知が届き、＜Wallet＞アプリにSuicaが追加されます。

Suica

Series 2 3 4 5

Q 135 <Suica>アプリで新しいSuicaを作成したい!

A <Suica>アプリからApple Watchに転送します。

iPhone 6s/6s Plus/6/6 Plus/SEでSuicaを利用したいときは、<Suica>アプリを使って新しくSuicaを作成しましょう。その後、作成したSuicaをApple Watchに転送することで、Apple WatchでSuicaが利用できるようになります。iPhone 7以降を利用している場合でも、同様の手順でSuicaを作成することができます。なお、事前にApple Payにクレジットカードを登録しておく必要があります(Q.150参照)。

1 <Suica>アプリを起動し、⊕をタップします。

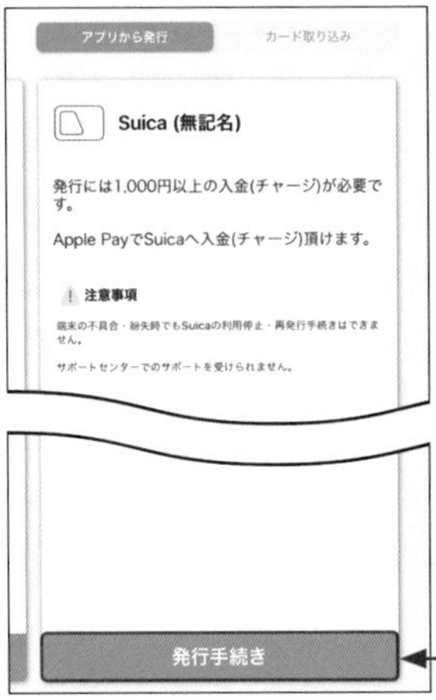

2 画面を左右にスワイプし、

3 作成したいSuicaの種類(ここでは「Suica(無記名)」)の<発行手続き>をタップします。

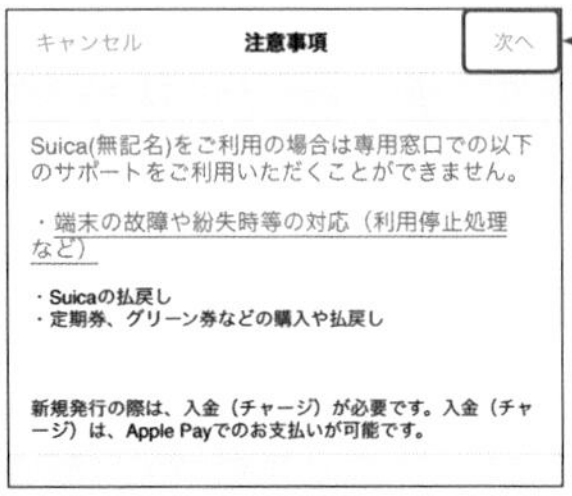

4 <次へ>→<同意する>の順にタップします。

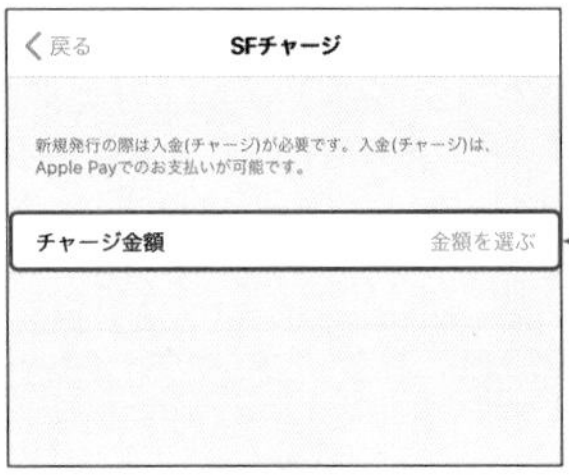

5 <金額を選ぶ>をタップします。

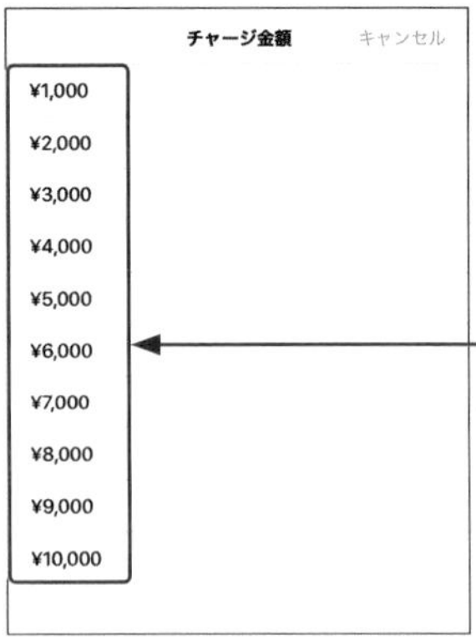

6 チャージしたい金額をタップします。

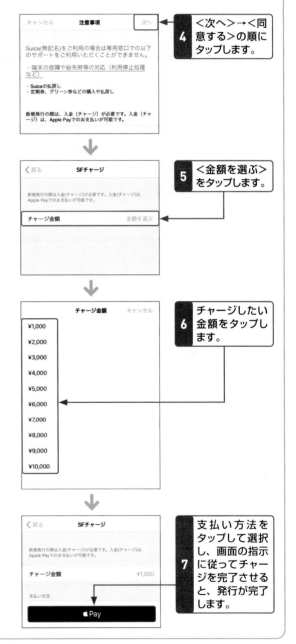

7 支払い方法をタップして選択し、画面の指示に従ってチャージを完了させると、発行が完了します。

Suica

Series 2 3 4 5

Q

136 Apple WatchのSuicaで支払いたい！

A 専用の端末にかざします。

店舗の専用端末にApple Watchをかざすと、エクスプレスカード（Q.139参照）に設定したSuicaで支払いが行われます。支払いの際は、店員に「Suicaで」と伝えましょう。「Apple Payで」では通じない可能性があるので注意が必要です。

Apple Watchを店舗の専用端末にかざすと、支払いが行われます。

Suica

Series 2 3 4 5

Q

137 Apple Watchで改札を通るには？

A 改札機にかざします。

改札機にApple Watchをかざすと、エクスプレスカード（Q.139参照）に設定したSuicaを使って交通機関を利用できます。画面側ではなく、ベルト側をかざして通り抜けることができるので便利です。

Apple Watchを改札機にかざすと、入札できます。

Suica

Series 2 3 4 5

Q

138 改札を通るときに気を付けたいことは？

A 手首に装着しておきましょう。

Apple Watchを手首から外していると、改札を通る際にパスコードの入力が求められます。その都度入力しなければならず、手間もかかるため、できるだけ装着しておくようにしましょう。

Apple Watchを手首から外していると、入札時にパスコードの入力を求められます。店舗で支払う場合も同様です。

Suica

Series 2 3 4 5

Q 139 いつも使うSuicaを設定したい!

A エクスプレスカードに設定します。

Suicaをエクスプレスカードに設定しておくと、交通機関や店舗を利用する際に、パスコードを入力しなくても、かざすだけで支払いが行われます。なお、複数枚登録している場合、設定を変更しない限りは最初に登録したSuicaがエクスプレスカードになります。

1 iPhoneで<Watch>アプリを起動し、<WalletとApple Pay>をタップします。

2 <エクスプレスカード>をタップします。

3 エクスプレスカードに設定したいカードの をタップして にします。エクスプレスカードを設定したくない場合は<なし>をタップします。

Suica

Series 2 3 4 5

Q 140 登録しているSuicaを確認したい!

A <Wallet>アプリから確認できます。

登録しているSuicaは、Apple Watchの<Wallet>アプリから確認できます。確認したいSuicaをタップすると、残高を確認したり、チャージしたりすることもできます(Q.153参照)。エクスプレスカード以外のSuicaを使用する際は、デジタルクラウンで選択します。

1 ホーム画面で<Wallet>アプリをタップします。

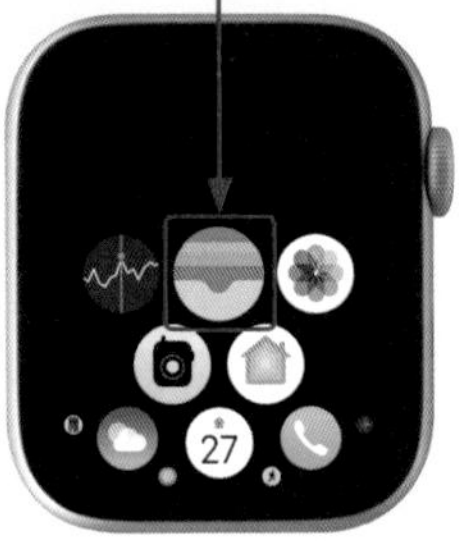

2 登録中のSuicaを確認できます。

Q Suica Series 2 3 4 5

141 iPhoneの<Suica>アプリを使いたい！

A さまざまな機能を利用できます。

iPhoneの＜Suica＞アプリを使うと、Suicaを作成できるだけでなく、Suicaにチャージしたり、定期券やグリーン券を購入したりすることができます。クレジットカードを登録していれば、残高が一定金額以下になった際に、事前に設定した金額が自動的にチャージされる「オートチャージ機能」を利用できます（Q.155参照）。なお、＜Wallet＞アプリからもSuicaを使用できますが、その場合、定期券の購入、オートチャージ、Suicaグリーン券の購入はできません。

チャージ

1 iPhoneで＜Suica＞アプリを起動し、＜入金（チャージ）＞をタップします。

2 チャージしたい金額をタップすると、Suicaにチャージされます。

グリーン券

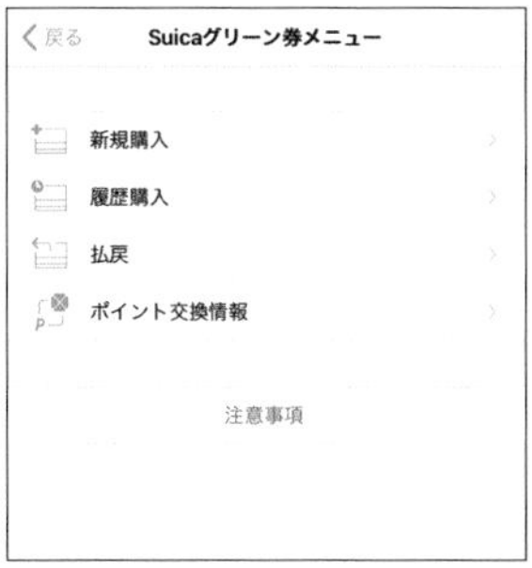

手順1の画面で＜グリーン券＞をタップすると、グリーン券に関するさまざまな操作が行えます。

利用履歴

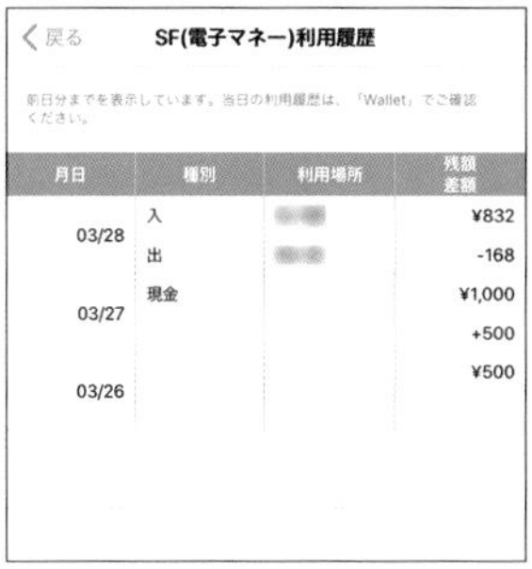

手順1の画面で＜SF履歴＞をタップすると、電子マネーの利用履歴を確認できます。

チケット購入 Suica管理

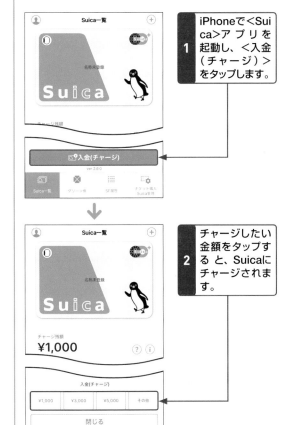

手順1の画面で＜チケット購入 Suica管理＞をタップすると、定期券の購入やオートチャージの設定などさまざまな操作が行えます。

Suica　Series 2 3 4 5

Q 142 Apple Watchから Suicaを削除したい！

A <Wallet>アプリで画面を強く押します。

使わないSuicaがあるときや、Suicaを削除したいときは、Apple Watchの<Wallet>アプリからSuicaを削除することができます。なお、Suicaはサーバーに退避している状態になるので、完全に削除されるわけではありません。削除したSuicaを再び戻すことも可能です(Q.143参照)。

1 Q.140の方法で削除したいSuicaを表示し、画面を強く押します。

2 <カードを削除>をタップします。

3 <カードを削除>をタップすると、Suicaが削除されます。

Suica　Series 2 3 4 5

Q 143 AppleWatchから Suicaを削除してしまった！

A Suicaは再び追加することが可能です。

Apple Watchで削除したSuicaを再度利用したいときは、iPhoneの<Watch>アプリから復元することができます。残高もそのままなので安心です。

1 Q.142手順3のあとに「カードを追加」画面が表示されるので、戻したいSuicaをタップし、

複数枚登録している場合は、戻すSuicaを選択できます。

2 <続ける>をタップします。

3 <次へ>をタップします。

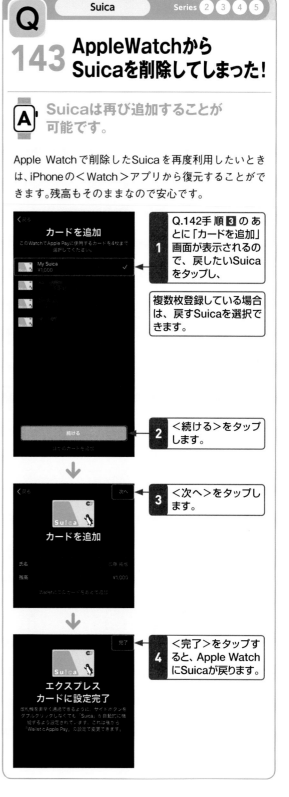

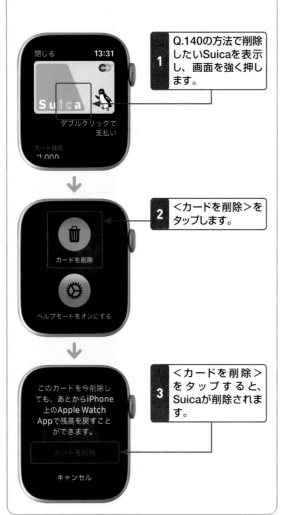

4 <完了>をタップすると、Apple WatchにSuicaが戻ります。

Suica Series 2 3 4 5

Q 144 iPhoneからApple WatchのSuicaを削除したい!

A iPhoneの<Watch>アプリから削除します。

Apple Watch内のSuicaはiPhoneからでも削除できます。削除したいSuicaをタップして、「カードを削除」をタップしましょう。なお、削除したSuicaを復元する方法は、Q143を参照してください。

1 Q145手順1の方法で「WalletとApple Pay」画面を表示し、

2 <情報>をタップします。

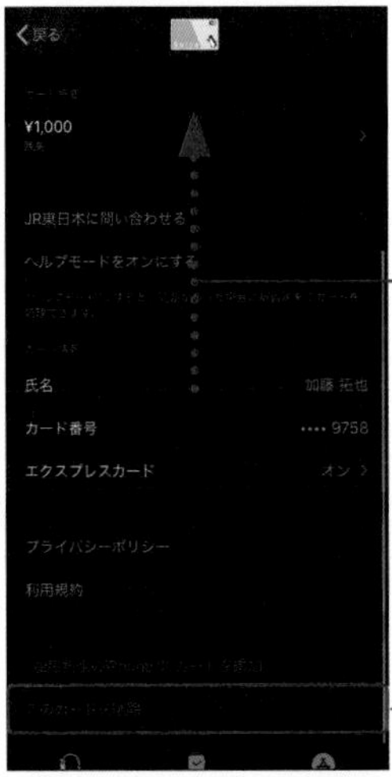

3 画面を上方向にスワイプし、

4 <このカードを削除>をタップします。

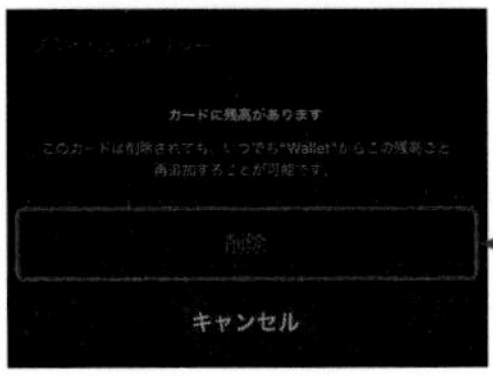

5 <削除>をタップすると、Apple WatchのSuicaが削除されます。

Suica Series 2 3 4 5

Q 145 利用履歴を確認したい!

A iPhoneの<Watch>アプリから確認できます。

Apple Watch内のSuicaの利用履歴は、iPhoneの<Watch>アプリから確認することができます。交通機関や店舗での支払い、チャージなど、最近の利用履歴が表示されており、時間も確認することができます。

1 iPhoneで<Watch>アプリを起動し、<WalletとApple Pay>をタップします。

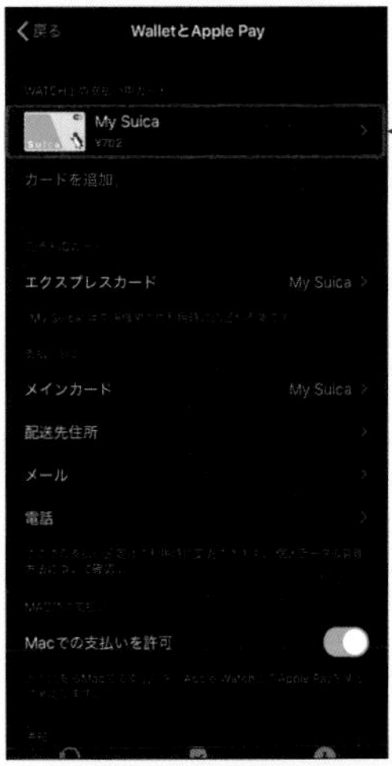

2 利用履歴を確認したいSuicaをタップします。

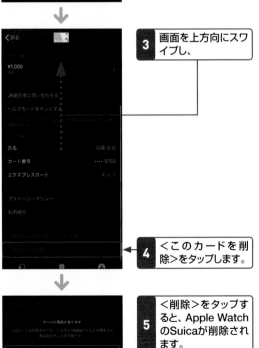

3 <ご利用明細>をタップすると、

4 最近の利用履歴を確認できます。

Suica　Series 2 3 4 5

Q 146 iPhoneのSuicaをApple Watchで使いたい！

A Apple WatchにSuicaを移行できます。

Apple PayのSuicaは、iPhoneとApple Watch間でかんたんに移行させることができます。iPhoneに登録したSuicaをApple Watchに移行したいときは、iPhoneの＜Watch＞アプリで、Apple Watchに転送したいSuicaの「追加」をタップしましょう。転送の際は、Apple Watch側でロックを解除する必要があります。

1 Q145手順1の方法で「WalletとApple Pay」画面を表示し、

2 転送したいカードの横の＜追加＞をタップします。

3 「Apple Watchのロックを解除」画面が表示されたら、Apple Watchでロックを解除して＜OK＞をタップし、

4 「カードを転送」画面で＜次へ＞をタップします。

5 転送が完了したら＜完了＞をタップします。

Suica　Series 2 3 4 5

Q 147 Apple WatchのSuicaをiPhoneに移行したい！

A iPhoneの＜Watch＞アプリから操作します。

Apple Watchに登録したSuicaをiPhoneに移行することも可能です。iPhoneの＜Watch＞アプリで、iPhoneに転送したいSuicaを表示し、「カードを追加」をタップします。なお、Apple Watchから移行できるのは、日本で購入したiPhone 7以降のモデルです。

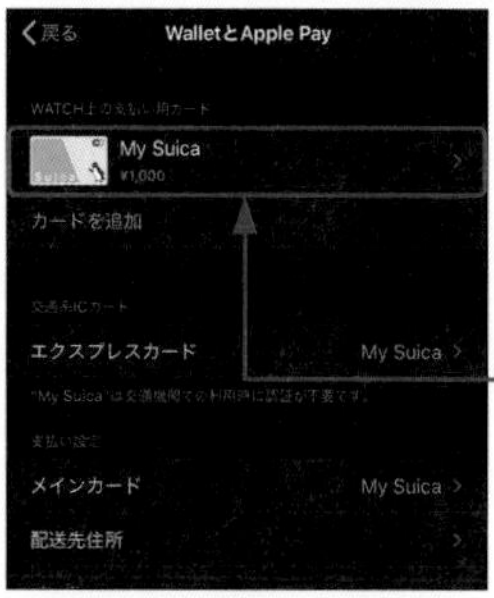

1 Q145手順1の方法で「WalletとApple Pay」画面を表示し、

2 転送したいSuicaをタップします。

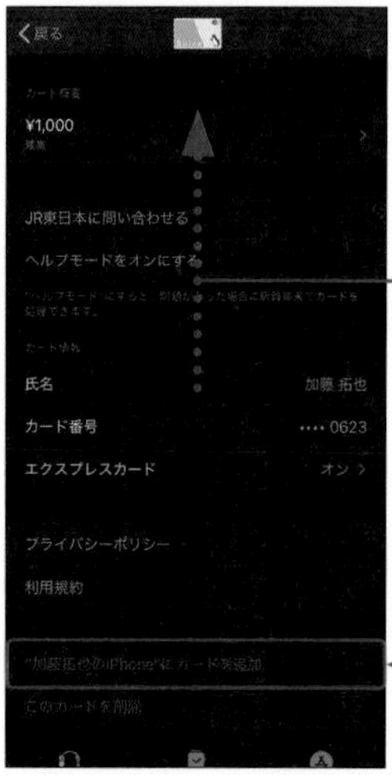

3 画面を上方向にスワイプし、

4 ＜○○のiPhoneにカードを追加＞をタップします。

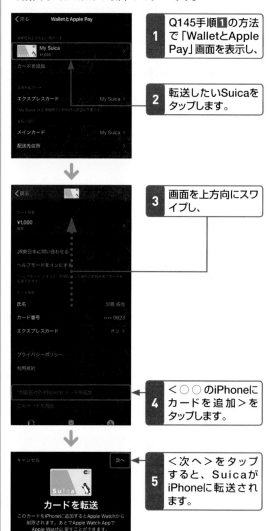

5 ＜次へ＞をタップすると、SuicaがiPhoneに転送されます。

クレジットカード　Series 2 3 4 5

Q 148 Apple Payのクレジットカードで支払いたい!

A サイドボタンをすばやく2回押して支払います。

iPhoneの<Watch>アプリにクレジットカードを登録すると、Apple Watchで電子マネー（iDまたはQUICPay）として利用することができます。Apple Watchのサイドボタンをすばやく2回押して、店舗のリーダーにかざすだけで支払いが完了します（装着していない場合はパスコードの入力が必要）。複数のクレジットカードを登録できるほか、<Wallet>アプリで一元管理することも可能なので、用途に合わせて使い分けることができます。Suicaとは異なり、プラスチックのクレジットカードは引き続き利用できます。

1 <Wallet>アプリを起動して支払いに使用したいカードをタップし、

2 サイドボタンをすばやく2回押します。

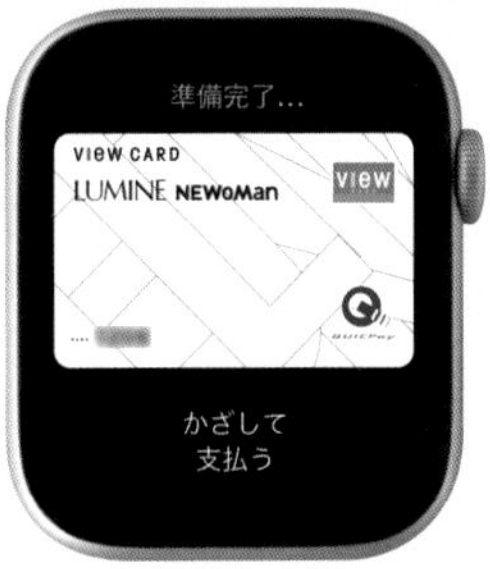

3 「準備完了」画面が表示されたら、Apple Watchを店舗のリーダーにかざして支払います。

クレジットカード　Series 2 3 4 5

Q 149 Apple Payに登録できるクレジットカードは？

A さまざまなブランドが登録できます。

Apple Payは、主要なカード発行会社や銀行から発行されているクレジットカードの多くを利用できます。登録できるクレジットカードの最新情報はAppleの公式サイト（https://support.apple.com/ja-jp/HT206638）で確認できます。なお、使いたい分だけ入金して利用する「プリペイドカード」も利用できます

主なクレジットカードの種類

JCBカード、イオンカード、楽天カード（AMEXブランドは登録不可）、KDDI（au WALLETクレジットカード、プリペイドも）、クレディセゾン、ソフトバンクカード、オリコカード、セゾンカード、TSカード、dカード（dカードプリペイド含む）、ビューカード、三井住友カード、NICOSカード、MUFGカード（VISA、Mastercard）、DCカード（JAL・VISAカードなど）、ANAカード（VISA、Mastercard、JCB、アメリカン・エキスプレス・カード）、JALカード（VISA、Mastercard、JCBなど）、エポスカード、アメリカン・エキスプレス・カード、ポケットカード（P-Oneカードなど）、アプラス発行カード（新生アプラスカード）、ジャックスカード（REXカードや漢方スタイルクラブカード）、ライフカード、セディナ発行カード（セディナカードやOMCカードなど）、Yahoo!JAPANカード、UCSカード、J-WESTカード、JAカード（NICOSブランド）など

2020年5月現在

主なプリペイドカードの種類

au WALLET プリペイドカード、ソフトバンクカード、dカード プリペイドカードなど

クレジットカード

Series 2 3 4 5

Q 150 Apple Watchにクレジットカードを登録したい！

A iPhoneの<Watch>アプリにクレジットカードを登録します。

iPhoneの<Wallet>アプリにクレジットカードを登録すると、Apple Watchの<Wallet>アプリにも自動的に登録されます。クレジットカードを登録して、店舗での支払いをスムーズに済ませましょう。

1 Q.145手順1の方法で「WalletとApple Pay」画面を表示し、

2 <カードを追加>→<続ける>の順にタップします。

3 <クレジット/プリペイドカード>をタップします。

4 iPhoneのファインダーに登録したいカードを写したら、

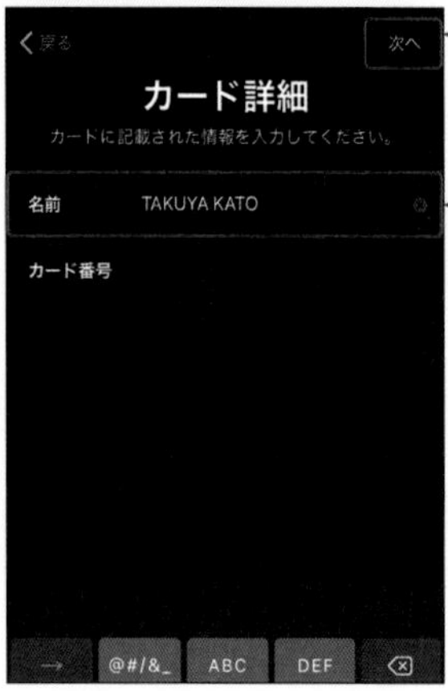

5 「カード詳細」画面で<名前>をタップしてカードの名義を入力し、

6 <次へ>をタップします。

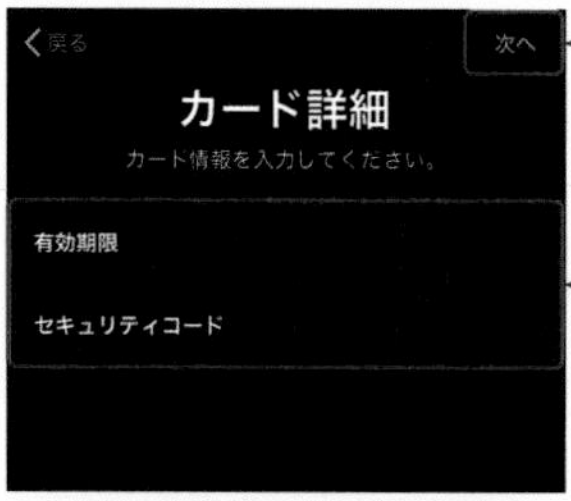

7 「有効期限」と「セキュリティコード」を入力し、

8 <次へ>をタップします。

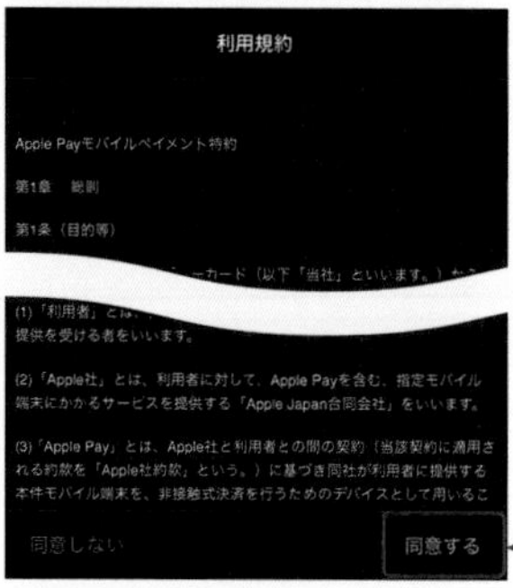

9 「利用規約」画面が表示されたら内容を確認し、問題なければ<同意する>をタップします。

10 カードが登録されるので、<次へ>をタップします。

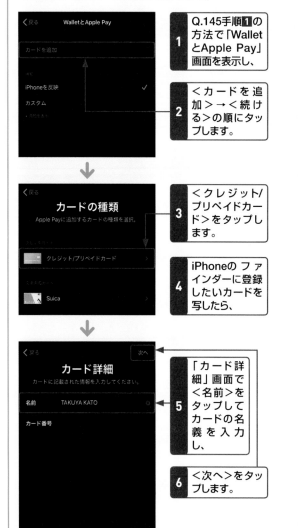

11 「カード認証」画面が表示されたら画面の指示に従って認証を行います。

Q クレジットカード Series 2 3 4 5

151 登録してあるクレジットカードの情報を確認したい！

A iPhoneの<Watch>アプリから<Wallet>アプリを確認します。

<Wallet>アプリに登録したクレジットカードの情報は、iPhoneの<Watch>アプリから確認することができます。カード情報のほか、利用明細を確認したり、カードを削除したりすることも可能です。

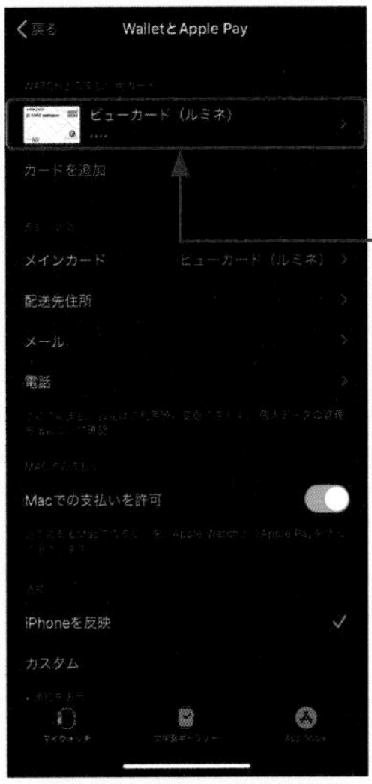

1 Q.145手順1の方法で「WalletとApple Pay」画面を表示し、

2 確認したいクレジットカードをタップします。

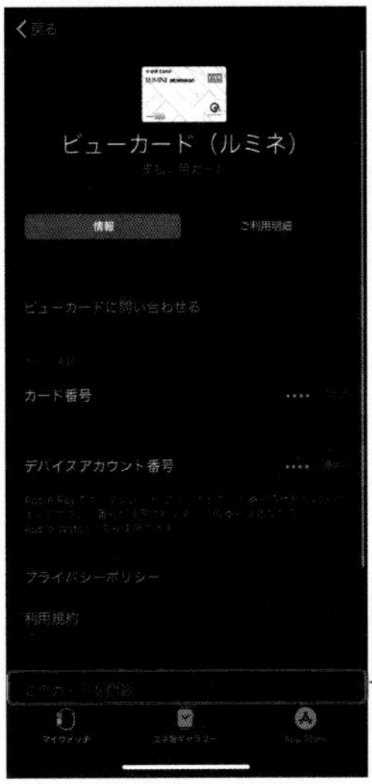

3 カード情報や利用明細を確認できます。

4 <このカードを削除>→<削除>の順にタップすると、カードを削除できます。

Q クレジットカード Series 2 3 4 5

152 よく使うクレジットカードを設定したい！

A メインカードに設定します。

よく使うクレジットカードをメインカードに設定しておくと、<Wallet>アプリでいちばん手前に表示され、支払い時にそのカードをすぐに使うことができます。買い物をよりスムーズにするためにも、メインカードを設定しておくのがおすすめです。なお、設定を変更していない場合は、最初に登録したカードがメインカードとして設定されます。

1 Q.145手順1の方法で「WalletとApple Pay」画面を表示し、

2 <メインカード>をタップします。

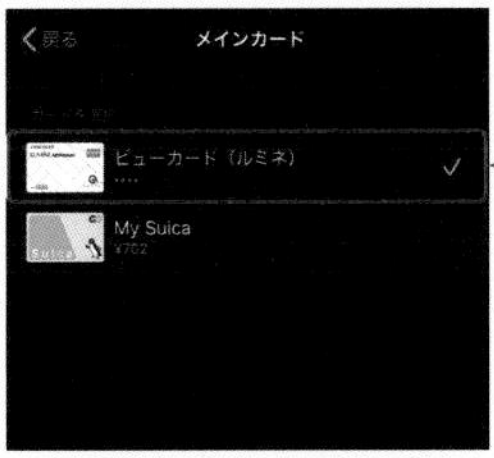

3 メインカードに設定したいカードをタップしてチェックを付けると、

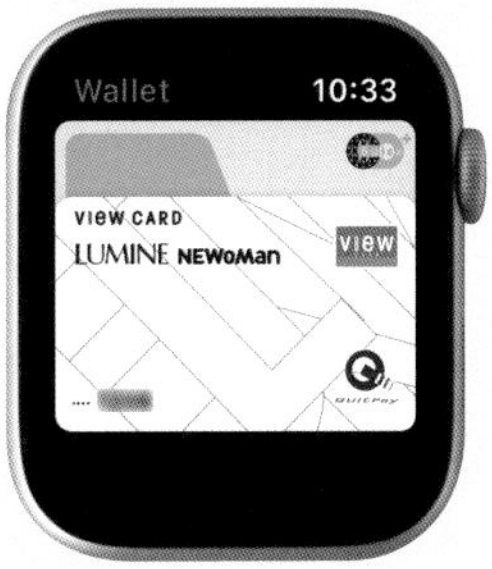

4 <Wallet>アプリでいちばん手前に表示されます。

チャージ　Series 2 3 4 5

Q 153 Suicaにチャージしたい！

A クレジットカードの登録が必要です。

Suicaの残高が少なくなってきたときは、Apple Watchの＜Wallet＞アプリからチャージしましょう。なお、チャージにはApple Payに対応しているクレジットカード（またはプリペイドカード）が登録されている必要があります（Q.149参照）。

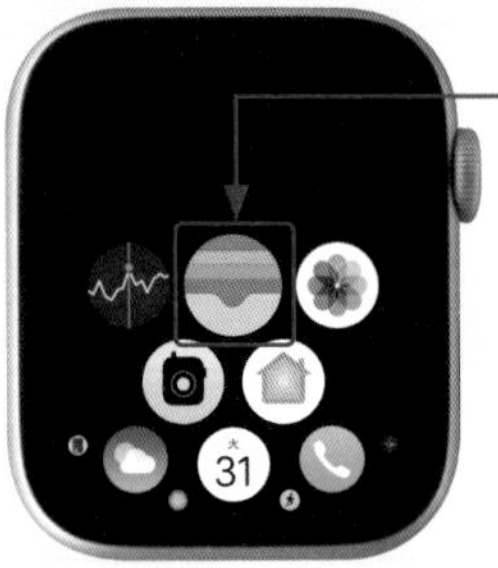

1 ホーム画面で＜Wallet＞アプリをタップし、

2 チャージしたいSuicaをタップして、

3 デジタルクラウンを上方向に回し、

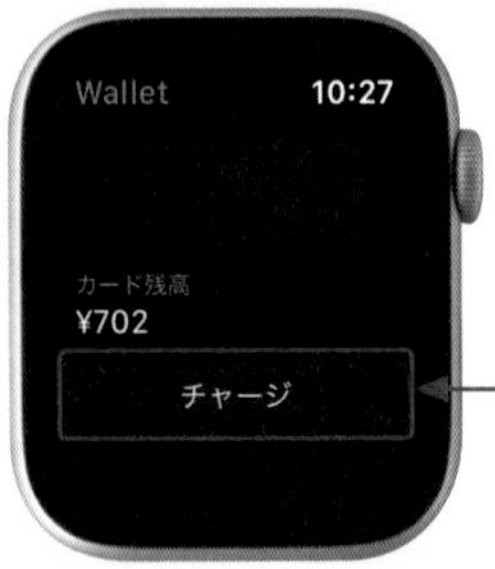

4 ＜チャージ＞をタップして、画面の指示に従って操作します。

チャージ　Series 2 3 4 5

Q 154 Suicaに現金でチャージしたい！

A 対応店舗や券売機でチャージできます。

Suicaの残高のチャージはクレジットカードのほかに、現金でも行えます。Suica支払いに対応している店舗や、JR東日本のモバイルSuica対応券売機、コンビニなどのモバイルSuica対応端末で可能です。

対応店舗

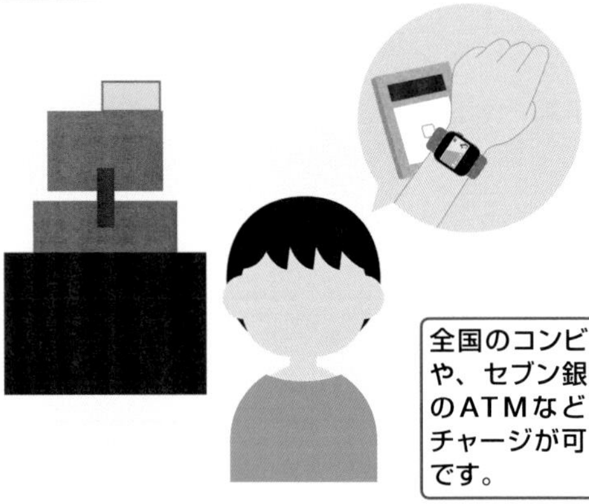

全国のコンビニや、セブン銀行のATMなどでチャージが可能です。

モバイルSuica対応券売機

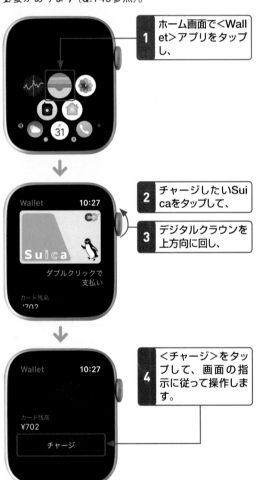

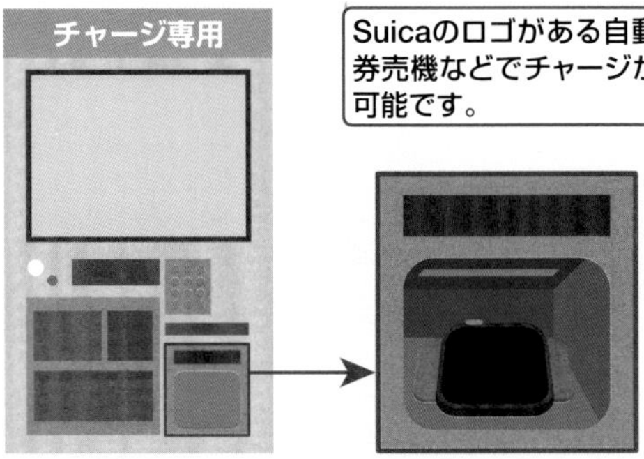

Suicaのロゴがある自動券売機などでチャージが可能です。

チャージ　Series 2 3 4 5

Q 155 Suicaに自動でチャージされるようにしたい！

A 「オートチャージ機能」を使います。

オートチャージ機能は、残高が一定金額以下になったとき、Suicaエリアの自動改札機を利用した際に自動的にチャージされるサービスです。その都度残高を確認したりチャージしたりする必要がないため、手間が省けます。オートチャージ機能が利用できるエリアは、VIEWカードの公式サイト（https://www.jreast.co.jp/card/function/autocharge/area.html）で確認できます。Apple WatchのSuicaでオートチャージ機能を使うためには、<Suica>アプリでSuicaを発行した上で（Q.135参照）、VIEWカードを登録する必要があります。VIEWカード以外のクレジットカードには対応していません。また、バスやタクシー、ショッピングの利用時などはオートチャージされません。

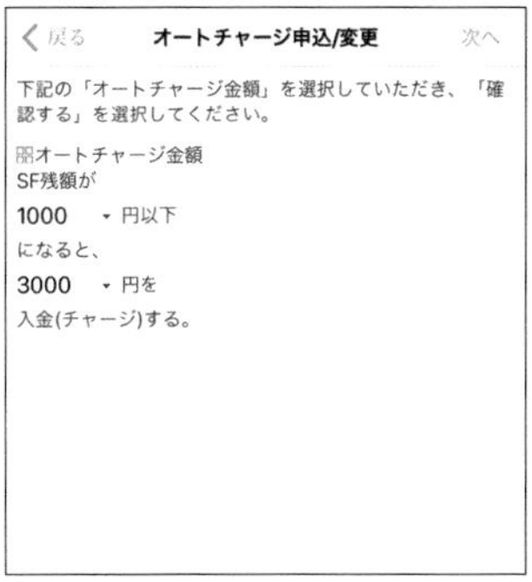

1日にオートチャージできる金額の上限は2万円です。

チャージ　Series 2 3 4 5

Q 156 貯まったJRE POINTをApple Watchにチャージしたい！

A JRE POINT WEBサイトにSuicaを登録します。

JR東日本は、JRE POINTに登録したSuicaでJR東日本の在来線を利用するとポイントが貯まるサービスを提供しています。カードタイプのSuicaの場合は200円ごとに1ポイント、モバイルSuicaの場合は50円ごとに1ポイントが貯まり、定期券やSuicaグリーン券を購入した際にもポイントが付与されます。交通機関の利用のほか、コンビニや駅ビルなどの対応している店舗でSuicaの支払いを行うと、100円または200円ごとに1ポイント貯まります。貯まったポイントは、JRE POINT WEBサイトからチャージの申し込みを行うことで、1ポイント1円で利用できるようになります。詳しい手順はJRE POINTの公式サイト（https://www.jrepoint.jp/point/spend/suica-charge/）で確認してください。

貯まったポイントをチャージするには、JRE POINT WEBサイトへの会員登録が必要で、登録には「Suica識別ID」と「モバイルSuicaパスワード」が必要です。

1 <Suica>アプリを起動し、＋をタップします。

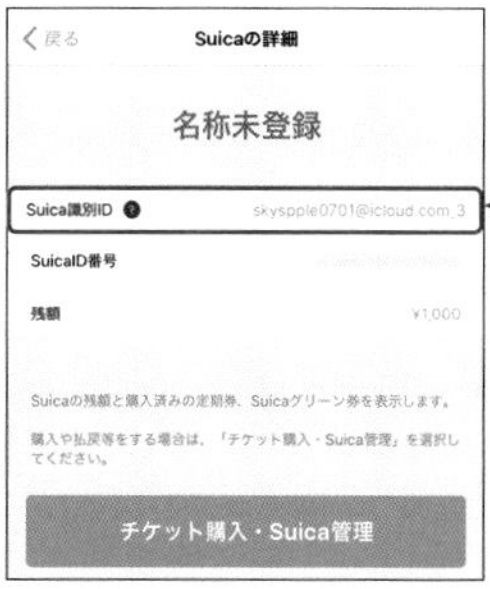

2 「Suica識別ID」が確認できます。

Q パス Series 2 3 4 5

157 パスサービスって何？

A 搭乗券やチケットなどを保管・記録できるサービスです。

＜Wallet＞アプリには、搭乗券や映画のチケット、クーポンやポイントカードなどをまとめて管理したり記録したりできる「パス」と呼ばれるサービスがあります。パスを表示したApple WacthやQRコードをかざすだけで、搭乗手続きや映画館への入場時に利用できるので、チケットレスで行動することも可能です。

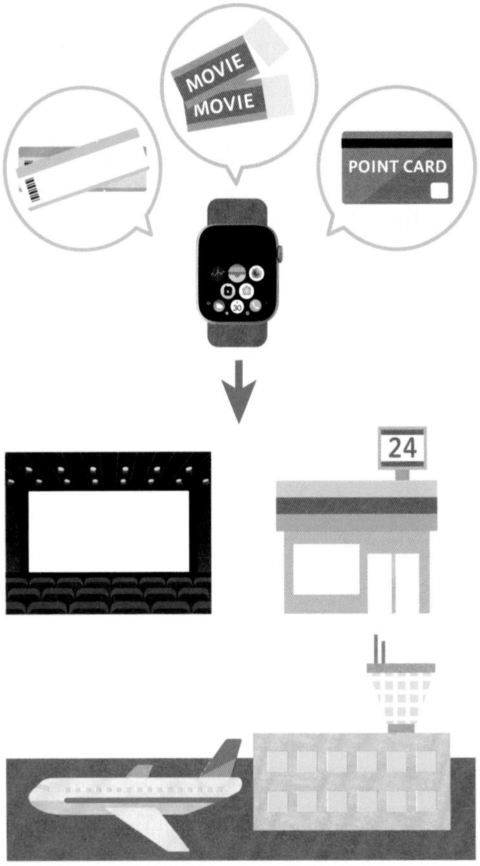

チケットを持たなくても、Apple Watchだけで行動が可能になります。

Q パス Series 2 3 4 5

158 パスを追加したい！

A Apple Watchから行えます。

Apple Watchにパスを追加したいときは、「パスの発行元から送信されたメールに従う」「発行元のアプリを開く」「発行元から通知が届いた際に「追加」をタップする」のいずれかの方法で行います。なお、iPhoneの＜Wallet＞アプリにパスを追加すると、Apple Watchにも反映されて利用できるようになります。

ここでは、iPhoneにPontaカードを登録し、＜Wallet＞アプリに追加する方法を解説しています。

1 発行元のアプリを開き、＜Apple Walletに追加＞をタップします。

2 ＜次へ＞をタップします。

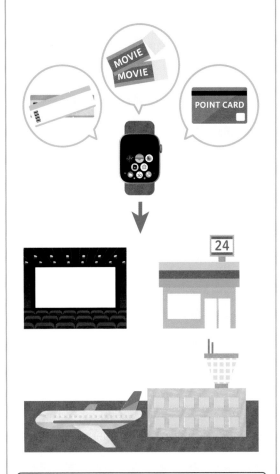

3 ＜自動で選択＞をタップしてチェックを付け、

4 ＜完了＞をタップすると＜Wallet＞アプリにパスが追加されます。

Q パス Series 2 3 4 5

159 パスを使いたい！

A パスやQRコードをかざします。

パスの通知が届いたら、通知をタップするとパスが表示されて利用できるようになります。通知が表示されない場合は、Apple Watchで＜Wallet＞アプリを開き、パスを表示したApple WatchやQRコードをかざしましょう。QRコードを表示している間は画面が消えないので、その都度表示する手間も省けます。なお、一部のパスは、時間や位置に基づいて自動的に表示されることがあります。

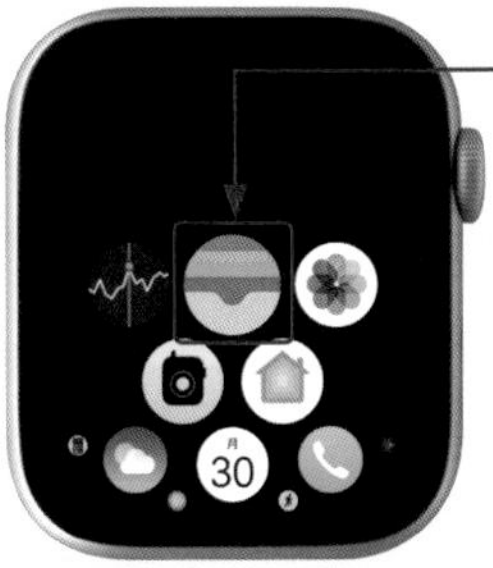

1 ホーム画面で＜Wallet＞アプリをタップして起動し、

2 使いたいパスをタップします。

3 専用の端末にかざします。

Q パス Series 2 3 4 5

160 不要になったパスを削除したい！

A 端末のモデルを確認しましょう。

使い終わったり不要になったりしたパスは、削除して＜Wallet＞アプリ内を整理しましょう。パスの削除はiPhoneから行います。複数のパスを一度に削除することも可能です。

1 iPhoneで＜Wallet＞アプリを起動し、パスをタップします。

2 ⋯をタップします。

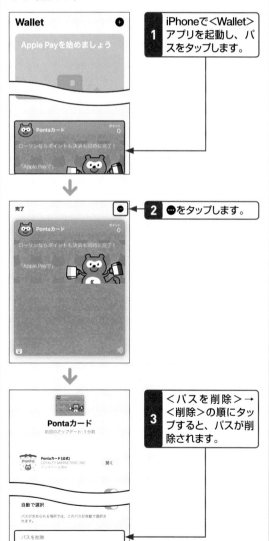

3 ＜パスを削除＞→＜削除＞の順にタップすると、パスが削除されます。

コミュニケーション Series 1 2 3 4 5

Q 161 Apple Watchで友達とコミュニケーションを取りたい！

A さまざまなコミュニケーション方法があります。

Apple Watchには、「メッセージ」「メール」「電話」「トランシーバー」などのコミュニケーション機能を持ったアプリが初期状態で用意されています。Apple WatchとペアリングしたiPhoneと同じ電話番号やメールアドレスを使用してコミュニケーションを取ることができます。また、キャリアとモバイル通信契約をしているGPS＋CellularモデルのApple Watchは、iPhoneがモバイル通信と接続していれば、iPhoneが手元になくてもメッセージを送ったり、電話をかけたり、通知を受け取ったりすることができます。

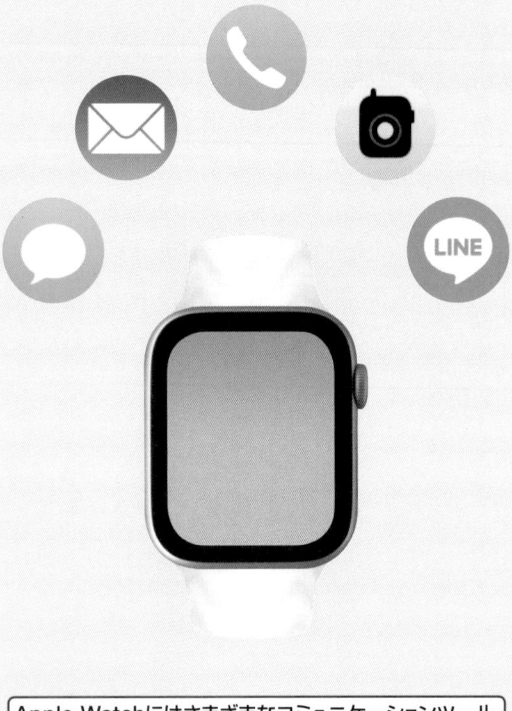

Apple Watchにはさまざまなコミュニケーションツールが用意されています。また、<LINE>アプリを利用することもできます（アプリのインストール方法についてはQ.344を参照）。

テザリング Series 1 2 3 4 5

Q 162 Apple Watchでテザリングはできる？

A ペアリングしたiPhoneとWi-Fi環境があれば可能です。

テザリングとは、モバイルデータ通信に接続しているデバイスを介して、ほかのデバイスをネットワークに接続する機能です。AppleWatch単体でテザリングすることはできませんが、ペアリングしているiPhoneがあれば可能です。Apple WatchとペアリングしたiPhoneが、別のデバイスとWi-Fiでテザリングを行い、iPhoneとApple Watchの接続が切れた状態になると、Apple Watchが別のデバイスがWi-Fiとテザリングされます。

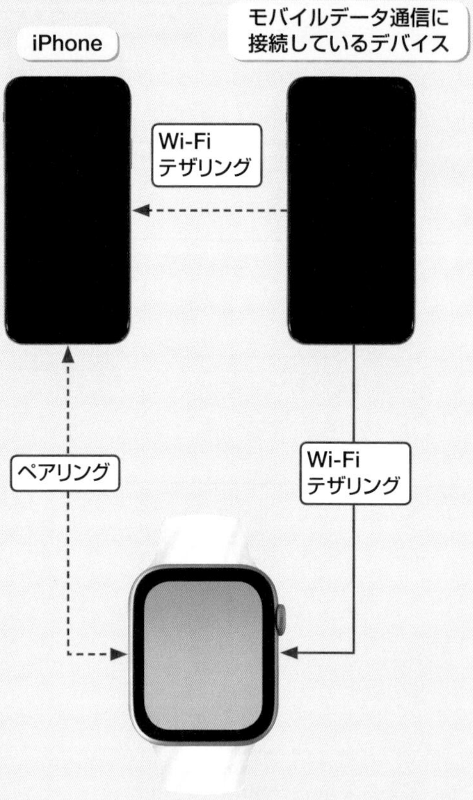

Apple WatchとペアリングしているiPhoneがほかのデバイスにテザリングすると、Apple Watchはそのデバイスにテザリングできるようになります。

Q 連絡先 Series 1 2 3 4 5

163 Apple Watchに連絡先を追加したい！

A iPhoneで登録します。

iPhoneに登録した連絡先の情報は、自動的にApple Watchにも反映されるようになっています。Apple Watchに連絡先を追加したいときは、iPhoneから行いましょう。

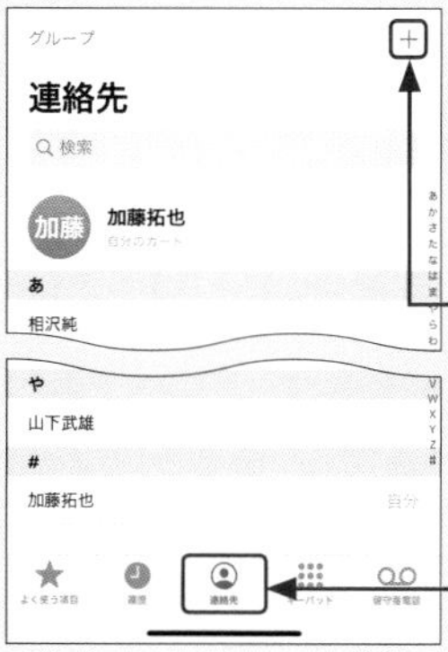

1 iPhoneで＜電話＞アプリを起動し、＜連絡先＞をタップして、

2 ＋をタップします。

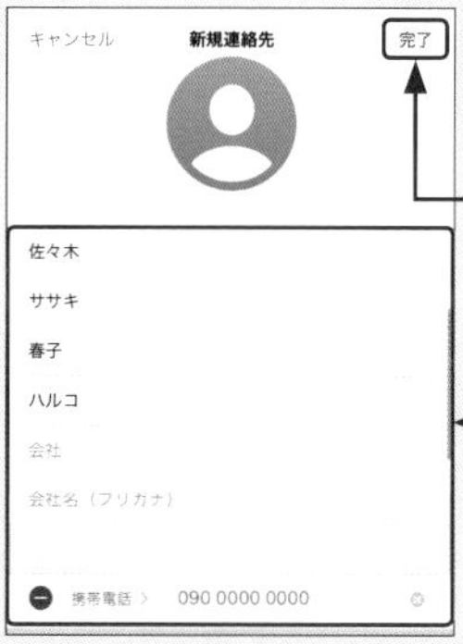

3 名前や電話番号などを入力し、

4 ＜完了＞をタップすると、

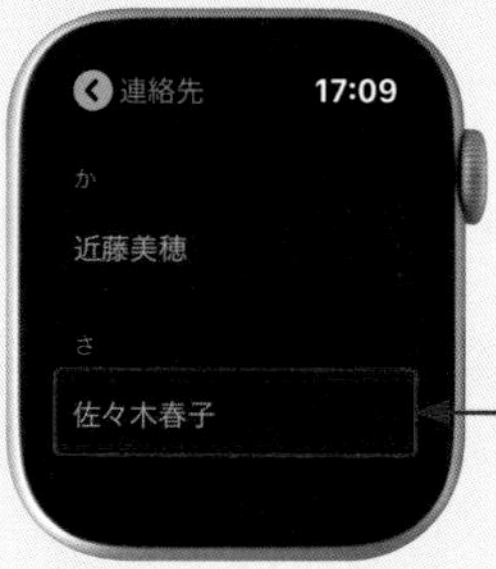

5 Apple Watchにも反映されます。

Q 連絡先 Series 1 2 3 4 5

164 連絡先を確認したい！

A ＜電話＞アプリで確認します。

連絡先を確認したいときは、＜電話＞アプリを起動しましょう。iPhoneに登録した連絡先を確認できるほか、メッセージを送ったり（Q.167参照）、電話をかけたりすることができます（Q.203参照）。また、あらかじめiPhoneの＜連絡先＞アプリから＜よく使う項目＞を登録しておくと、ひんぱんにやり取りをする相手の連絡先にすばやくアクセスすることも可能です。

1 ホーム画面で＜電話＞アプリをタップし、

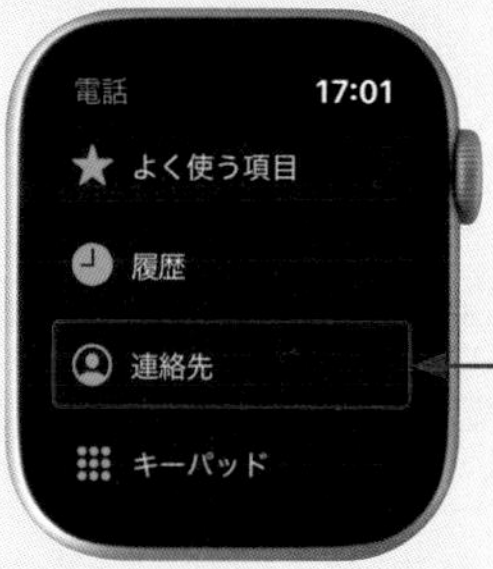

2 ＜連絡先＞をタップします。

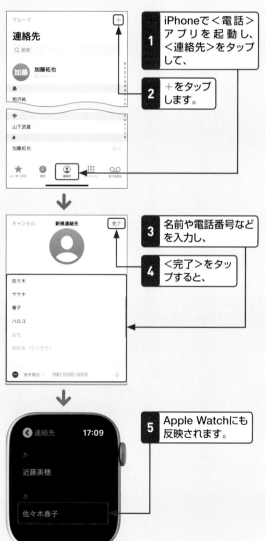

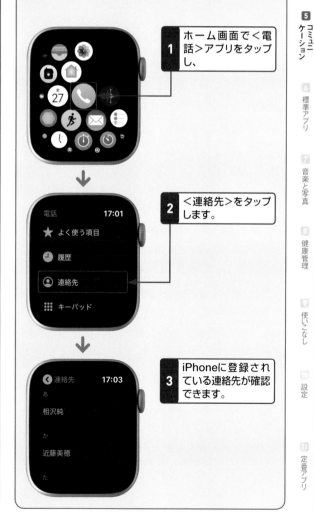

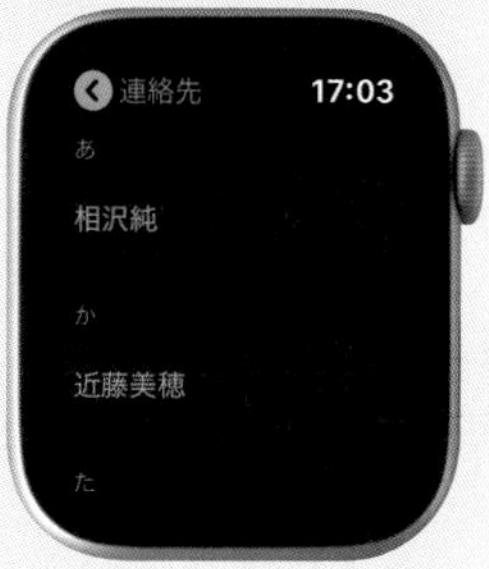

3 iPhoneに登録されている連絡先が確認できます。

メッセージ Series 1 2 3 4 5

Q 165 メッセージを読みたい！

A <メッセージ>アプリから確認できます。

iPhoneに届いたメッセージはApple Watchでも確認することができます。<メッセージ>アプリを起動して読むことができるほか、メッセージを受信した直後に通知から読んだり、通知センターでメッセージをタップして読んだりすることができます。長文のメッセージは、デジタルクラウンを回すことで読み進めることができます。

1 ホーム画面で<メッセージ>アプリをタップします。

2 メッセージを読みたい連絡先をタップすると、

3 メッセージの詳細を確認できます。

メッセージ Series 1 2 3 4 5

Q 166 メッセージにリアクションしたい！

A メッセージをダブルタップします。

<メッセージ>アプリには、送られてきたメッセージをダブルタップすることで、「いいね！」や「ハート」、「笑」など6種類のリアクションを返すことができる「Tapback」という機能があります。ワンタップで操作できるので、メッセージに返信する時間がないけれど、読んだことを相手に伝えたいときに使います。

1 メッセージをダブルタップします。

2 任意のリアクションをタップすると、

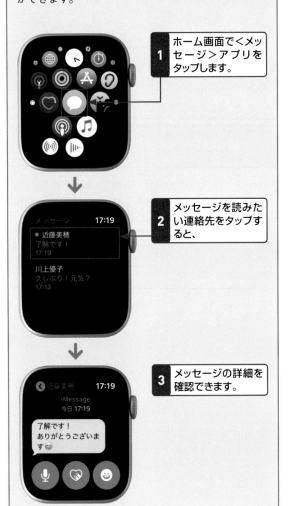

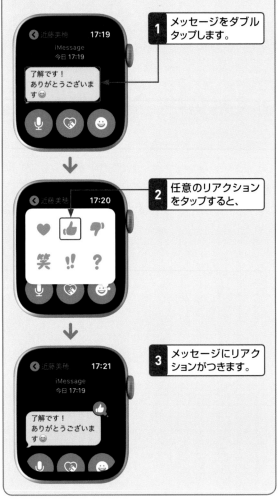

3 メッセージにリアクションがつきます。

Q 167 メッセージを送りたい！

A 音声入力と定型文による方法があります。

Apple Watchでメッセージを送る方法には、音声入力と定型文による返信の2つがあります。どちらも長く複雑な文章を送るのには向いていませんが、簡易的なやり取りであればApple Watchだけで行うことができます。

1 ホーム画面で<メッセージ>アプリをタップします。

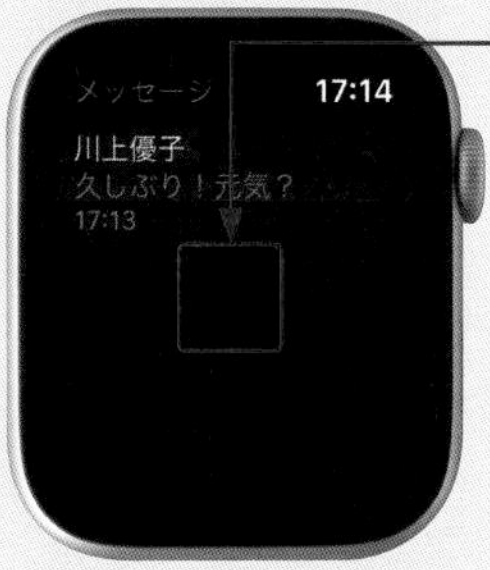

2 画面を強く押し、

3 <新規メッセージ>をタップします。

4 <連絡先を追加>をタップします。

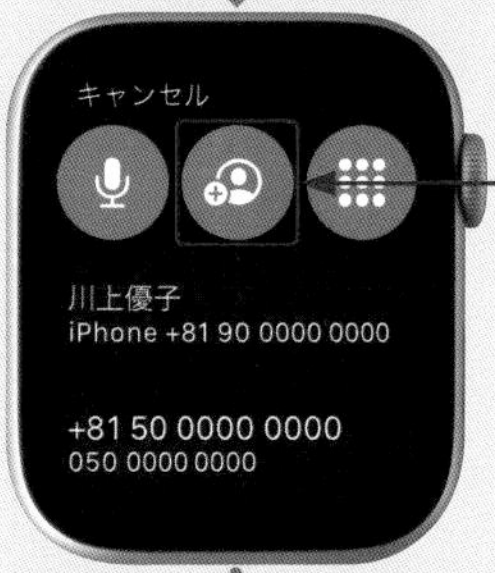

5 をタップし、メッセージを送信したい相手の連絡先をタップして、電話番号をタップします。

6 連絡先が追加されます。

7 <メッセージを作成>をタップします。

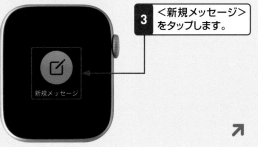

8 ここでは<こんにちは。>をタップします。

9 <送信>をタップすると、メッセージが送信されます。

メッセージ Series 1 2 3 4 5

Q 168 メッセージがすぐに表示されないようにしたい!

A 通知のプライバシーをオンにします。

メッセージを受信すると、画面中央に通知が表示され、自動的に画面が切り替わってメッセージが表示されます。メッセージがすぐに表示されないようにしたいときは、iPhoneの<Watch>アプリで「通知のプライバシー」をオンにします。メッセージを受信してもタップしなければ内容が表示されないようになります。

1 iPhoneで<Watch>アプリを起動し、<通知>をタップします。

2 「通知のプライバシー」の◯をタップすると、

3 「通知のプライバシー」がオンになります。

メッセージ Series 1 2 3 4 5

Q 169 友達に手書き文字を送りたい!

A 「Digital Touch」機能を使います。

Apple Watchの<メッセージ>アプリには、定型文や絵文字、音声のほか、手書きの文字やスケッチを送れる「Digital Touch」機能が用意されています。画面をなぞって文字や絵を書いて送ります。ペンの色を変えることもできるので、ひと味違ったメッセージを送りたいときに使ってみるとよいでしょう。

1 手書き文字を送りたいメッセージを表示し、をタップします。

2 画面をなぞって文字を書き、

3 <完了>をタップします。

をタップすると、ペンの色を変更できます。

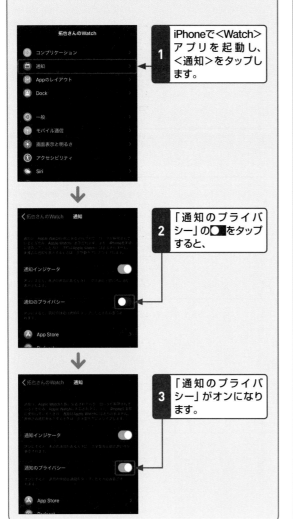

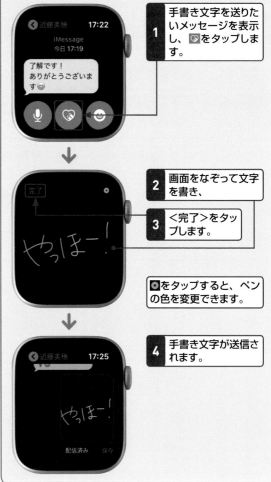

4 手書き文字が送信されます。

Q 170 今いる場所を友だちに伝えたい！

A 現在地をメッセージで送信できます。

待ち合わせの際などに＜メッセージ＞アプリの「位置情報を送信」を使うと、自分の現在地をほかの人に送ることができます。位置情報に関する画面が表示された場合は、画面の指示に従って進みます。

1 メッセージ画面を強く押して＜位置情報を送信＞をタップします。

2 現在地が送信されます。

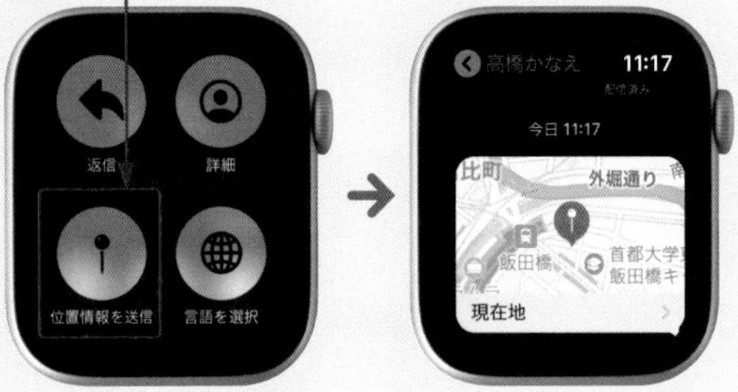

Q 171 自分の気持ちを送りたい！

A タップやタッチでさまざまな気持ちを表せます。

「Digital Touch」機能では、手書き文字やスケッチを送れるほか、タップやタッチによって自分の気持ちを送ることができます。気持ちには、「タップ」「キス」「ハートビート」「ハートブレイク」「ファイアボール」の5つがあります。

Q.169手順1の方法で描画キャンバスを表示したうえで、以下の操作を行います。

タップ	画面を1回タップ
キス	2本指で画面を1回以上タップ
ハートビート	画面上に2本の指を置いて待つ
ハートブレイク	画面上に2本の指を置き、下にドラッグ
ファイアボール	1本の指で画面をタッチ

Q 172 メッセージの送信時刻を知りたい！

A メッセージを左方向にスワイプします。

メッセージの最初のやり取りには時刻が表示されますが、連続して続くとメッセージの内容だけになり、時刻が表示されません。過去のメッセージの送信時刻は、画面を左方向にスワイプすることで確認できます。

1 画面を左方向にスワイプすると、

2 送信時刻が確認できます。

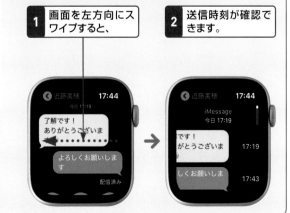

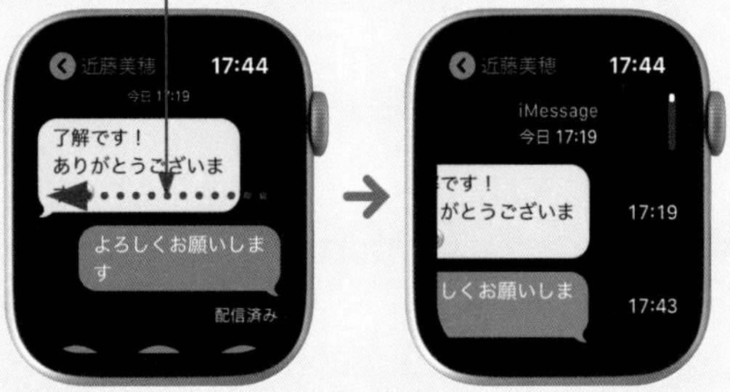

メッセージ　Series 1 2 3 4 5

Q 173 送られてきた音声が聞き直せない！

A 有効期限が切れてしまっています。

受信した音声のメッセージは、再生してから2分後に自動的に消去されてしまいます。音声メッセージを再生しても消去したくない場合は、iPhoneのホーム画面で＜設定＞→＜メッセージ＞→＜有効期限＞の順にタップし、＜なし＞をタップしてチェックを付けましょう。

1 iPhoneで＜設定＞アプリを起動し、＜メッセージ＞をタップします。

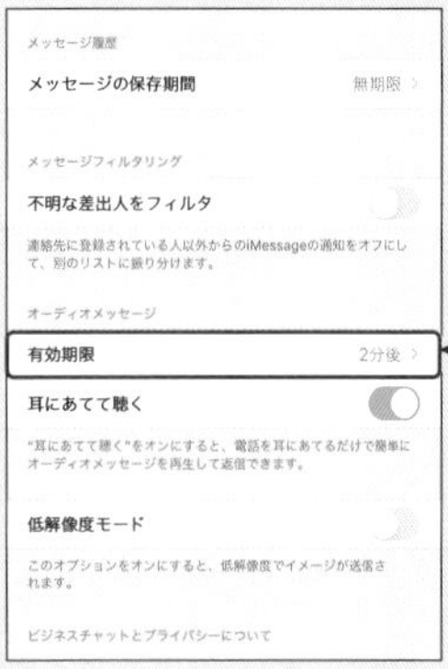

2 ＜有効期限＞をタップして、

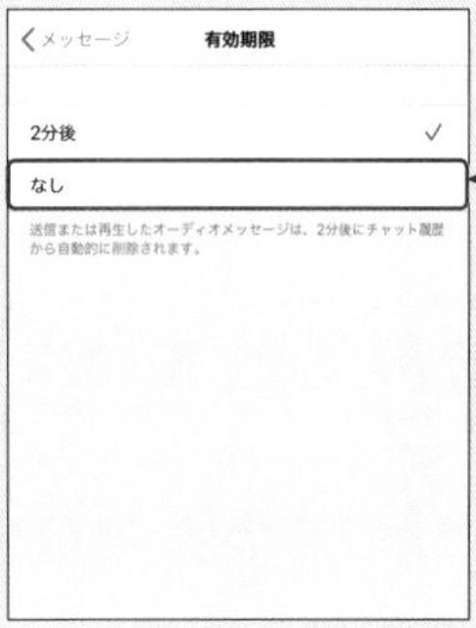

3 ＜なし＞をタップします。

メッセージ　Series 1 2 3 4 5

Q 174 メッセージを削除したい！

A メッセージリストで左方向にスワイプします。

メッセージが増えてきたら、メッセージを削除して整理しましょう。なお、Apple Watchでメッセージを削除する操作を行うと、これまでのすべてのメッセージが削除されてしまいます。メッセージごとに削除したいときは、iPhoneで＜メッセージ＞アプリを起動し、削除したいメッセージをロングタッチして、＜その他＞→🗑→＜メッセージを削除＞の順にタップしましょう。

1 メッセージリストで、メッセージ上を左方向にスワイプし、

2 🗑をタップします。

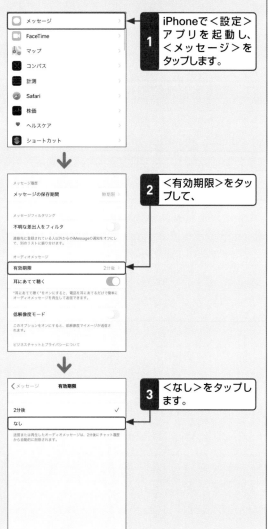

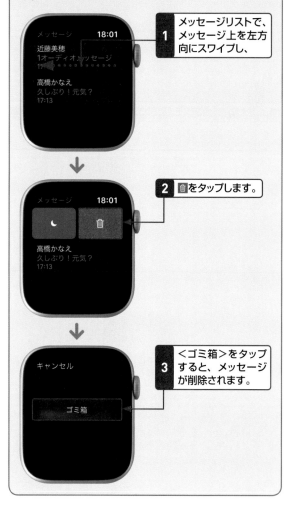

3 ＜ゴミ箱＞をタップすると、メッセージが削除されます。

Q175 Apple WatchでLINEを使いたい!

A <LINE>アプリをインストールします。

Apple Watchの<LINE>アプリは、iOS版と同じアカウントを使用するため、あらかじめiPhoneでアカウントを作成しておく必要があります。アカウントを作成すると、Apple Watchの<LINE>アプリ上でも新着メッセージを確認したり、かんたんなテキストメッセージを送ったり、スタンプで返信したりすることができるようになります。。

1 <LINE>アプリを起動し、<QRコードログイン>をタップすると、

2 QRコードが表示されます。

3 iPhoneで<LINE>アプリを起動し、手順2のQRコードを読み込んだら、

4 <ログイン>をタップします。

5 Apple Watchに認証番号が表示されるので、

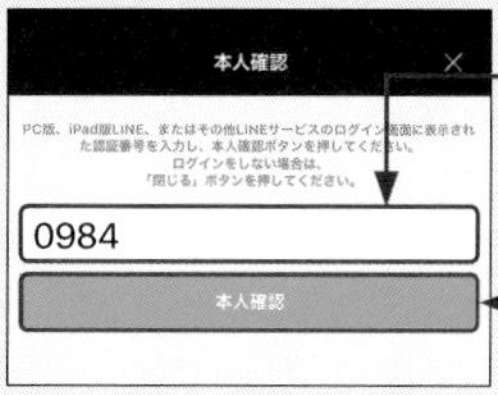

6 iPhone側で認証番号を入力し、

7 <本人確認>をタップします。

事前に確認しておくこと

iPhoneで<Watch>アプリを起動し、<LINE>をタップして、「AppをApple Watchで表示」をオンにします。

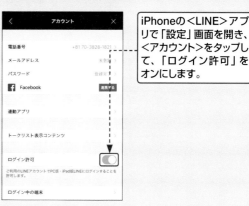

iPhoneの<LINE>アプリで「設定」画面を開き、<アカウント>をタップして、「ログイン許可」をオンにします。

Q LINE Series 1 2 3 4 5

176 LINEのメッセージに返信したい！

A 音声入力します。

LINEでメッセージに返信したいときは、音声でテキストを入力して送信しましょう。iPhoneの<LINE>アプリとは違ってテキストを入力するのではなく音声入力になりますが、かんたんな連絡をしたいときなどに活用すると便利です。

1 <LINE>アプリを起動してトーク画面を表示し、

2 をタップします。

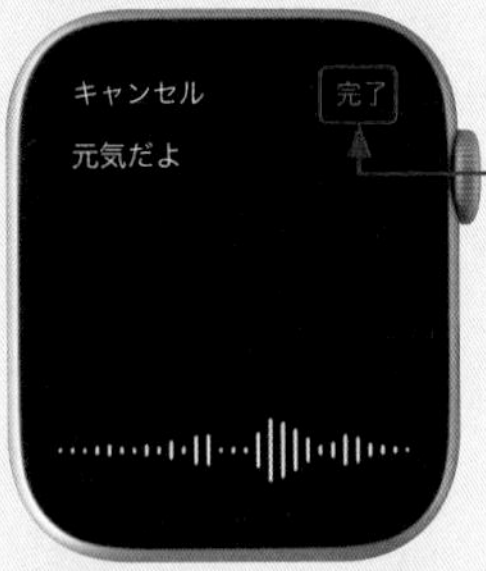

3 音声入力し、

4 <完了>をタップします。

5 メッセージが送信されます。

Q LINE Series 1 2 3 4 5

177 LINEでスタンプを送りたい！

A あらかじめ登録されているスタンプを送ることができます。

Apple Watchの<LINE>アプリでは、音声入力のテキストのほかに、スタンプを送ることもできます。送信できるスタンプは、あらかじめ用意されているスタンプのみです。また、一度使用したスタンプは次回以降優先的に表示されるようになります。

1 Q.176手順 2 の画面でをタップします。

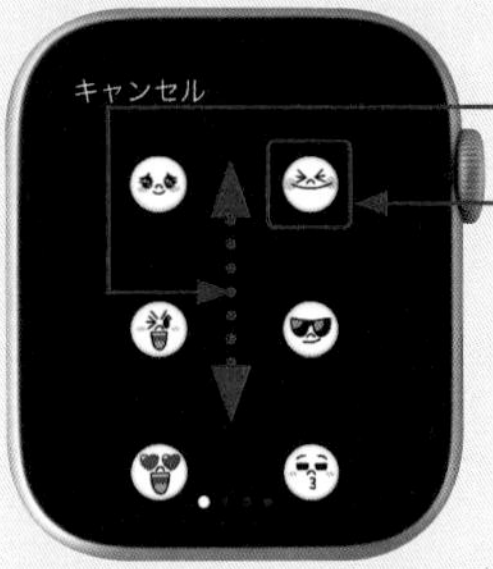

2 画面を上下にスワイプし、

3 任意のスタンプをタップします。

左右にスワイプするとスタンプの種類を変えることができます。

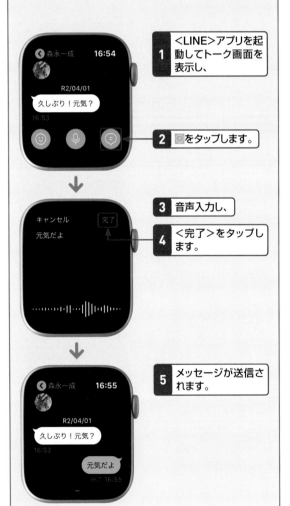

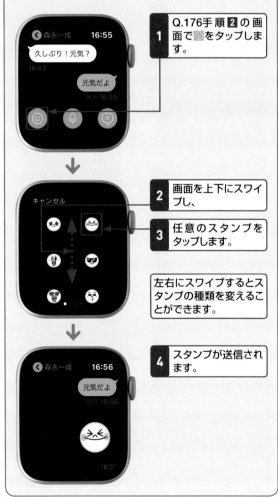

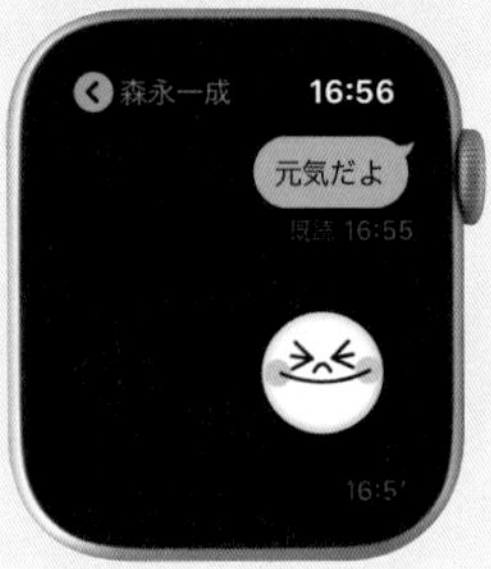

4 スタンプが送信されます。

LINE Series 1 2 3 4 5

Q 178 LINEに定型文で返信したい！

A シンプルな定型文が用意されています。

＜LINE＞アプリには、メッセージに使える定型文が用意されています。会話の内容に応じてこれらの定型文を選択して、相手のメッセージに返信することができます。「はい」や「いいえ」、「了解です」や「ありがとう」などシンプルなものが多いので、要件のみを伝えたいときに送るとよいでしょう。

1 Q.176手順 **2** の画面で、画面を上方向にスワイプすると、

2 定型文が表示されます。

3 任意の定型文をタップすると、

4 送信されます。

LINE Series 1 2 3 4 5

Q 179 LINEの返信文を登録しておきたい！

A iPhoneの<LINE>アプリで登録します。

Q.178の定型文は、iPhoneの＜LINE＞アプリからオリジナルの定型文を追加することができます。よく使う文言がある場合は、登録しておくとよいでしょう。なお、定型文は最大20文字までで、10件まで登録できます。

1 iPhoneで<LINE>アプリの「設定」画面を表示し、

2 <Apple Watch>をタップします。

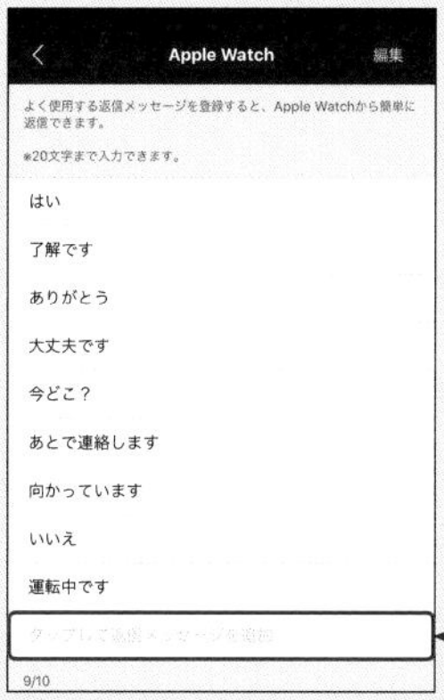

3 <タップして返信メッセージを追加>をタップして、

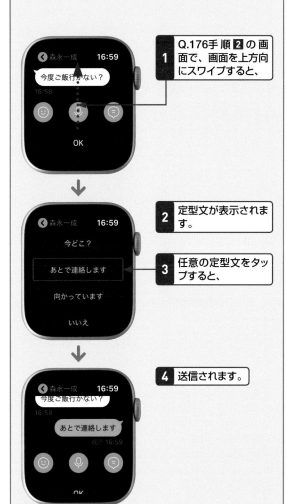

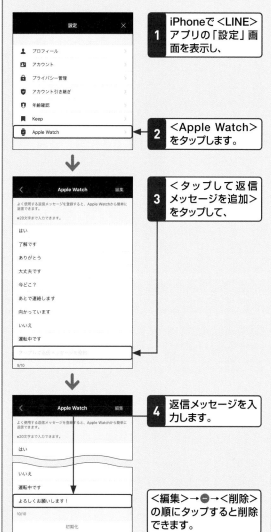

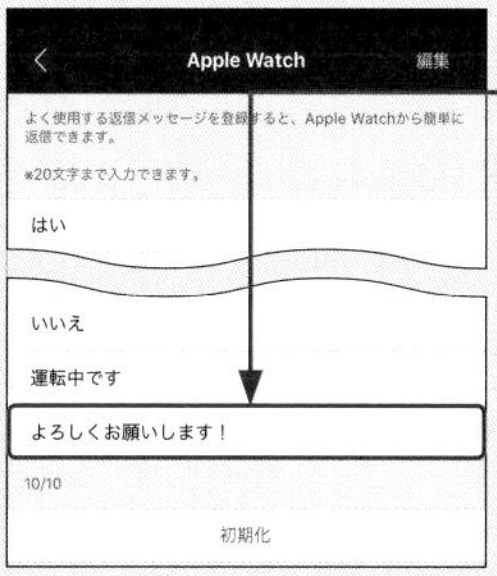

4 返信メッセージを入力します。

<編集>→●→<削除>の順にタップすると削除できます。

LINE Series 1 2 3 4 5

Q 180 LINEでボイスメッセージを送りたい！

A アプリ上で録音して送ることができます。

Apple Watchの<LINE>アプリでは、スタンプは送れるものの、シンプルな文章しか送れないため、そっけない印象を与えてしまうこともあります。感情をリアルに伝えたいときや、ある程度複雑な内容の文言を送りたいときは、音声を録音できる「ボイスメッセージ」を利用するとよいでしょう。

1 Q.176手順 2 の画面で、をタップします。

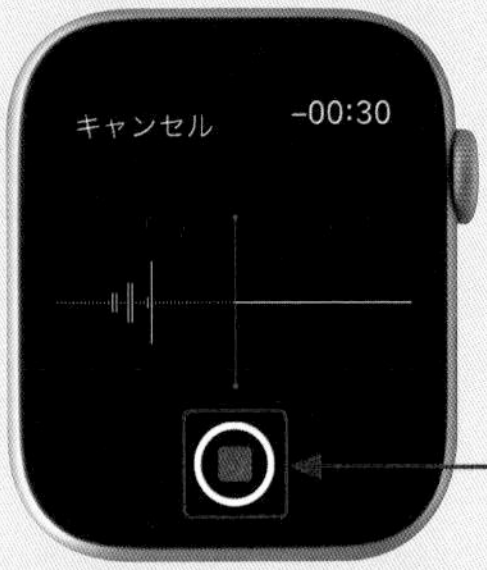

2 音声を入力し、

3 終わったらをタップします。

4 <Send>をタップすると、ボイスメッセージが送られます。

LINE Series 1 2 3 4 5

Q 181 LINEに届いた写真や動画は閲覧できるの？

A 動画は再生できません。

Apple Watchから確認できるLINEのメッセージは、「テキスト」「スタンプ」「絵文字」「写真」のみで、動画を再生することはできません。動画を見たいときは、iPhoneの<LINE>アプリを確認しましょう。なお、リンクはURLのみが表示されるようになっています。

写真はApple Watchでも確認できます。

動画は閲覧できません。動画が届くとメッセージが表示されます。

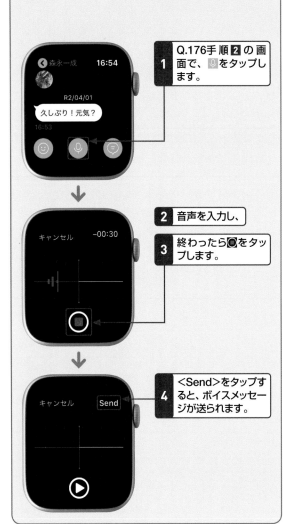

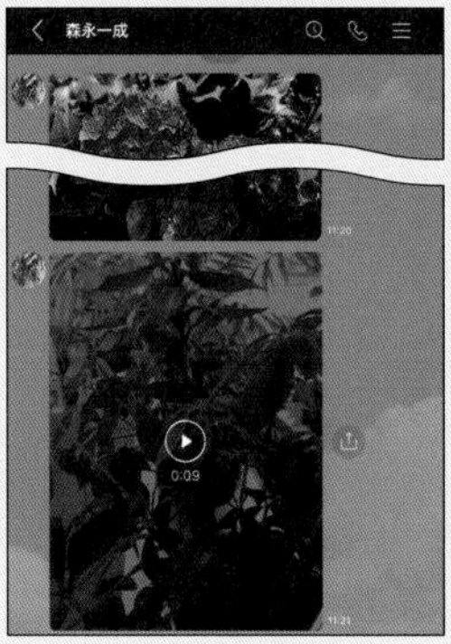

iPhoneの<LINE>アプリでは確認できます。

LINE

Series 1 2 3 4 5

Q 182 LINE通話は使えないの？

A iPhoneでしか通話できません。

通常の電話と違い、通話料がかからない魅力的なLINE通話ですが、Apple Watch単体では利用することができません。LINE電話がかかってくると、Apple Watchに通知が届くので、以降はiPhoneで操作する必要があります。

1 LINE電話がくると、Apple Watchに通知が届き、

2 着信があったことを確認できます。

LINE

Series 1 2 3 4 5

Q 183 友達を追加したい！

A マイQRコードを表示します。

Apple Watchで友達を追加したいときは、「QRコード」を使うと便利です。相手にQRコードを読み取ってもらうだけでよいので、iPhoneを取り出さなくても友達を追加することができます。

1 友達リストを右方向にスワイプし、

2 <マイQRコード>をタップすると、QRコードが表示されます。

LINE

Series 1 2 3 4 5

Q 184 LINEの通知が届かない！

A iPhoneの「通知」の設定を確認しましょう。

LINEにメッセージが届いているにもかかわらず、Apple Watchに通知されないときは、LINEの通知がオフになっている可能性があります。iPhoneの<Watch>アプリで通知の設定を確認しましょう。

1 iPhoneで<Watch>アプリを起動し、<通知>をタップします。

2 「LINE」の通知がオンになっていることを確認します。

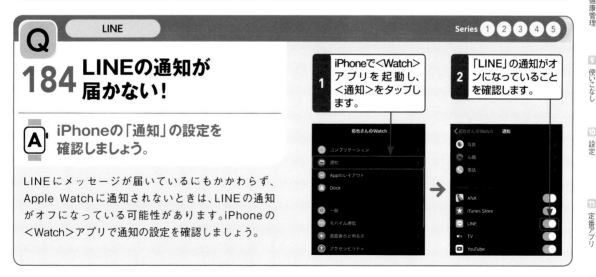

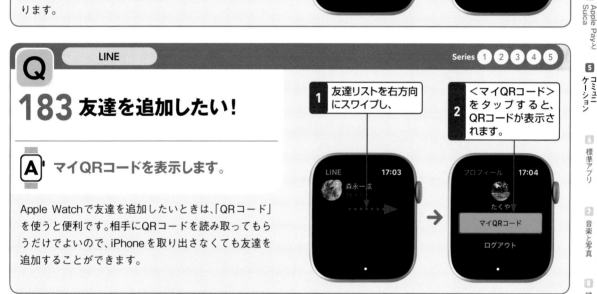

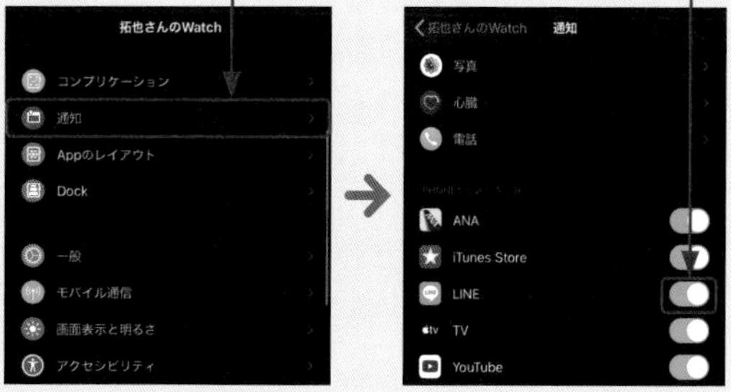

LINE　Series 1 2 3 4 5

Q 185 通知を個別に設定したい！

A 友だちの通知を確認します。

Apple Watchの＜LINE＞アプリですべてのメッセージを受け取るのがわずらわしいときは、友だちごとに通知を設定しましょう。iPhoneで＜LINE＞アプリを起動し、友だちのアカウントを選択して通知をオフに設定します。

1 トーク画面で友達をタップし、

2 をタップします。

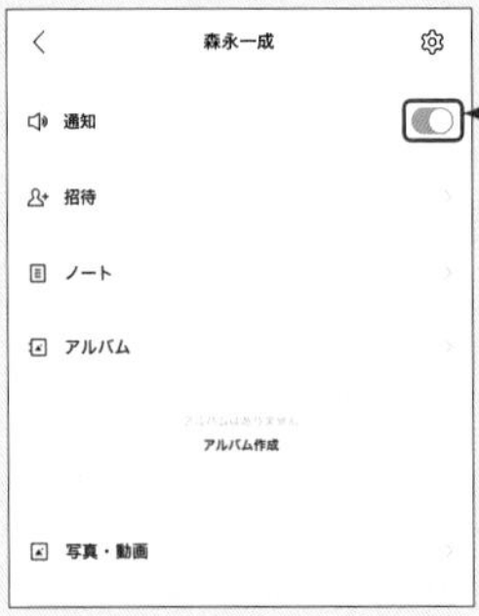

3 通知のをタップして、にします。

4 通知がオフになり、名前の横にが表示されます。

LINE　Series 1 2 3 4 5

Q 186 通知にメッセージの内容が表示されない！

A 「通知のプライバシー」をオフにします。

LINEの通知に気づいてApple Watchの画面を見ても、メッセージの内容が表示されない場合は、iPhoneの＜Watch＞アプリで「通知のプライバシー」を確認しましょう。「通知のプライバシー」をオフにすれば、受信した際に自動的に内容が表示されるようになります。

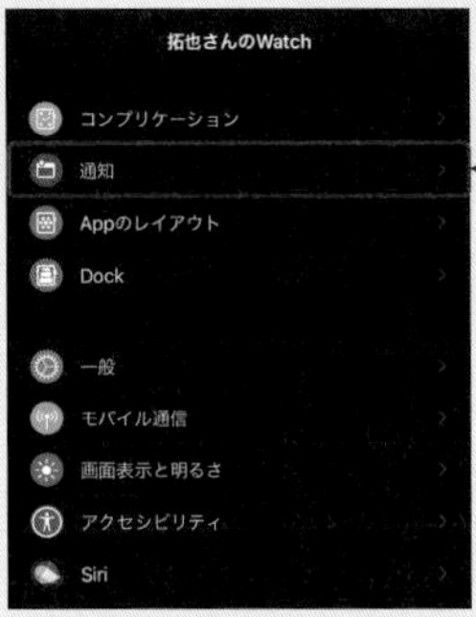

1 iPhoneで＜Watch＞アプリを起動し、＜通知＞をタップします。

2 「通知のプライバシー」のをタップして、

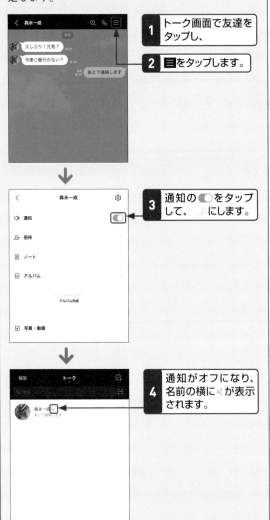

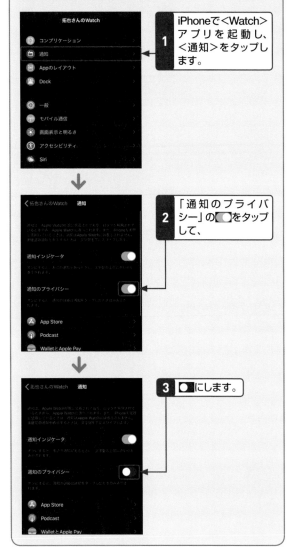

3 にします。

Q 187 メールを使えるようにしたい！

メール　Series 1 2 3 4 5

A アカウントの「メール」をオンにします。

Apple Watchの<メール>アプリは、iPhoneで使用しているアドレスを使って、受信したメールを確認したり、返信したりすることができます。Apple Watchでメールを使えるようにするためには、iPhoneの<設定>アプリから、アカウントの「メール」がオンになっている必要があります。

1 iPhoneで<設定>アプリを起動し、<パスワードとアカウント>をタップします。

2 「アカウント」から任意のアカウントをタップし、

3 「メール」をオンにすると、Apple Watchで利用できるようになります。

Q 188 メールを送りたい！

メール　Series 1 2 3 4 5

A 音声で入力します。

Apple Watchからメールを送りたいときは、画面を強く押して、<新規メッセージ>をタップして作成します。件名や本文のメッセージはデフォルトの返信文のほか、音声でテキストを入力することができます。なお、新規メールを作成すると、iPhoneのメールアカウントから送信されます。

1 ホーム画面で<メール>アプリをタップし、

2 画面を強く押して、

3 <新規メッセージ>をタップします。

4 <連絡先を追加>をタップして連絡先を追加したら、

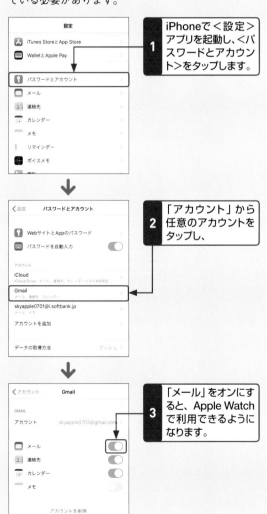

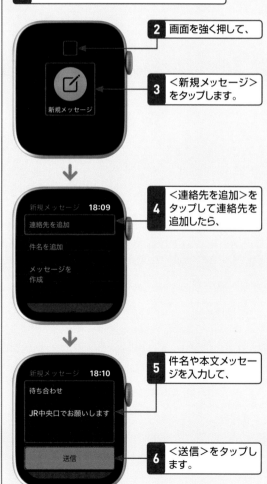

5 件名や本文メッセージを入力して、

6 <送信>をタップします。

Q メール Series 1 2 3 4 5

189 メールを読みたい！

A <メール>アプリを起動して読むことができます。

iPhoneに届いたメールはApple Watchで確認することができます。iPhoneが近くになくてもすぐに確認できるので、重要なメールを見逃すこともありません。なお、メールボックスを個別に設定する方法については、Q.194を参照してください。

1 ホーム画面で<メール>アプリをタップし、

2 確認したいメールボックスをタップします。

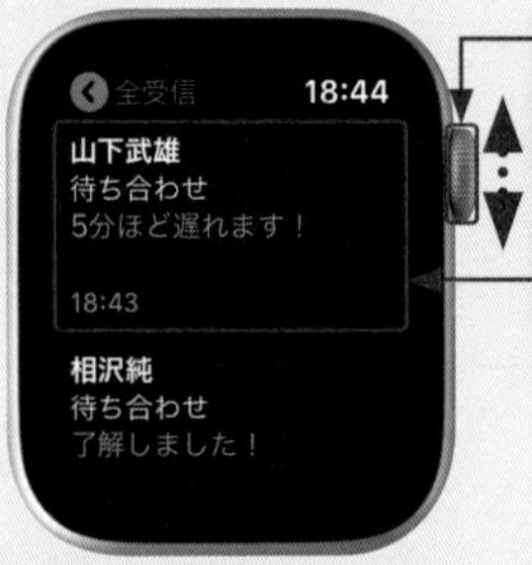

3 デジタルクラウンを上下に回して画面をスクロールし、

4 読みたいメールをタップします。

5 メールの詳細が表示されます。

Q メール Series 1 2 3 4 5

190 メールに返信したい！

A デフォルトの返信、絵文字、音声入力で返信できます。

メールの返信には、あらかじめ用意されているデフォルトの返信文のほか、音声入力したテキスト、絵文字、デフォルトの返信文を利用することができます。ここでは音声入力で返信する方法を解説しています。

1 Q.189手順5の画面で<返信>をタップし、

2 をタップします。

をタップすると、絵文字を送信できます。

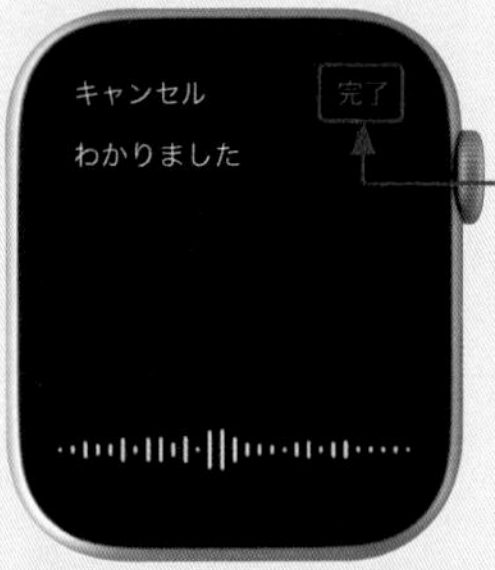

3 音声入力し、

4 <完了>をタップします。

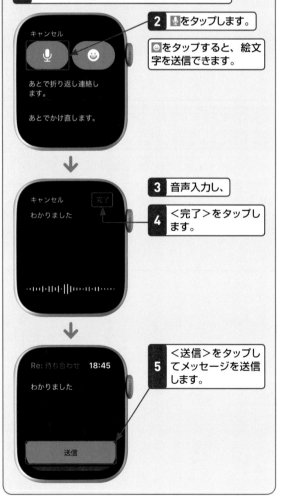

5 <送信>をタップしてメッセージを送信します。

Q 191 返信文を追加したい！

メール　Series 1 2 3 4 5

A iPhoneから追加できます。

Apple Watchの＜メール＞アプリには、あらかじめデフォルトの返信文が用意されています。ワンタップで入力できるため、忙しいときや、読んだことを伝えたいときに使うと便利です。返信文はiPhoneの＜Watch＞アプリから追加することもできます。

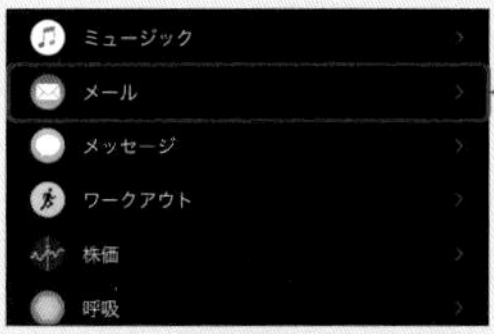

1 iPhoneで＜Watch＞アプリを起動し、＜メール＞をタップして、

2 ＜デフォルトの返信＞をタップします。

3 ＜返答を追加＞をタップして、

4 返信文を入力したら、

5 ＜完了＞をタップします。

Q 192 メールの署名を変更したい！

メール　Series 1 2 3 4 5

A iPhoneから任意の署名に変更できます。

デフォルトでは、メールの署名は「Apple Watchから送信」になっていますが、変更することもできます。送信者をわかりやすくするために、オリジナルの署名に変更してみましょう。

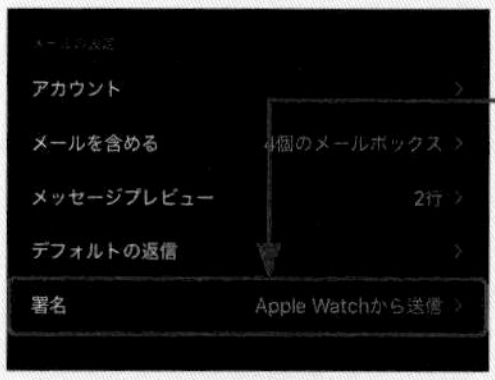

1 Q.191手順 **2** の画面で、＜署名＞をタップします。

2 署名欄をタップし、

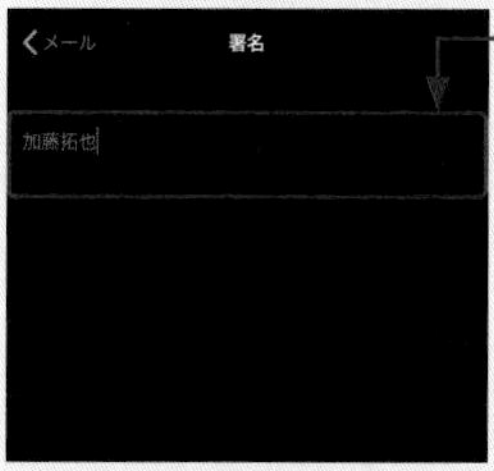

3 任意の署名を入力すると、

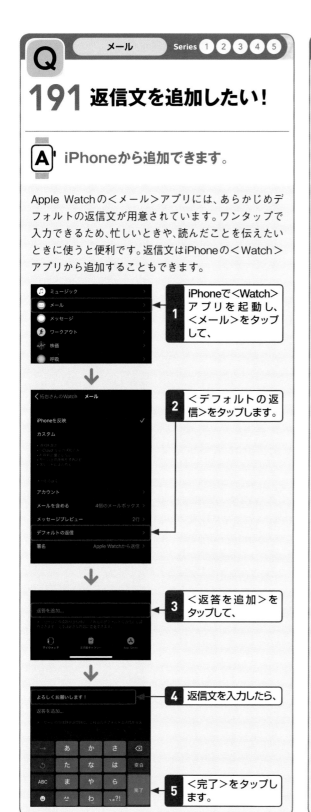

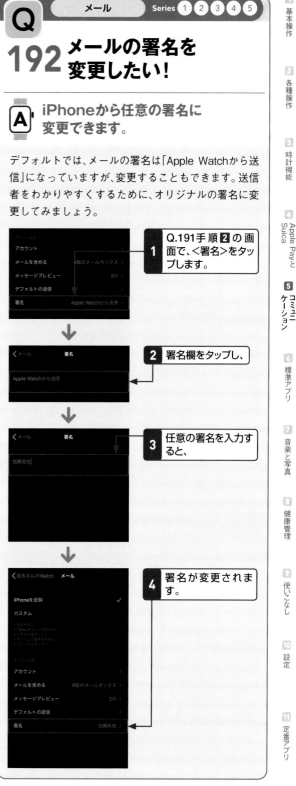

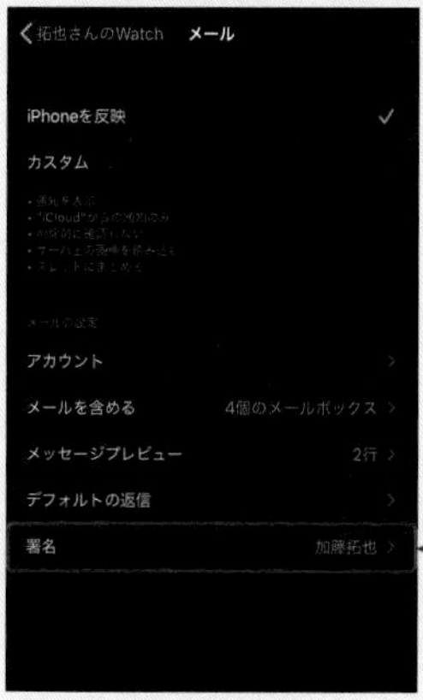

4 署名が変更されます。

Q メール Series 1 2 3 4 5

193 メールを削除したい！

A 2種類の方法があります。

受信したメールはApple Watchから削除することができます。<メール>アプリを開いてメールリストから選ぶ方法と、通知センターから削除する方法の2つがあります。Apple Watchでメールを削除すると、iPhoneの<メール>アプリでも削除されます。

メールリストから選んで削除する

1 ホーム画面で<メール>アプリをタップします。

2 削除したいメールをタップして本文を表示し、

3 画面を強く押します。

4 <ゴミ箱>（または<アーカイブ>）をタップします。

通知センターから削除する

1 文字盤で画面を下方向にスワイプし、

2 削除したいメールをタップします。

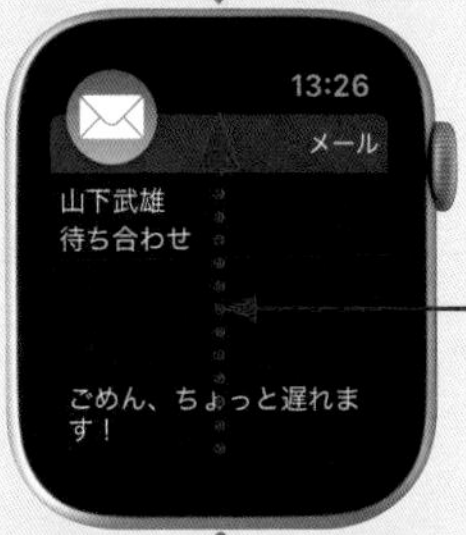

3 画面を上方向にスワイプし、

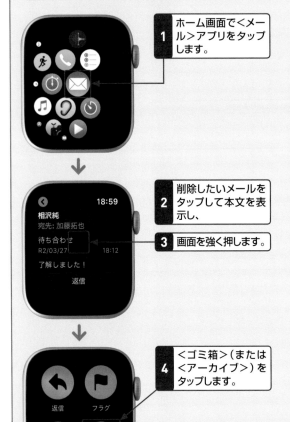

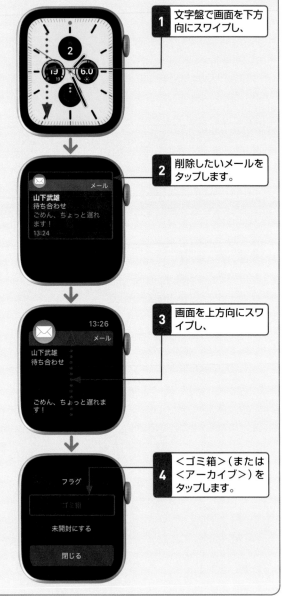

4 <ゴミ箱>（または<アーカイブ>）をタップします。

Q 194 Apple Watchに表示するメールボックスを指定したい！

メール　Series 1 2 3 4 5

A iPhoneの<Watch>アプリで指定できます。

Apple Watchの<メール>アプリは、すべてのメールボックスが表示されるようになっていますが、必要なメールボックスだけを表示させることもできます。仕事とプライベートで複数のメールボックスを作成して使い分けているときなど、Apple Watchで確認したいメールボックスを指定して表示すると便利です。

1 iPhoneで<Watch>アプリを起動し、<メール>をタップします。

2 <メールを含める>をタップし、

3 Apple Watchで確認したいメールボックスをタップしてチェックを付けます。

Q 195 メールが多くて削除しきれない！

メール　Series 1 2 3 4 5

A iPhoneの<メール>アプリから一括削除できます。

Apple Watchでは、複数のメールを選択して削除することができません。削除したいメールがたくさんあるときは、iPhoneの<メール>アプリから不要なメールを選択して一括削除すると、Apple Watchの<メール>アプリにも反映されます。

1 iPhoneで<メール>アプリを起動し、<編集>をタップします。

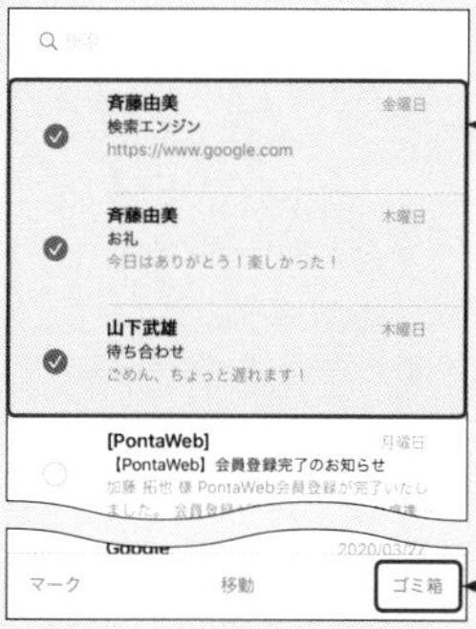

2 削除したメールをタップしてチェックを付け、

3 <ゴミ箱>をタップします。

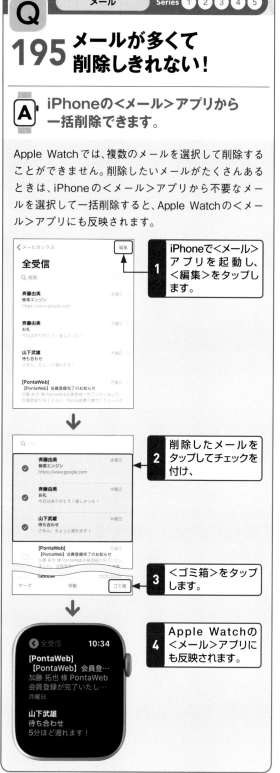

4 Apple Watchの<メール>アプリにも反映されます。

メール

Series 1 2 3 4 5

Q 196 重要なメールを未開封の状態に戻したい！

A 画面を強く押して＜未開封＞をタップします。

一度閲覧したメールは、未開封の状態に戻すことができます。ここではメールの詳細画面から操作する方法を解説していますが、メールの一覧から未開封にしたいメールを右方向にスワイプし、✉をタップすることでも未開封にできます。

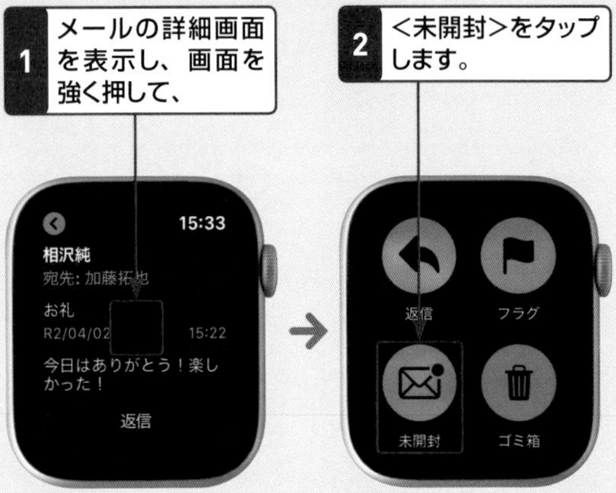

メール

Series 1 2 3 4 5

Q 197 メールにフラグを付けたい！

A 画面を強く押して＜フラグ＞をタップします。

重要なメールや、あとで確認しておきたいメールにフラグを付けておくことで、メールを見つけやすくできます。メールの詳細画面のほか、メールの一覧からフラグを付けたいメールを左方向にスワイプし、🏳をタップすることでもフラグを付けられます。

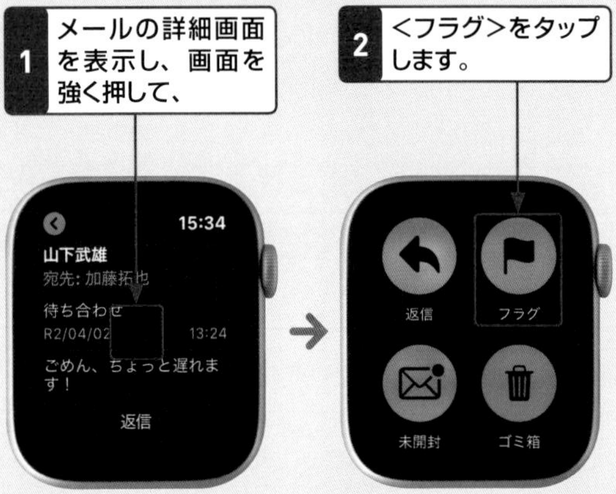

メール

Series 1 2 3 4 5

Q 198 メールの通知をオフにしたい！

A iPhoneの＜Watch＞アプリからオフにできます。

初期設定では、iPhoneのメールの通知の設定がオンになっていると、Apple Watchにも反映されて、通知が届きます。Apple Watchにメールの通知が来ないようにしたいときは、iPhoneの＜Watch＞アプリで設定しましょう。

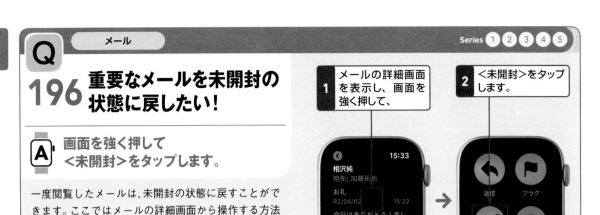

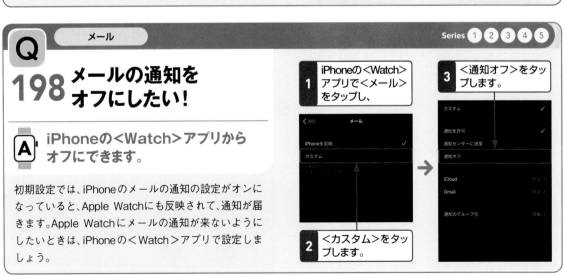

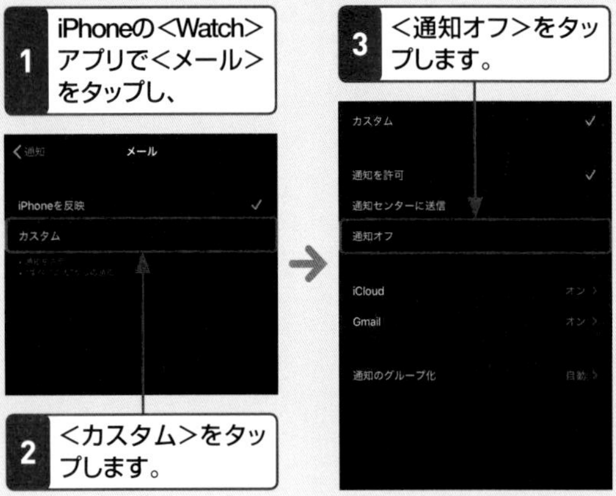

Q 199 特定のメールだけ通知されるようにしたい！

A よく使うアカウントだけを通知するよう設定できます。

複数のメールアカウントを持っていると、メールの通知が多くなり、わずらわしさを感じることもあります。そのようなときは、「Gmail」や「iCloud」など、よく使うアカウントだけを通知するように設定しておくとよいでしょう。

1 iPhoneで＜Watch＞アプリを起動し、＜メール＞をタップします。

2 ＜カスタム＞をタップし、

3 ＜通知を許可＞をタップして、

4 設定を変更したいアカウント（ここでは＜Gmail＞）をタップします。

5 「○○からの通知を表示」のをタップしてオンにします。

6 「サウンド」と「触覚」の通知も設定すると、

7 指定した方法で通知が届きます。

メール Series 1 2 3 4 5

Q 200 重要なメールだけ通知されるようにしたい！

A VIPに追加します。

＜メール＞アプリには、重要なメールのアドレスを登録できる「VIP」機能が用意されています。VIPメールの通知をオンにしておくと、重要なメールだけがApple Watchに通知されるようになるので、見逃したくないメールをVIPに登録しておくとよいでしょう。

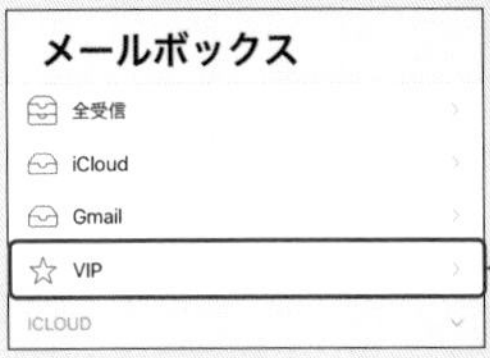

1 iPhoneで＜メール＞アプリを起動し、

2 ＜メールボックス＞→＜VIP＞の順にタップします。

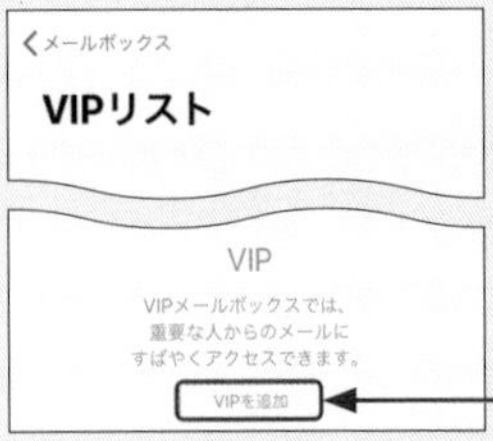

3 ＜VIPを追加＞をタップして、

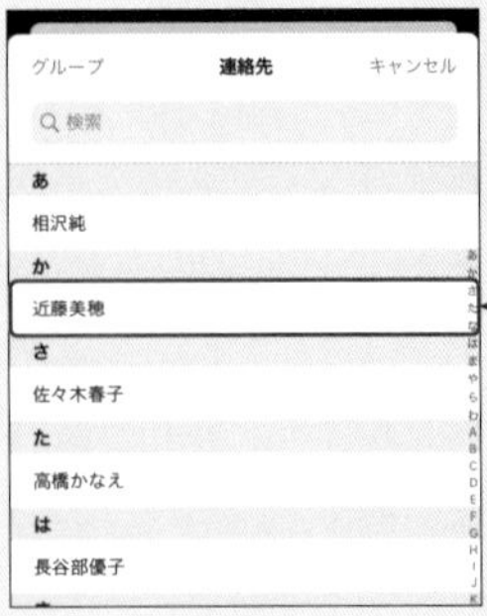

4 VIPに登録したい連絡先をタップすると、

5 VIPに登録されます。

メール Series 1 2 3 4 5

Q 201 表示されるメッセージを短くしたい！

A 「メッセージプレビュー」を変更します。

＜メール＞アプリは、メール一覧にどの程度メッセージの本文を表示するかを、「なし」「1行」「2行」のいずれかから設定することができます。表示する行数が少なければ少ないほど、Apple Watchの画面に表示されるメールの件数が増えます。

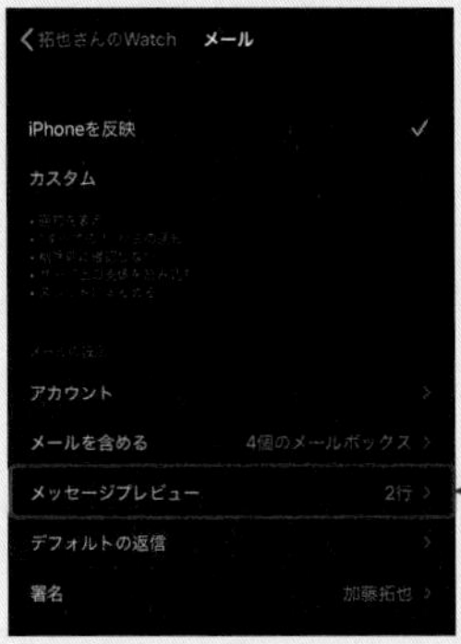

1 iPhoneの＜Watch＞アプリで＜メール＞をタップし、

2 ＜メッセージプレビュー＞をタップします。

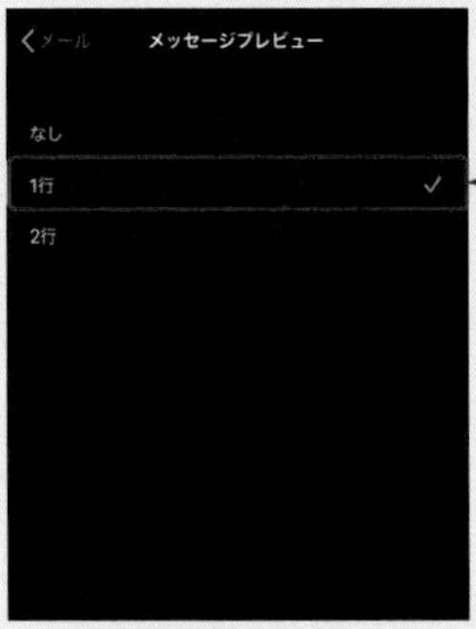

3 表示方法（ここでは＜1行＞）をタップしてチェックを付けると、

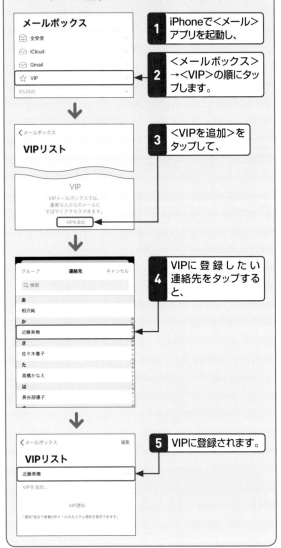

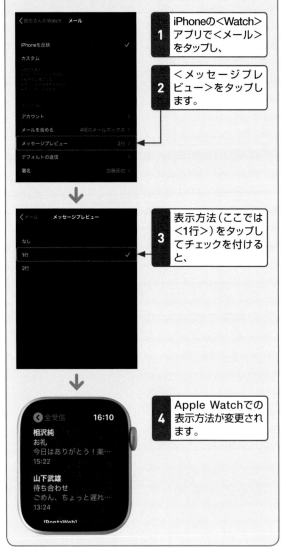

4 Apple Watchでの表示方法が変更されます。

Q メール Series 3 4 5

202 URLを開いて Webページを見たい!

A リンクをタップします。

Apple Watchには、iPhoneの<Safari>アプリのような、Webサイトを閲覧できるアプリはありませんが、Apple Watch Series3以降、watchOS5以降であれば、メールなどで送られてきたリンクをタップすることで、Webページを表示することができます。Yahoo!JAPANやGoogleなど、普段使用している検索エンジンのURLを送れば、音声入力で検索することもできます。

1 メール内のURLをタップすると、

2 Webページが表示されます。

検索エンジン

検索エンジンのURLを送ると、音声入力で検索ができます。

Q 電話 Series 1 2 3 4 5

203 Apple Watchで電話をかけたい!受けたい!

A <電話>アプリで通話できます。

Apple Watchでは、ペアリングしたiPhoneの電話番号で、電話をかけたり受けたりすることができます。iPhoneを取り出さなくても、Apple Watchだけで通話することができます。また、通話中にiPhoneでの通話に切り替えることもできます(Q.207参照)。

1 ホーム画面で<電話>アプリをタップし、

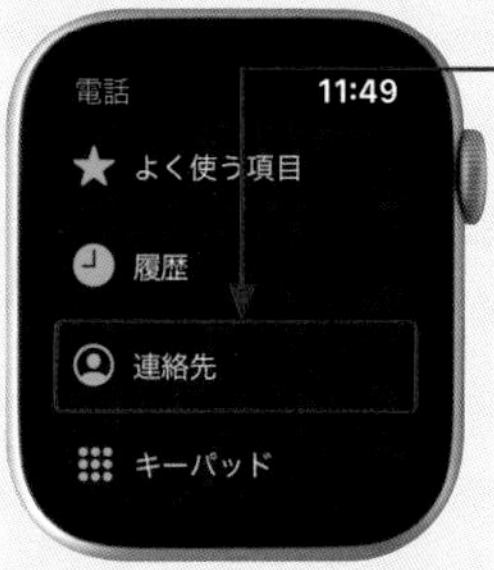

2 <連絡先>をタップして、

3 電話をかけたい相手をタップします。

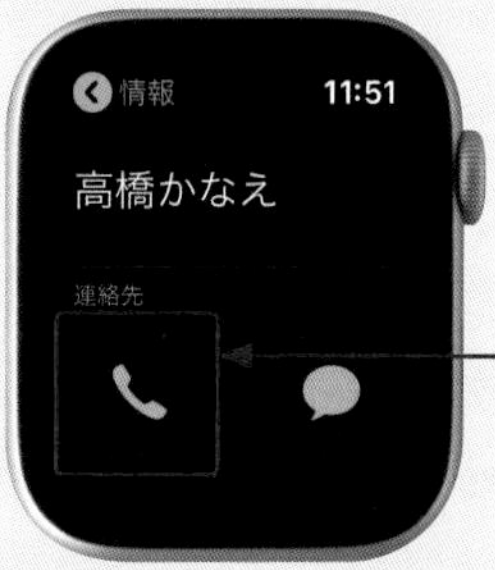

4 📞をタップして発信します。

電話を受ける

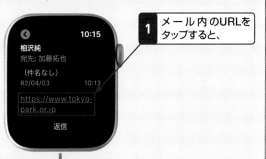

画面に「着信」と表示されるので、📞をタップします。

Q 電話 Series 1 2 3 4 5

204 電話の着信にメッセージで返信したい！

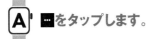

A ■をタップします。

通話できる状況にないときは、着信画面からすばやくメッセージを送信することができます。電話に出られないときやあとでかけ直すことを伝えたいときに活用するとよいでしょう。ワンタップで送信できるので手間もかかりません。

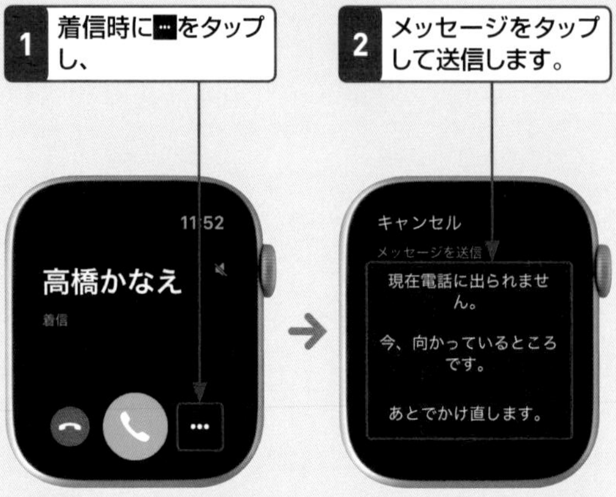
1 着信時に■をタップし、
2 メッセージをタップして送信します。
11:52
高橋かなえ
着信
キャンセル
メッセージを送信
現在電話に出られません。
今、向かっているところです。
あとでかけ直します。

Q 電話 Series 1 2 3 4 5

205 AirPodsで電話を受けたい！

A AirPodsとペアリングしておきます。

AppleのBluetooth対応イヤホン「AirPods」とペアリングすると、AirPodsのマイクを利用して電話の通話ができます。通話を終了する場合は、AirPodsを2回タップします。

16:27
近藤美穂
着信
AirPodsの利用中に電話がかかってくると、AirPodsのアイコンが表示されます。■をタップすると、AirPodsのマイクを利用して通話できます。

Q 電話 Series 1 2 3 4 5

206 連絡先に登録していない番号にもかけられるの？

A キーパッドで電話番号を入力します。

Apple Watchでは、固定電話に電話をかけることもできます。<電話>アプリを起動し、キーパッドで番号を入力しましょう。相手側にはiPhoneの電話番号が表示されるので、iPhoneが手元になくても、必要なときに通話が可能です。

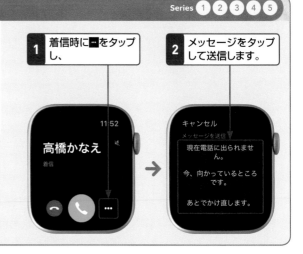

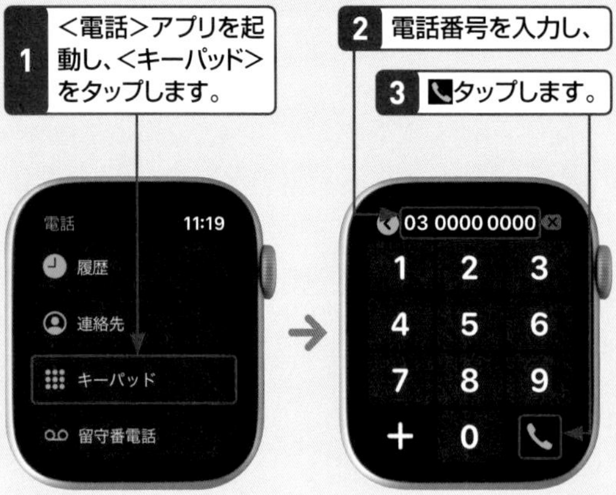
1 <電話>アプリを起動し、<キーパッド>をタップします。
2 電話番号を入力し、
3 ■タップします。
電話
11:19
履歴
連絡先
キーパッド
留守番電話
03 0000 0000
1 2 3
4 5 6
7 8 9
+ 0

電話 Series 1 2 3 4 5

Q 207 通話をiPhoneに切り替えたい！

A 受けた電話をiPhoneに切り替えましょう。

Apple Watchで受けた電話は、iPhoneに切り替えることができます。話が長くなりそうなときなど、iPhoneに切り替えると便利です。なお、iPhoneから操作して、iPhoneに切り替えることも可能です。

1 電話の着信がきたら、▪をタップし、

2 <iPhoneで応答>をタップします。

3 iPhoneの画面で、▪を右方向にスライドすると、電話に応答できます。

電話 Series 1 2 3 4 5

Q 208 電話の着信音をすぐに止めたい！

A 画面を手で覆います。

Apple Watchには、iPhoneのようにマナーモードのスイッチや音量ボタンがありません。通常ではサウンドがオンになっているため、電話がかかってくると着信音が鳴ってしまいます。「カバーして消音」を設定しておくと、Apple Watch の画面を手で覆って、着信音をすぐに止めることができます。

1 ホーム画面で<設定>アプリをタップし、

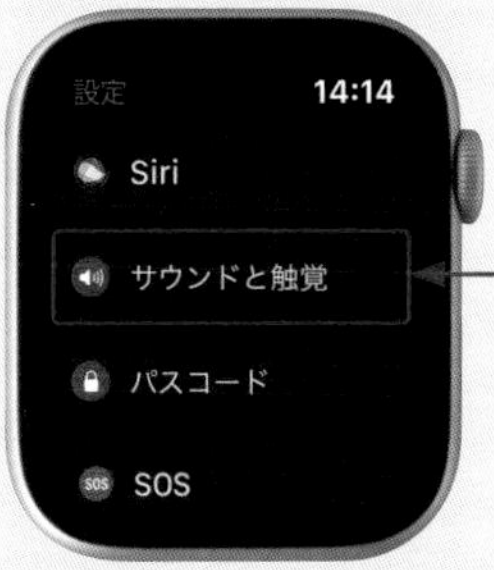

2 <サウンドと触覚>をタップします。

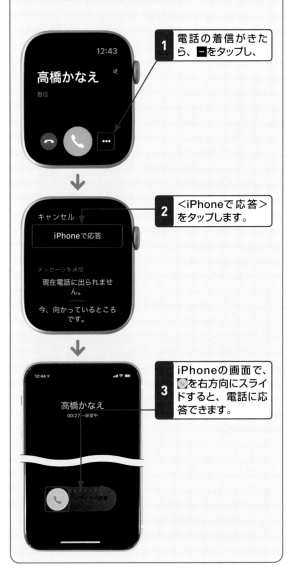

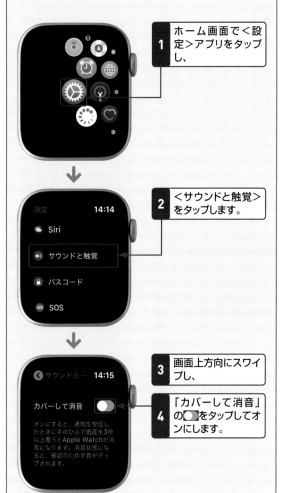

3 画面上方向にスワイプし、

4 「カバーして消音」の▪をタップしてオンにします。

電話　Series 1 2 3 4 5

Q 209 留守番電話を聞きたい！

A 届いた通知をタップします。

発信者が留守番電話を残した場合は、Apple Watchに通知が届きます。留守番電話に受け取ったメッセージは、Apple Watchから確認することができるほか、留守番電話を削除したり、電話をかけ直したりすることができます。

留守番電話を受け取ると通知が届きます。

1 文字盤を下方向にスワイプし、

2 通知をタップしたら、

3 「留守番電話」の通知をタップします。

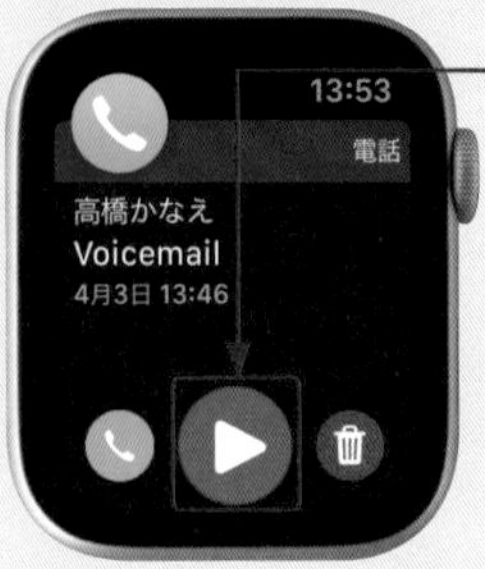

4 ▶をタップすると再生されます。

画面を上方向にスワイプすると、音量を変えられます。

電話　Series 1 2 3 4 5

Q 210 発着信の履歴を確認したい！

A ＜履歴＞をタップします。

iPhoneで通話した場合を含め、発着信の履歴はApple Watchでも確認することができます。着信相手の名前や電話の種別、かかってきた時刻が表示されるほか、名前をタップして電話をかけることもできます。不在時にかかってきた電話は名前が赤色で表示されるため、ひと目でわかります。

1 ＜電話＞アプリを起動して＜履歴＞をタップすると、

2 発着信の履歴が確認できます。

3 名前をタップすると、

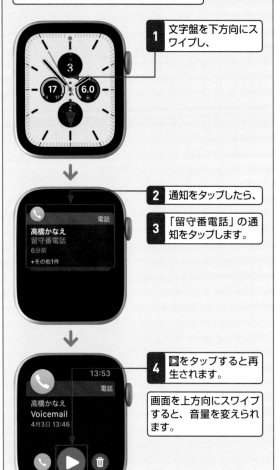

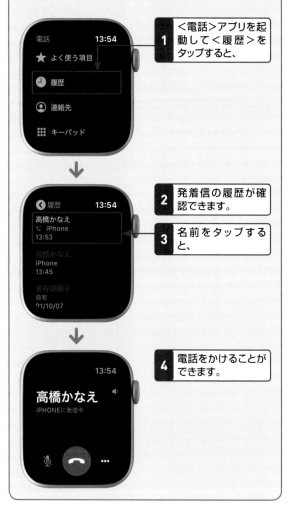

4 電話をかけることができます。

Q 211 かんたんに友達に電話をかけたい!

A 「よく使う項目」に追加しましょう。

「よく使う項目」に友達の連絡先を追加しておくと、Apple Watchからすばやく電話をかけることができます。頻繁にやり取りする相手を登録しておくと、連絡先から探す手間も省けます。なお、よく使う項目の追加は、iPhoneの<電話>アプリから行います。

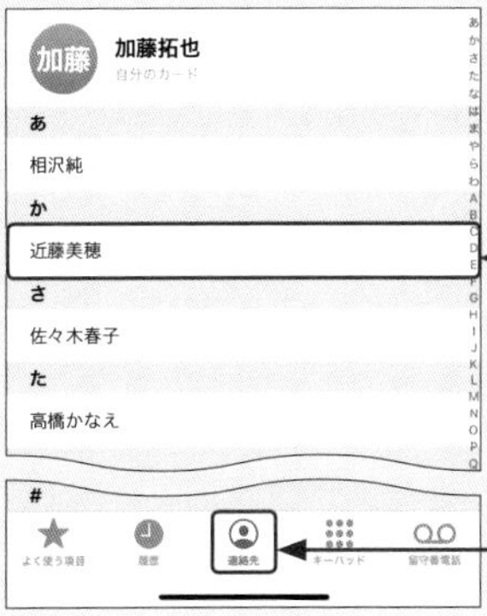

1 iPhoneで<電話>アプリを起動し、<連絡先>をタップして、

2 よく使う項目に追加したい連絡先をタップします。

3 <よく使う項目に追加>をタップし、

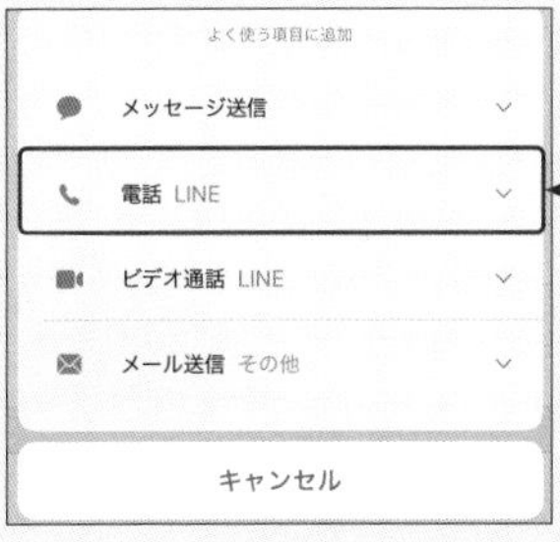

4 追加したい項目(ここでは<電話>)をタップします。

5 Apple Watchで<電話>アプリを起動し、<よく使う項目>をタップします。

6 電話をかけたい相手をタップすると、

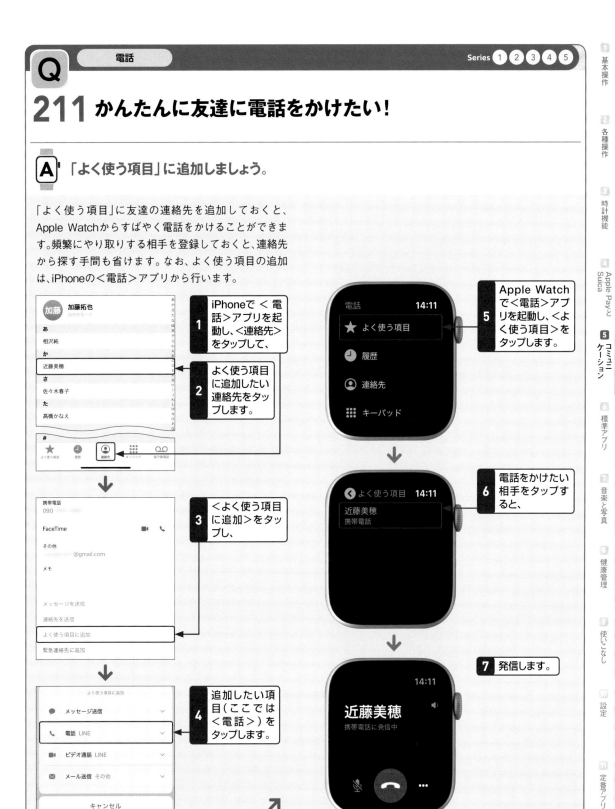

7 発信します。

音量

Series 1 2 3 4 5

Q 212 通話中に音量を調節したい!

A デジタルクラウンを回します。

通話中に音量を調節したいときは、デジタルクラウンを回しましょう。上方向に回すと音量が上がり、下方向に回すと音量が下がります。なお、をタップすると、自分の音声を相手に聞こえないようにすることができます。

1 デジタルクラウンを回すと、

2 音量が調節できます。

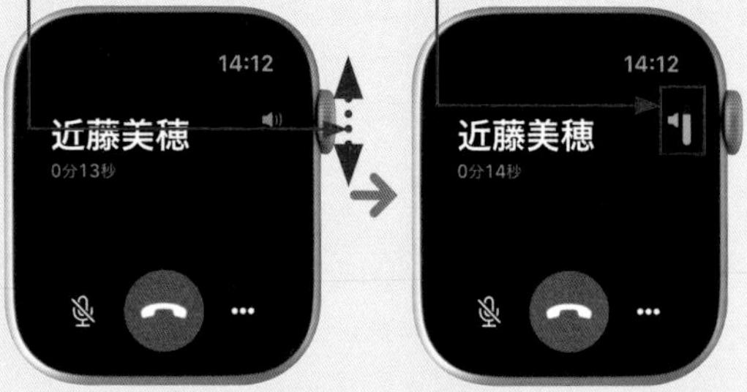

音量

Series 1 2 3 4 5

Q 213 着信音を調節したい!

A <設定>アプリから調節できます。

着信音を調節したいときは、<設定>アプリの「通知音の音量」で設定します。「消音モード」をオンにすると、音が鳴らないようになります。

Q.208手順3の画面で、「通知音の音量」のまたはをタップして音量を調節します。どちらかをタップしたあとにデジタルクラウンを回しても調節できます。

通知

Series 1 2 3 4 5

Q 214 通知の振動の大きさを調節したい!

A 「デフォルト」と「はっきり」から選択できます。

Apple Watchは、通知が届振動でユーザーに伝えられます。初期状態では振動が「デフォルト」になっていますが、もっとわかりやすく知らせてほしいときは、「はっきり」に設定するとよいでしょう。なお、「触覚による通知」がオンになっている必要があります。

1 Q.213の画面を上方向にスワイプし、

2 「触覚による通知」がオンであることを確認して、<デフォルト>または<はっきり>をタップします。

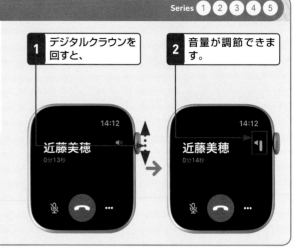

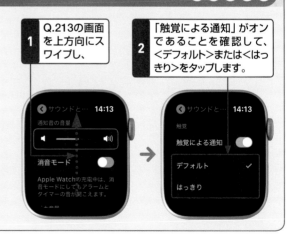

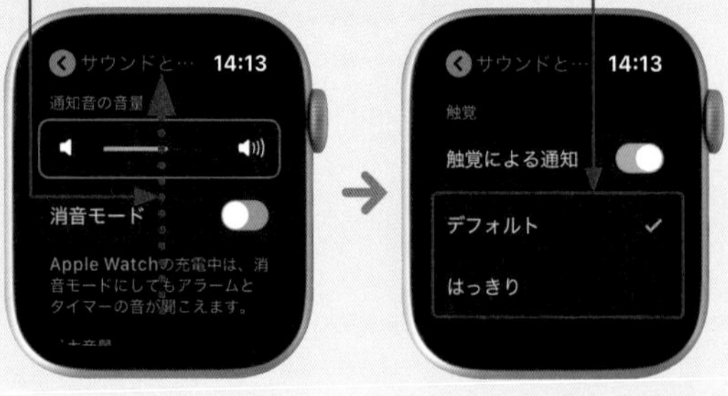

Q トランシーバー Series 1 2 3 4 5

215 トランシーバーで友達と会話したい!

A watchOS5以降であれば利用できます。

watchOS5以降を搭載したApple Watchでは、<トランシーバー>アプリを利用することができます。家族や友達と出かけているときなどに、ちょっとした用件を伝えたいときに<トランシーバー>アプリを使うと、ワンタップで手軽に会話を始めることができます。Apple Watchがモバイルデータ通信またはWi-Fiに接続していれば、iPhoneが近くになくても利用可能です。なお、トランシーバーを使う条件については、Q.216を参照してください。

1 ホーム画面で<トランシーバー>アプリをタップします。

16:53
トランシーバー
Apple Watchを通じて友達と会話ができます。"会話可能"にしておけば連絡先として追加した相手といつでも話ができます。

2 画面を上方向にスワイプし、

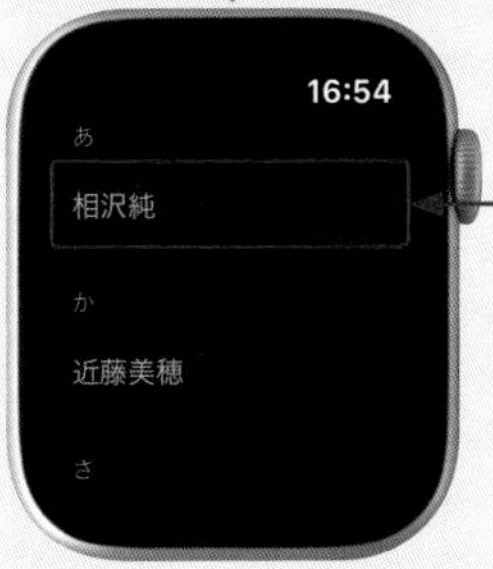

3 会話したい友達をタップします。

Q トランシーバー Series 1 2 3 4 5

216 トランシーバーを使う条件は何？

A 相手もApple Watchを持っている必要があります。

<トランシーバー>アプリを使うためには、自分と相手の双方が、watchOS5以降を搭載したApple Watch Series1以降を持っている必要があります。トランシーバーは連絡先に追加した友達としか会話することができません。連絡先に登録されていない場合は、あらかじめ登録しておくようにしましょう。

<トランシーバー>アプリを使用できる条件

- 自分と相手の双方が、watchOS5以降を搭載したApple Watch Series1以降を持っている
- Wi-Fi環境にある（Apple Watch Series3以前の場合）
- 互いに連絡先が追加されている

条件を満たすと使用可能に

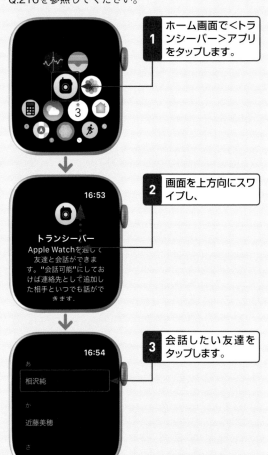

離れていてもワンタップで手軽にやり取りができる。

Q トランシーバー

Series 1 2 3 4 5

217 トランシーバーですぐに会話を開始したい!

A タッチしたまま話しかけます。

<トランシーバー>アプリを起動し、デジタルクラウンを回して会話したい友達をタップすると、相手に参加依頼が届き、承認されると会話できるようになります。

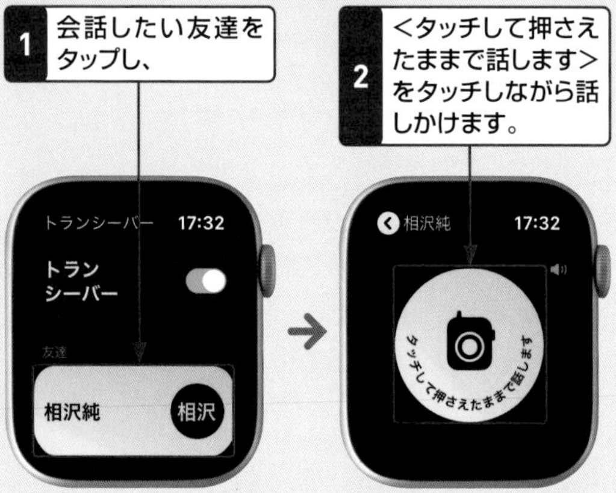
1 会話したい友達をタップし、
2 <タッチして押さえたままで話します>をタッチしながら話しかけます。
トランシーバー 17:32
トラン
シーバー
友達
相沢純
相沢
相沢純 17:32
タッチして押さえたままで話します

Q トランシーバー

Series 1 2 3 4 5

218 友達を追加したい!

A <友達を追加>をタップします。

<トランシーバー>アプリに友達を追加したいときは、<友達を追加>をタップして追加しましょう。友達を追加しておくと、いつでも好きなときにワンタップで会話できるようになります。なお、電話番号などの連絡先には反映されません。

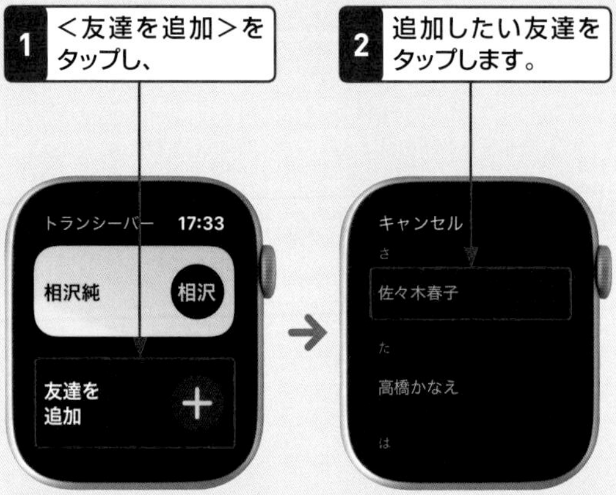
1 <友達を追加>をタップし、
2 追加したい友達をタップします。
トランシーバー 17:33
相沢純
相沢
友達を
追加
キャンセル
さ
佐々木春子
た
高橋かなえ
は

Q トランシーバー

Series 1 2 3 4 5

219 会話を一時中断したい!

A 「トランシーバー」をオフにします。

会話を一時中断したいときは、「トランシーバー」の をタップしてオフにしましょう。相手が話しかけてきた場合は、返答するかどうかの通知が表示されます。会話を始めたいときは、オンにして友達をタップすると、すぐに会話を始められます。

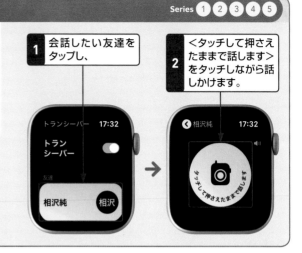

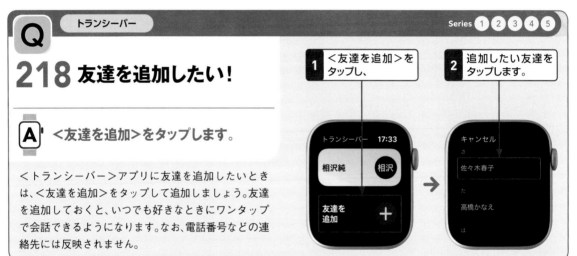

トランシーバー 17:36
トラン
シーバー
友達
相沢純
相沢
「トランシーバー」の をタップしてオフにすると、トランシーバーが一時的にオフになります。

Q 220 Apple Watchで利用できるアプリには何があるの？

A ホーム画面にはさまざまなアプリが用意されています。

Apple Watchには、さまざまなアプリが最初からインストールされています。そのようなアプリを標準アプリといいますが、iPhoneと連携されているアプリも多く、便利な機能をコンパクトに利用できます。

Podcast

Podcastを聞いたり、カタログ内のPodcastをSiriを使ってストリーミング再生したりできます（Q.279～280参照）。

Radio

数千のラジオ局の放送を聴くことができ、Appleが運営する24時間放送の音楽ラジオ局「Beats 1」の視聴も可能です（Q.281～283参照）。

Remote

同じネットワークに接続されているMacのiTunesや、Apple TVのリモコンコントロールができます（Q.277～278参照）。

Wallet（iPhoneと連携）

クレジットカードやプリペイドカードを登録して、キャッシュレス決済や交通機関で利用することができます（Q.126～160参照）。

アクティビティ（iPhoneと連携）

毎日の「ムーブ」「エクササイズ」「スタンド」の3つの運動量を記録し、管理することができます（Q.295～304、Q319～323参照）。

アラーム（iPhoneと連携）

指定した時刻にアラームを設定することができます。iPhoneで設定したアラームを、AppleWatchで鳴らすこともできます（Q.109～117参照）。

オーディオブック（iPhoneと連携）

ナレーターや声優が本を朗読した「オーディオブック」を聴くことができます。作品の検索や購入はiPhoneから行います（Q.252～254参照）。

カメラ（iPhoneと連携）

BluetoothでiPhoneのカメラを遠隔操作するリモコンとして利用できます（Q.288～290参照）。

カレンダー

iPhoneから登録したイベントの確認や、Siriを使ってイベントの追加ができます（Q.221～225参照）。

コンパス

自分が向いている方角や高度、傾き、経緯経度を確認することができます（Q.230～232参照）。Apple Watch Series5でのみ利用可能です。

ストップウォッチ

ストップウォッチで時間を計測したり、ラップタイムを記録したりすることができます（Q.118～120参照）。

タイマー

時間・分・秒を指定してタイマーを利用できます。Siriに計ってほしい時間を伝えることで、すぐにタイマーを起動させることもできます（Q.121～123参照）。

トランシーバー

連絡先を選んでタップするだけで、Apple Watchを持つ友達と離れた場所でも会話をすることができます（Q.215～219参照）。

ノイズ

設定した音量以上の環境に一定時間さらされていると、注意を促してくれます（Q.241～242参照）。

ボイスメモ

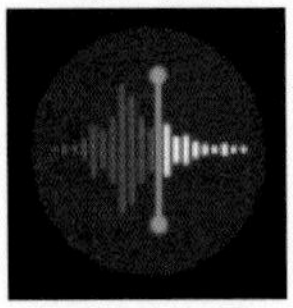

ボイスレコーダーとして音声や周辺の音を録音することができます。録音した音声は、iPhoneでも確認できます（Q.226～228参照）。

ホーム

iPhoneで設定した照明や空調などの家電のHomekitアクセサリを操作できます（Q.291参照）。

マップ

「位置情報サービス」を利用して現在位置を確認したり、周辺の施設を探したり、目的地までの経路を検索したりすることができます（Q.233～236参照）。

ミュージック（iPhoneと連携）

同期しているiPhoneに保存されている音楽を聴いたり、Apple Watchに保存した音楽を聞いたりすることができます（Q.267～275参照）。

メール（iPhoneと連携）

iPhoneの<メール>アプリを同期し、メールを受信したり、メールを音声入力で作成したりすることができます（Q.187～202参照）。

メッセージ（iPhoneと連携）

iPhoneの<メッセージ>アプリを同期し、メッセージを受信したり、定型文のメッセージやリアクションを送ったりすることができます（Q.165～174参照）。

リマインダー（iPhoneと連携）

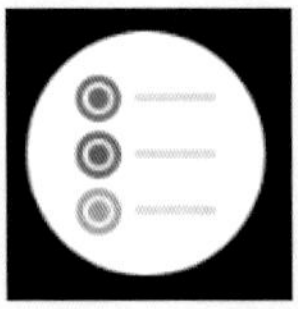

iPhoneの<リマインダー>アプリで登録したタスクを確認したり、リマインダーのリストを作成したりすることができます（Q.255～260参照）。

ワークアウト

14種類から選択した運動の距離や消費カロリーなどを記録できます。ワークアウトの記録はiPhoneから確認します（Q.305～318参照）。

株価

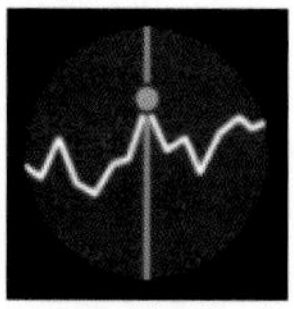

iPhoneで登録している株価をApple Watchでチェックすることができます。銘柄の追加や削除も可能です（Q.247～249参照）。

計算機

かんたんな計算や割り勘、消費税やチップを含めた計算などができます（Q.250～251参照）。

呼吸

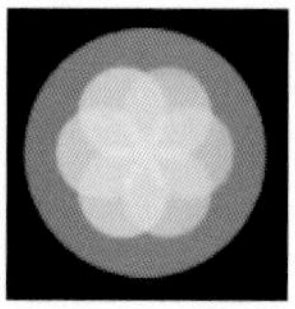

リラックスできる呼吸セッションを行ったり、呼吸セッションを通知で促してくれたりします（Q.329～331参照）。

再生中（iPhoneと連携）

iPhoneで音楽を再生しているときに、Apple Watchから操作することができます（Q.268参照）。

写真（iPhoneと連携）

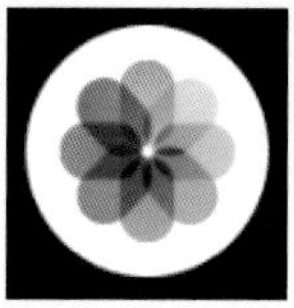

iPhone内の写真を同期して、Apple Watchで見ることができます。なお、Apple Watchで写真の編集は行えません（Q.284～287参照）。

周期記録

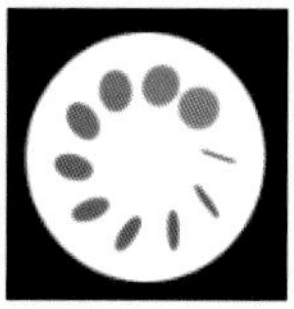

月経や体調などの情報を毎日記録し、周期確認したり月経予測の通知を受け取ったりすることができます（Q.332～335参照）。

心拍数

Apple Watchに内蔵されているセンサーで、心拍数を測定できます（Q.326～328参照）。

人を探す

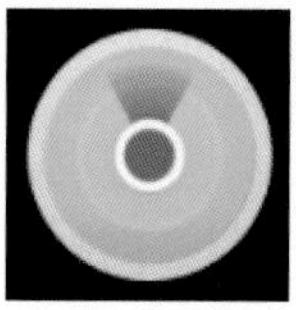

友達とお互いの位置情報を共有したり、自分が現在いる場所から友達がいる場所までの経路を検索することができます（Q.237～240参照）。

世界時計

世界の主な都市の時刻を表示できます。コンプリケーションに世界時計を追加することで、文字盤で日本の時刻と世界の時刻を同時に確認することができます（Q.124～125参照）。

設定

Apple Watchの操作や機能を設定することができます（Q.365～391参照）。

天気

1時間ごとの天気や「UV指数」「風速」「10日間予報」を確認できます（Q.243～246参照）。

電話（iPhoneと連携）

iPhoneと同じ電話番号で発信や着信ができます。連絡先に登録している電話番号のほか、キーパッドで電話番号を入力して発信することも可能です（Q.163～164、Q.203～211参照）。

カレンダー　Series 1 2 3 4 5

Q 221 iPhoneのカレンダーと連携したい!

A 自動的に連携されます。

iPhoneの<カレンダー>アプリに登録している予定や約束といった「イベント」は、ペアリングしているApple Watchの<カレンダー>アプリに自動で連携されます。ただし、連携するカレンダーを任意に設定することもできます。

1 iPhoneの<Watch>アプリで「マイウォッチ」から<カレンダー>をタップします。

2 「カレンダー」の<iPhoneを反映>をタップするとすべてのカレンダーが自動的に連携されます。

3 任意のカレンダーを連携するときは、「カレンダー」の<カスタム>をタップします。

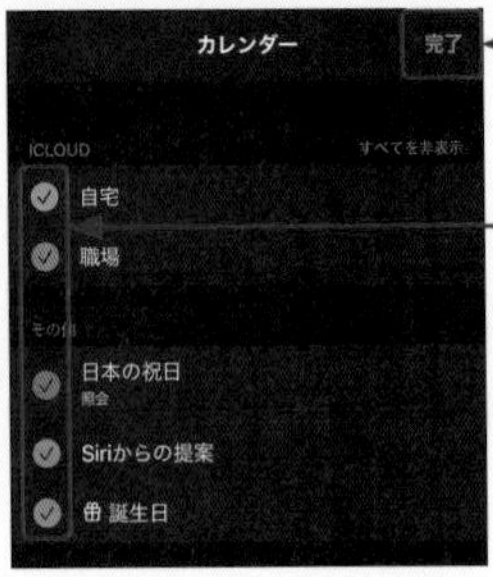

4 連携するカレンダーをタップしてチェックを付け、

5 <完了>をタップします。

カレンダー　Series 1 2 3 4 5

Q 222 カレンダーのイベントをApple Watchで確認したい!

A <カレンダー>アプリにiPhoneのイベントが表示されます。

Apple Watchの<カレンダー>アプリには、今日と今後1週間に予定されているイベントや、出席を依頼されたイベントが表示されます。初期状態では、<カレンダー>アプリを起動すると、直近のイベントが表示されます。また、デジタルクラウンを回すと、次の予定が順番に表示されます。それぞれのイベントをタップすると、イベントの詳細を確認できます。

1 ホーム画面で<カレンダー>アプリを起動します。

2 iPhoneのカレンダーに登録されている今日と今後1週間のイベントが表示されます。

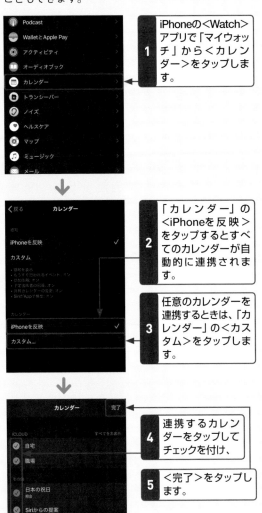

3 各イベントをタップすると詳細が表示されます。

Q カレンダー Series 1 2 3 4 5

223 カレンダーの表示方法を変えたい！

A ＜カレンダー＞アプリから変更できます。

Apple Watchの＜カレンダー＞アプリは、初期状態ではその日の日付とイベントが表示される「今日」に設定されています。表示形式は「今日」のほかに、今後1週間のイベントのみが一覧で確認できる「リスト」と、その日のイベントを時間ごとに確認できる「日」から選択できます。

1 Q.222手順 **2** の画面を強く押します。

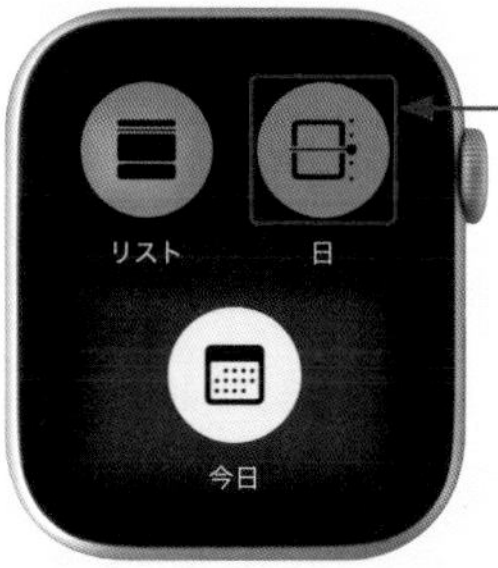

2 表示方法を選択します。ここでは、＜日＞をタップします。

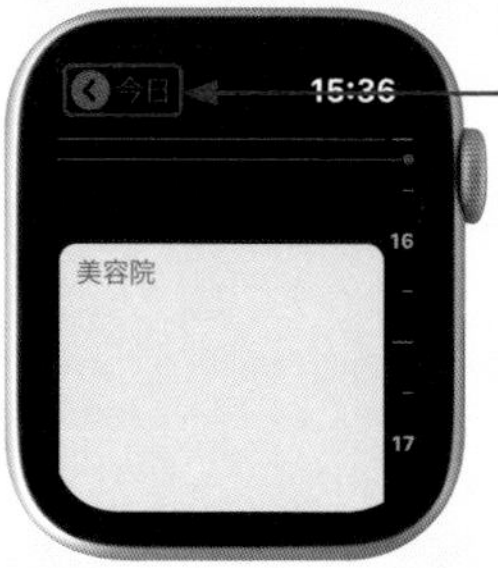

3 画面左上の＜今日＞をタップすると、その月のカレンダーが表示されます。

Q カレンダー Series 1 2 3 4 5

224 イベントを追加したい！

A 追加したいイベントをSiriに伝えます。

イベントを追加するには、iPhoneの＜カレンダー＞アプリから追加する方法と、Siriを利用して音声入力で追加する方法があります。音声入力で追加する場合は、Q.060を参考にSiriを起動し、「12月23日の午後8時に食事会の予定を入れて」のように話しかけます。Apple Watchから追加したイベントは、iPhoneの＜カレンダー＞アプリにも反映されます。

1 Siriを起動します。

2 追加したいイベントを音声入力します。

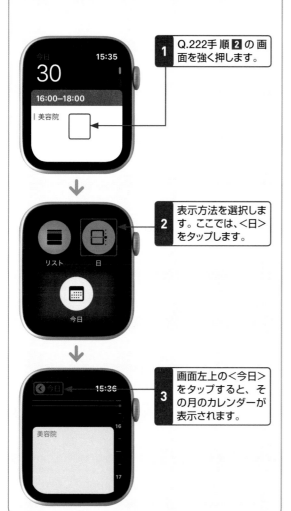

3 ＜確定＞をタップするとイベントが追加されます。

カレンダー

Series 1 2 3 4 5

Q 225 イベントの出席依頼がきたらどうすればよいの?

A 出欠の返信ができます。

友人の集まりや食事会などが予定されているとき、主催者から<カレンダー>アプリを通してイベントの出席依頼が届く場合があります。イベントの出席依頼が届くと、通知が画面に表示され、そのまま出欠を返信できます。なお、通知画面から出欠を返信しなくても、あとから<カレンダー>アプリで返事をしたり、一度した返事を変更したりすることができます。

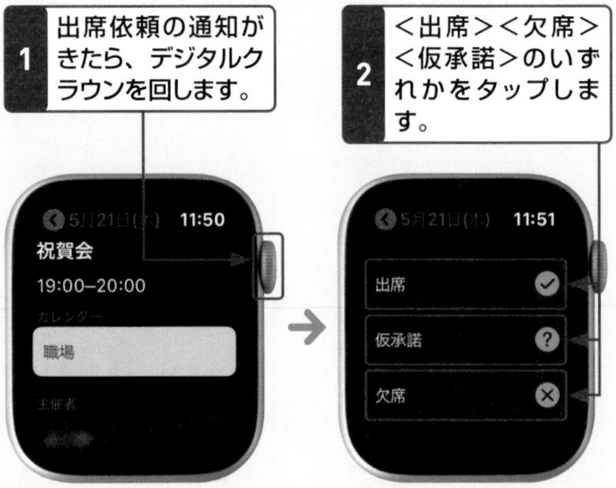

1 出席依頼の通知がきたら、デジタルクラウンを回します。
11:50
祝賀会
19:00–20:00
職場
2 <出席><欠席><仮承諾>のいずれかをタップします。
11:51
出席
仮承諾
欠席

ボイスメモ

Series 1 2 3 4 5

Q 226 音声を録音したい!

A <ボイスメモ>アプリを利用します。

<ボイスメモ>アプリを利用すると、会議や、思い付いたことをメモしておきたいときに音声を録音できます。録音時間の上限はないので、バッテリーが十分にあれば、長時間の録音ができます。コンプリケーション(Q.096参照)に表示しておけば、いつでもすばやく録音を開始することができます。

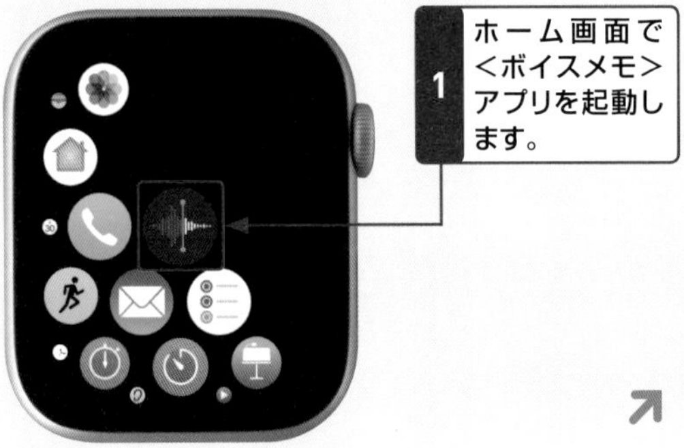

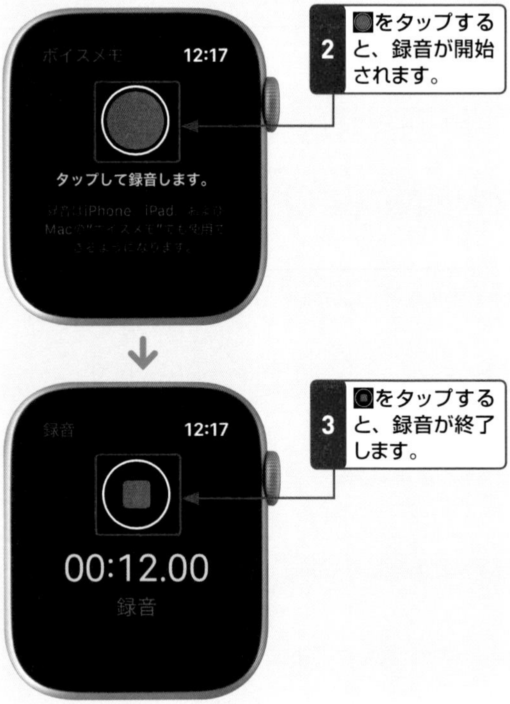

ボイスメモ　Series 1 2 3 4 5

Q 227 録音したボイスメモを操作したい！

A 再生や削除などができます。

Apple Watchの＜ボイスメモ＞アプリでは、再生や削除、タイトルの編集といった基本的な操作ができます。ボイスメモを削除するときは、手順2の画面で…→＜削除＞の順にタップします。ボイスメモのタイトルをわかりやすいものに編集したいときは、手順2の画面でボイスメモのタイトルをタップし、＜音声入力＞をタップして新しいタイトルを登録します。

1 録音したボイスメモをタップし、

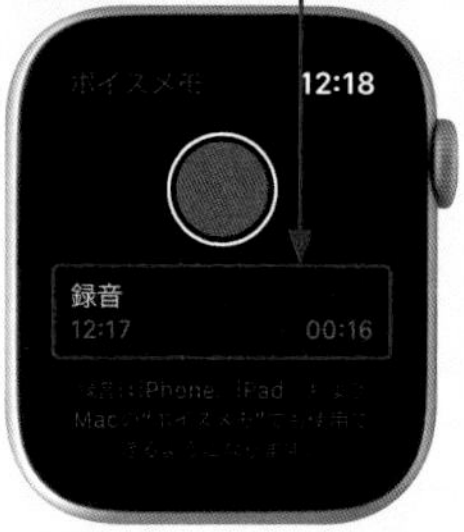

2 ▶をタップして再生します。

ボイスメモ　Series 1 2 3 4 5

Q 228 録音したボイスメモはiPhoneでも確認できる？

A iPhoneの＜ボイスメモ＞アプリで再生できます。

Apple Watchの＜ボイスメモ＞アプリで録音した音声は、iPhoneに同期され、iPhoneの＜ボイスメモ＞アプリで再生やトリミング、再録音などのかんたんな編集が行えます。手順5の次の画面で、をタップするとトリミングが、＜再録音＞をタップすると青いバーのある位置から上書き録音することができます。＜再録音＞で上書きした録音は、もとに戻すことができないので注意しましょう。

1 iPhoneの＜ボイスメモ＞アプリを起動し、

2 再生または編集したいボイスメモをタップします。

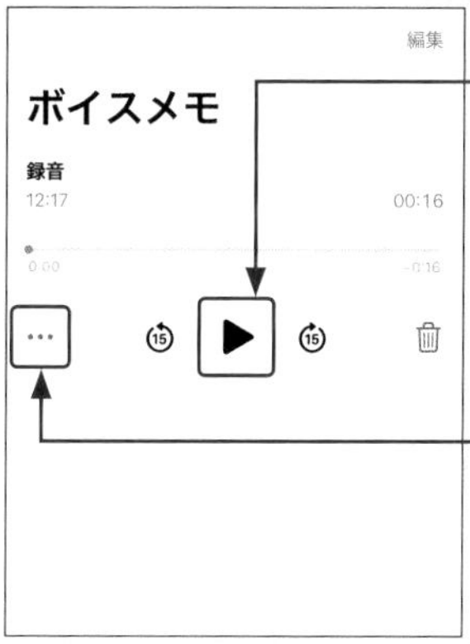

3 ▶をタップすると再生します。

4 編集するときは…をタップし、

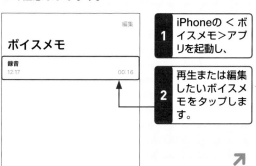

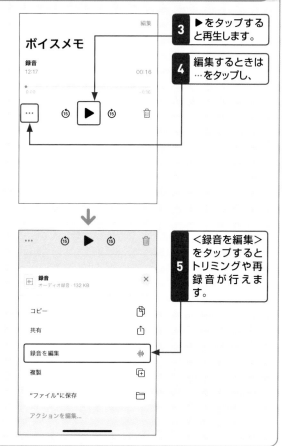

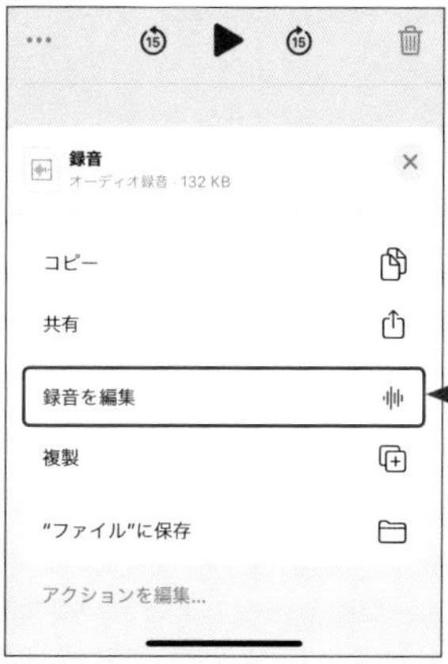

5 ＜録音を編集＞をタップするとトリミングや再録音が行えます。

位置情報

Series 1 2 3 4 5

Q 229 自分がいる場所を取得してアプリを使いたい！

A 位置情報サービスをオンにします。

Apple Watchで位置情報が必要なアプリを使うときは、あらかじめ＜設定＞アプリで位置情報サービスをオンにする必要があります。Apple Watchで位置情報サービスが必要な標準アプリには、＜コンパス＞アプリ、＜マップ＞アプリ、＜人を探す＞アプリなどがあります。なお、位置情報サービスはバッテリーを消費しやすいため、不要なときはオフにしておきましょう。

1 ＜設定＞アプリで＜プライバシー＞をタップします。

2 ＜位置情報サービス＞をタップします。

3 ＜位置情報サービス＞をオンにします。

コンパス

Series 5

Q 230 コンパスを使いたい！

A ＜コンパス＞アプリを利用します。

＜コンパス＞アプリを利用すると、自分が向いている方角（Apple Watchの上部が向いている方角）や高度、傾き、緯度経度を確認することができます。正確に計測するには、Apple Watchを水平にし、十字線をコンパスの中央に合わせます。また、腕を動かすとコンパスの針の周囲の赤い扇型広がったり、狭くなったりします。赤い扇型がより狭いほうがコンパスの精度が上がります。

1 ホーム画面で＜コンパス＞アプリをタップします。

2 Apple Watchを水平にし、コンパス中央に十字を合わせると正確に計測できます。

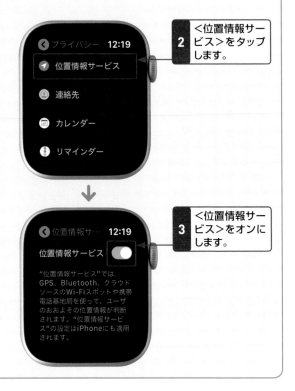

コンパス　Series 5

Q 231 目的地方向からのズレを確認したい！

A 方角を編集します。

初期状態で<コンパス>アプリは、北磁極を使っています。北磁極と地図などで利用されている北(真北)とは方角が少し異なるため、建築など正確な測量が必要となる場面では、コンパスを真北に設定しましょう。<設定>アプリで<コンパス>をタップし、「真北を使用」をオンにします。

1 ホーム画面で<コンパス>アプリを起動し、

2 文字盤を強く押します。

3 <方角を編集>をタップします。

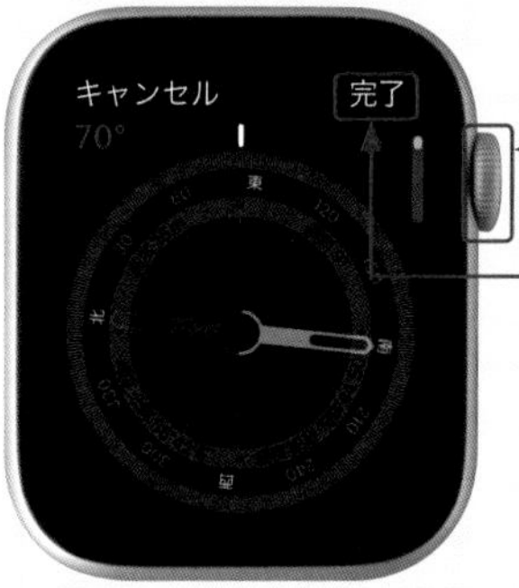

4 デジタルクラウンを回して方角を編集し、

5 <完了>をタップします。

コンパス　Series 5

Q 232 コンパスが不安定な時はどうしたらよいの？

A 磁石から離して使います。

コンパスのセンサーは、磁石があると精度が弱まる場合があります。Apple Watchの純正バンドには磁石または磁気を帯びた素材もあり、レザーループ、ミラネーゼループ、2019年9月より前に発売されたスポーツループバンドは、コンパスに干渉する可能性があります。

2019年9月以降に発売されたスポーツループバンド、全バージョンのスポーツバンドはコンパスのセンサーに影響しないことが公式に発表されています。

マップ Series 1 2 3 4 5

Q 233 マップで現在位置を確認したい!

A <マップ>アプリの位置情報から確認します。

道に迷ってしまったときは、位置情報サービスをオンにすることで（Q.229参照）、<マップ>アプリで自分の現在地を表示できます。Series4までは地図上に現在地が青い丸印で表示されるだけでしたが、Series5では青い丸印に扇形のマークが表示され、自分が向いている方角（Apple Watchの上部が向いている方角）が視覚的にわかりやすくなりました。

1 ホーム画面から<マップ>アプリを起動します。

2 <位置情報>をタップします。

3 現在地が表示されないときは をタップし、

4 デジタルクラウンを回すと、地図を拡大、縮小できます。

マップ Series 1 2 3 4 5

Q 234 周辺の施設を探したい!

A 「この周辺」から検索します。

<マップ>アプリの位置情報を利用すると、現在地周辺の施設を「レストラン」「ファストフード」「ガソリンスタンド」「カフェ」といったカテゴリーごとに確認することができます。検索結果には、現在地からの距離や営業時間などの情報が表示されます。なお、利用する場所によっては、周辺の施設を検索できない場合もあります。

1 ホーム画面から<マップ>アプリを起動し、

2 をタップして<検索>をタップします。

3 「この周辺」の下の項目（ここでは<レストラン>）をタップします。

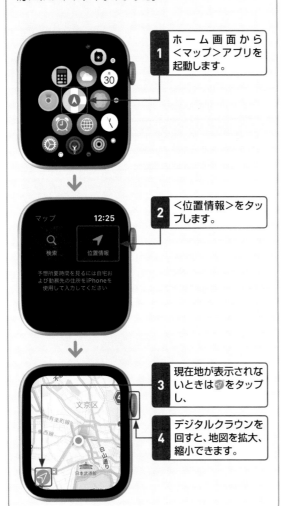

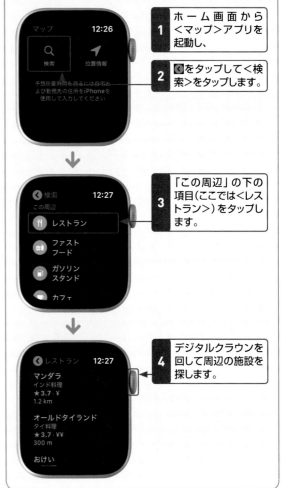

4 デジタルクラウンを回して周辺の施設を探します。

マップ Series 1 2 3 4 5

Q 235 マップで目的地の周辺を見たい！

A 音声入力で目的地周辺を検索します。

<マップ>アプリで音声入力を使って目的地を検索すると、施設の情報や現在地から施設までの到着時間、目的地周辺の地図などが検索結果として表示されます。地図をタップすると拡大することもできます。拡大した地図でピンが刺さっている場所が目的地です。周辺の施設で気になった場所があるときは、タップすると施設の詳細を確認することができます。

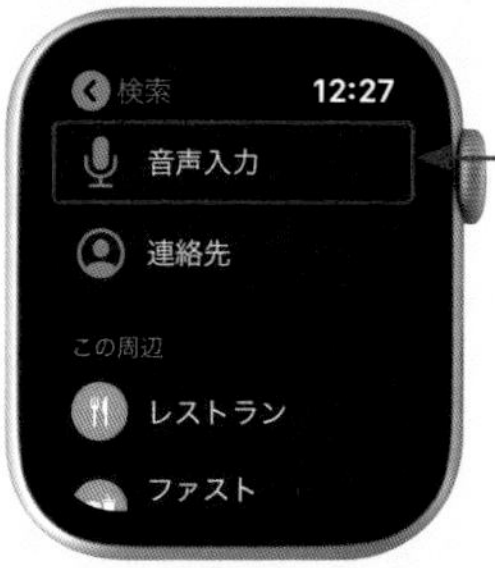

1 Q.234手順3の画面で<音声入力>をタップします。

2 正しく音声入力されたら<完了>をタップします。

3 その場所までの到着時間が表示されます。

4 デジタルクラウンを回すと検索した場所周辺の地図が表示されます。

マップ Series 1 2 3 4 5

Q 236 目的地までの経路を知りたい！

A 「経路」をタップします。

Q.235の目的地の検索結果の画面で「経路」から任意の交通手段をタップすると、目的地までのナビゲーションを利用することができます。徒歩、車、公共交通機関のナビゲーションから選択します。Apple Watchが音や振動で通知してくれるので、目的地までスムーズに行くことができます。

1 Q.235手順3の画面で「経路」から任意の交通手段をタップします。

2 注意を読んで<OK>をタップし、

3 採用する経路をタップします。

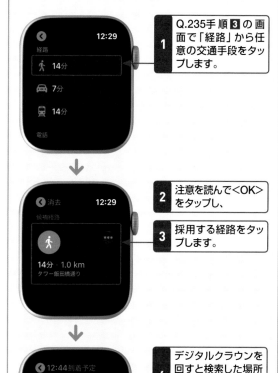

4 デジタルクラウンを回すと検索した場所周辺の地図が表示されます。

人を探す

Series 3 4 5

Q 237 友達の位置情報を確認したい！

A <人を探す>アプリを利用します。

友達と待ち合わせをするときに、友達がiPhoneやApple Watch Series3以降を利用している場合は、<人を探す>アプリで位置情報を確認し合うことができます。自分の位置情報を共有すると友達に通知され、友達の位置情報も共有されます。共有する時間は、「1時間」、「明け方まで」、「無期限」の3種類から選択することができます。位置情報の共有が不要になった場合は、Q240を参考に位置情報の共有を停止することもできるので、位置情報が共有され続けることはありません。位置情報サービスがオフになっている場合は、<設定>アプリで位置情報サービスをオンにする必要があります（Q.229参照）。

1 ホーム画面から<人を探す>アプリを起動します。

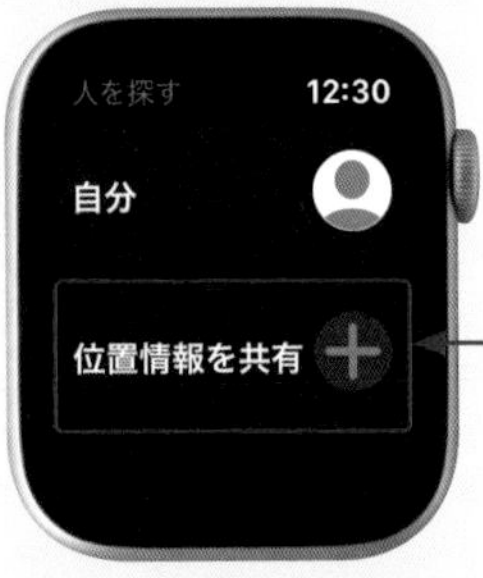

2 <位置情報を共有>をタップします。

3 音声入力、連絡先、電話番号のいずれかの方法で友達を選択し、

4 メールアドレスまたは電話番号をタップして、

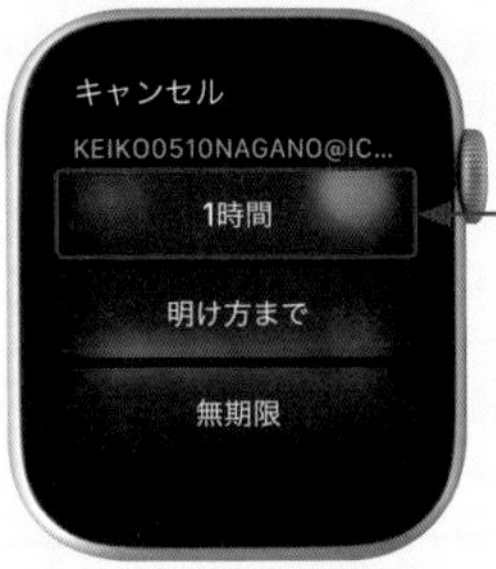

5 位置情報を共有する期間をタップします。

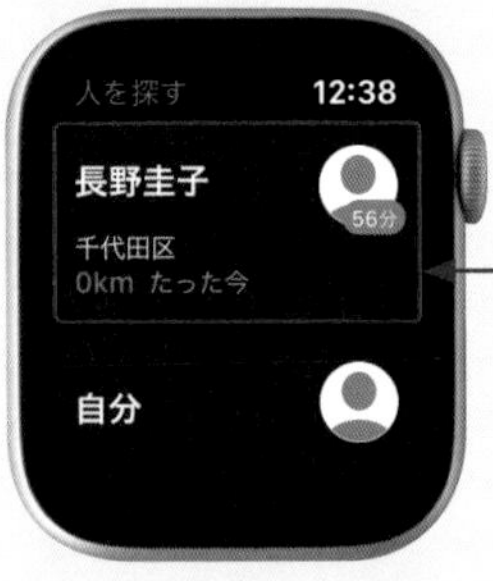

6 自分が位置情報を共有している友達が一覧で表示されます。

7 友達も位置情報を共有したら友達をタップします。

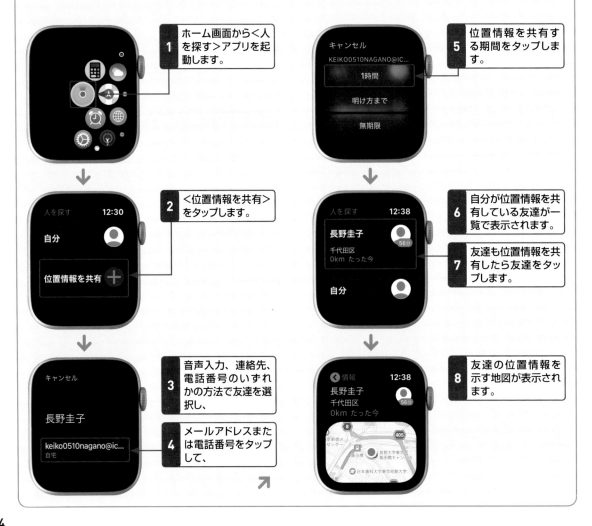

8 友達の位置情報を示す地図が表示されます。

人を探す

Series 3 4 5

Q 238 友達がいる場所まで案内してほしい！

A <人を探す>アプリから<マップ>アプリを起動します。

友達と位置情報を共有したら、友達の位置情報を示す地図が表示されている画面から<マップ>アプリを起動します。友達がいる場所までのナビゲーションを利用できます。

1 Q.237手順 8 の画面下部にある<経路>をタップします。

2 <マップ>アプリが起動し、経路をタップするとナビゲーションが開始されます。

人を探す

Series 3 4 5

Q 239 出発時や到着時に通知されるようにしたい！

A <人を探す>アプリから友達に通知します。

友達と位置情報を共有した状態で、それぞれが相手のいる場所へ向かうとすれ違いが起きる可能性があります。自分が友達のいる場所に向かって出発したときや、友達のいる場所に到着したときに友達に通知を送るように設定しておくと、すれ違いを防ぐことができます。

1 Q.237手順 8 の画面下部にある<○○さんに通知>をタップします。

2 通知をオンにして、

3 通知するタイミングを設定します。

人を探す

Series 3 4 5

Q 240 位置情報の共有を停止したい！

A 「共有を停止」をタップします。

位置情報の共有はいつでも停止することができます。友達の位置情報をもう一度知りたい場合は、Q.237を参考に自分の位置情報を再度共有します。友達をタップして<現在地を要求>をタップして位置情報をリクエストします。

1 Q.237手順 8 の画面下部にある<共有を停止>をタップします。

2 <共有を停止>をタップすると位置情報の共有が終了します。

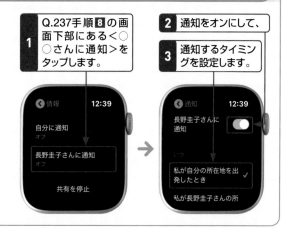

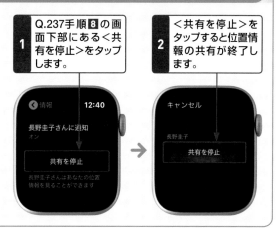

ノイズ　Series 4 5

Q 241 周囲の騒音を測定したい!

A サウンド測定をオンにします。

<ノイズ>アプリは、マイクを使って周囲の騒音レベルを定期的に測定します。騒音が大きい環境に長い間さらされていると、聴覚に悪影響を及ぼすと判断され、振動で通知されます。<ノイズ>アプリの初回起動時は<"設定"を開く>をタップすることで「サウンド測定」をオンにできますが、「サウンド測定」をオフにしたいときや再度オンにしたいときは、<設定>アプリから設定ができます。

1 ホーム画面で<ノイズ>アプリを起動し、

2 初回起動時は<"設定"を開く>をタップします。

3 <環境音測定>をタップします。

4 「サウンド測定」をオンにします。

ノイズ　Series 4 5

Q 242 騒音のレベルを設定したい!

A ノイズのしきい値を変更します。

<ノイズ>アプリの初期状態では、ノイズ通知がオフになっています。騒音レベルを設定し、3分間の平均音量がしきい値を超えると通知されます。80dBを超える音は一般的に大きな音とされ、長時間さらされると難聴になるおそれがあります。<ノイズ>アプリで測定した情報は、iPhoneの<ヘルスケア>アプリで履歴を確認することができます。

1 ホーム画面で<設定>アプリを起動して画面を上方向にスワイプし、

2 <ノイズ>をタップします。

3 <ノイズ通知>をタップします。

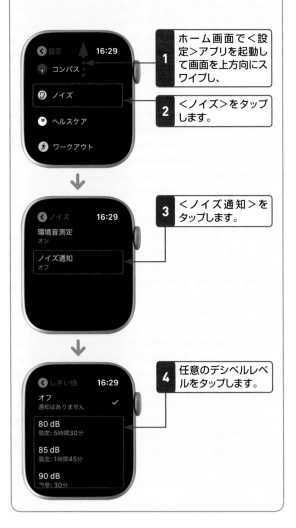

4 任意のデシベルレベルをタップします。

天気　Series 1 2 3 4 5

Q

243 天気予報を確認したい！

A <天気>アプリを利用します。

<天気>アプリでは、自分がいる場所の天気や気温、降水確率、UV指数、風速、10日間予報を確認することができます。<天気>アプリを起動すると、デフォルトの都市（Q.246参照）の1時間ごとの気象情報が表示されます。画面を上方向にスワイプすると、「UV指数」、「風速」、「10日間予報」が確認できます。文字盤にコンプリケーションを追加しておくと、<天気>アプリを起動しなくても現在の天気を確認できます。

1 ホーム画面で<天気>アプリを起動します。

2 デフォルトの都市（初期状態では「現在地」）の1時間ごとの気象情報が表示されます。

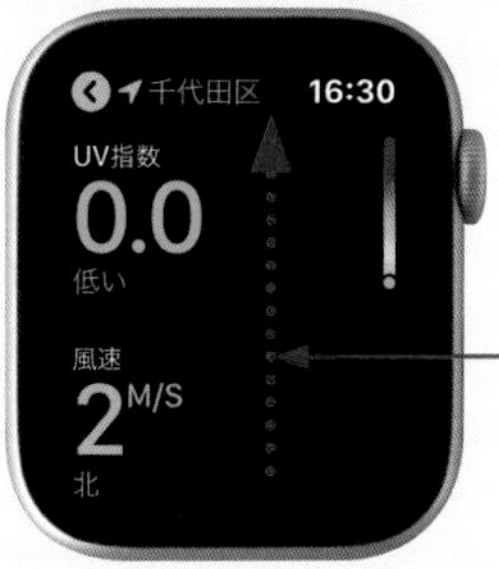

3 画面を上方向にスワイプすると「UV指数」「風速」「10日間予報」が確認できます。

天気　Series 1 2 3 4 5

Q

244 現在地以外の天気予報を表示したい！

A <天気>アプリで都市を追加します。

初期状態では、<天気>アプリで確認できる天気予報は現在地のみですが、都市を追加することで遠く離れた場所の天気を知ることができます。都市を追加すると手順3の画面に都市リストが表示され、以降は任意の都市をタップすることで天気予報が表示されます。また、Siriに「明日の大阪の天気は ?」などと尋ねることでも現在地以外の天気予報を表示することができます。

1 ホーム画面で<天気>アプリを起動し、

2 <をタップします。

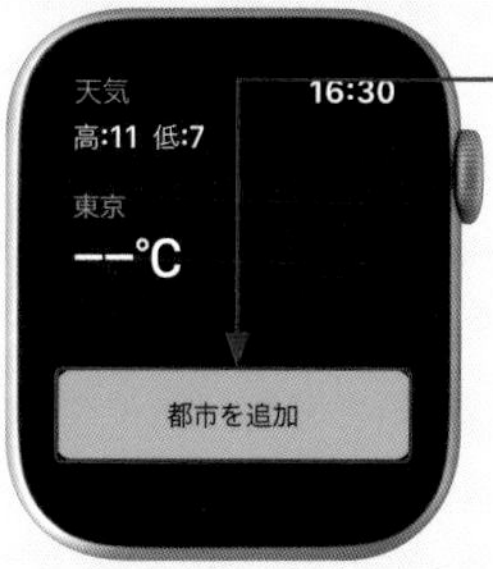

3 <都市を追加>をタップし、

4 <音声入力>をタップして都市名を入力します。

5 候補地が表示される場合は表示する都市をタップすると、

6 検索した都市の気象情報が表示されます。

天気 Series 1 2 3 4 5

Q 245 天気予報の表示を変えたい！

A 画面をタップします。

＜天気＞アプリを起動すると、＜デフォルトの都市＞の1時間ごとの気象情報が表示されます。画面をタップすると1時間ごとの降水確率、1時間ごとの気温を表示することができます。画面を上方向にスワイプすると、「UV指数」、「風速」、「10日間予報」の情報を確認できます。

1 ホーム画面で＜天気＞アプリを起動し、

2 画面をタップすると、

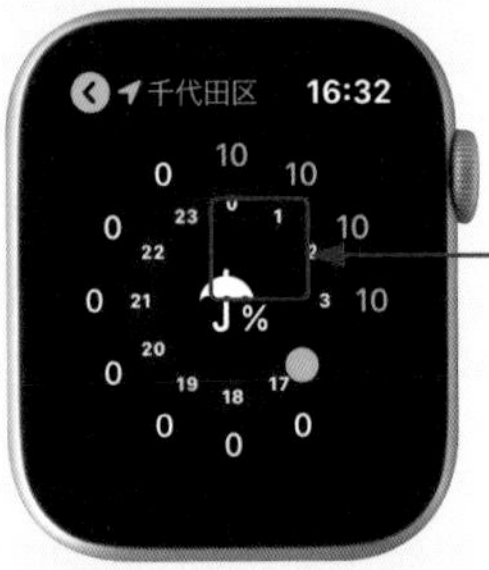

3 1時間ごとの降水確率が表示されます。

4 画面をタップすると、

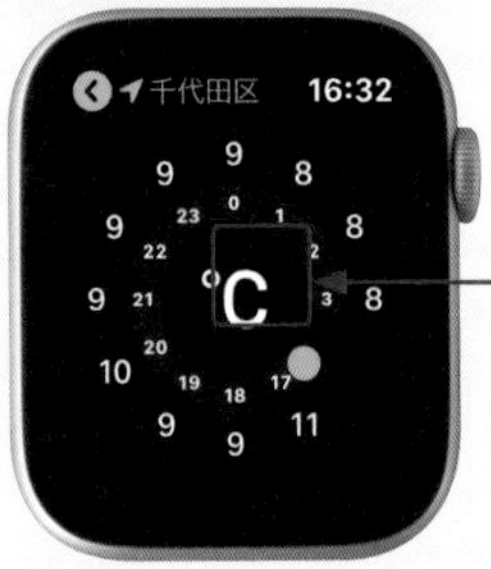

5 1時間ごとの気温が表示されます。

6 画面をタップすると1時間ごとの気象情報に戻ります。

天気 Series 1 2 3 4 5

Q 246 文字盤で確認できる天気の都市を変更したい！

A 「デフォルトの都市」を変更します。

コンプリケーションに「天気」を追加すると、文字盤から天気を一目で確認できます。コンプリケーション（Q.096参照）に表示される天気は、＜デフォルトの都市＞に設定されている都市のものです。＜デフォルトの都市＞を変更したい場合は、iPhoneから設定します。

1 iPhoneで＜Watch＞アプリを起動し、

2 「マイウォッチ」から＜天気＞をタップします。

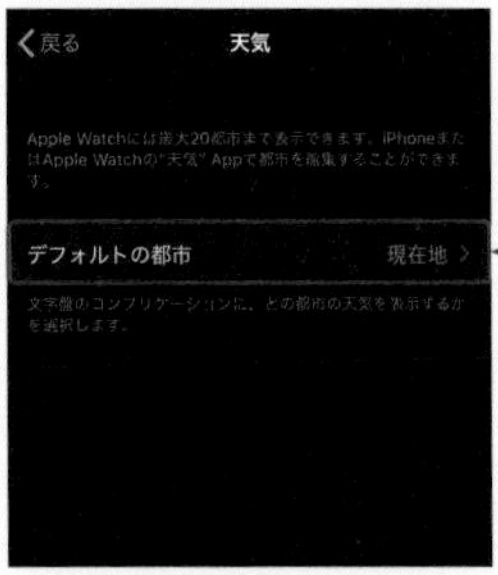

3 ＜デフォルトの都市＞をタップします。

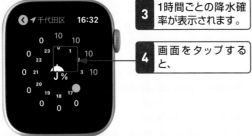

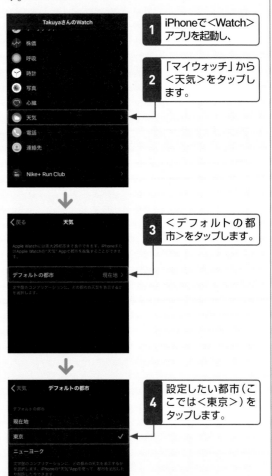

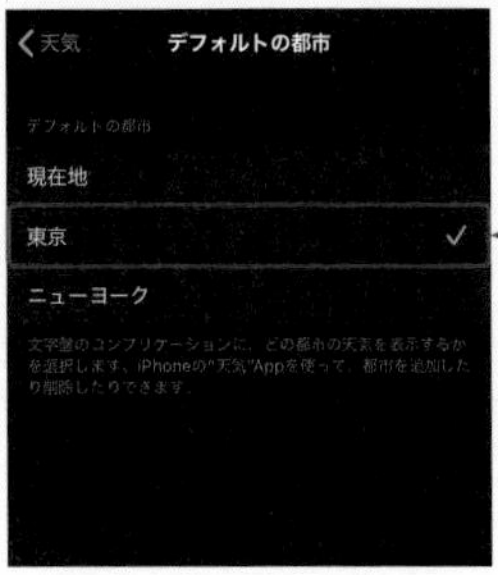

4 設定したい都市（ここでは＜東京＞）をタップします。

株価　Series 1 2 3 4 5

Q 247 株価をチェックしたい！

A <株価>アプリからチェックできます。

iPhoneの<株価>アプリに登録している銘柄は、Apple Watchでも確認することができます。「株価」画面では、登録している銘柄のリストが表示され、現在値と前日比がそれぞれ表示されます。画面を強く押すと、前日比の表示を「値動き」、「時価総額」、「割合」に変更することができます。チャートを表示したいときは、銘柄をタップして詳細画面から確認します。

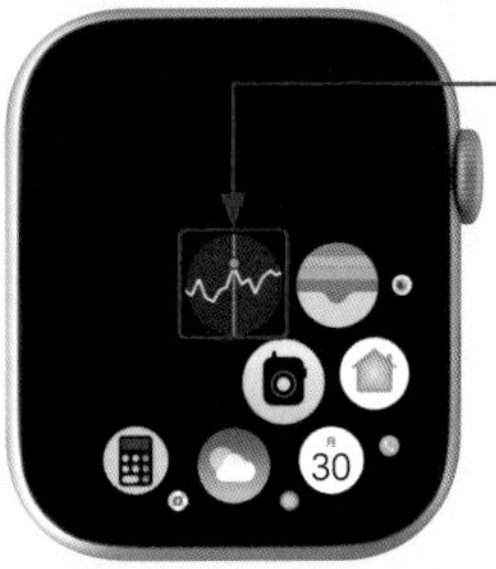

1 ホーム画面で<株価>アプリを起動します。

2 主要な銘柄の株価情報が表示されます。

3 任意の銘柄（ここでは<Nikkei 225>）をタップします。

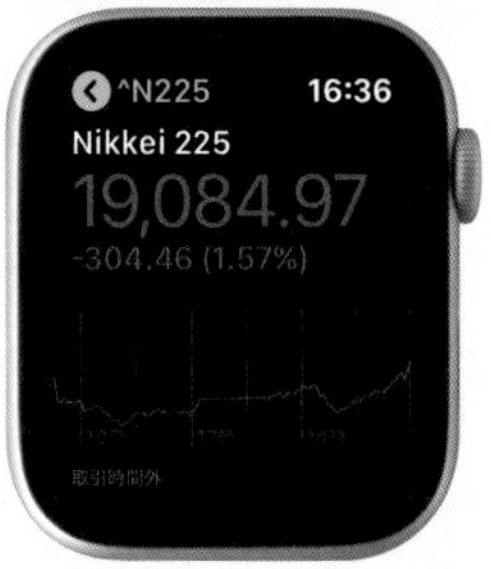

4 銘柄の詳細な株価情報が確認できます。

株価　Series 1 2 3 4 5

Q 248 <株価>アプリに銘柄を追加したい！

A 銘柄を音声入力します。

<株価>アプリには、初期状態で「AAPL（Apple）」などの銘柄が10種類前後登録されています。自分がチェックしている銘柄や日本株の銘柄を表示したい場合は、Apple Watchから追加できます。音声入力する際は、証券コードや会社名で検索します。追加した銘柄は、iPhoneの<株価>アプリで<編集>をタップすると並び替えることができます。

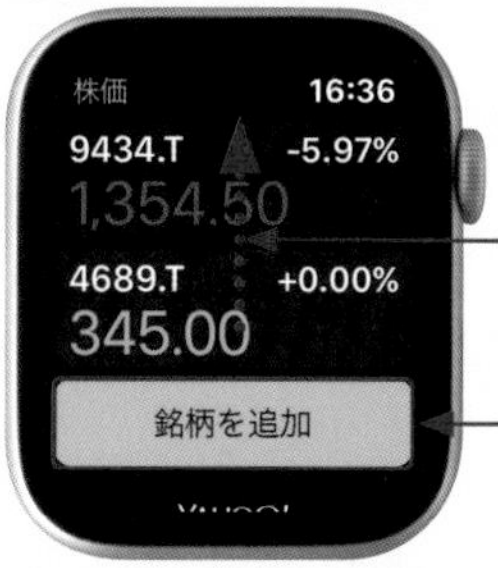

1 Q.247手順 2 の画面を上方向にスワイプし、

2 <銘柄を追加>をタップします。

3 追加したい銘柄を音声入力して<完了>をタップすると、

4 銘柄の一覧が表示されるので、追加する銘柄をタップします。

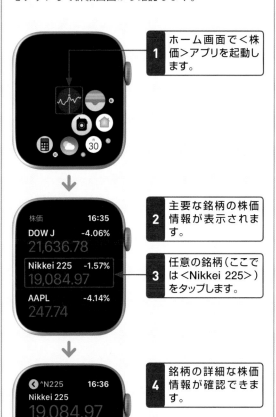

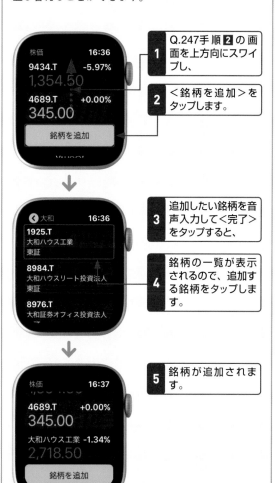

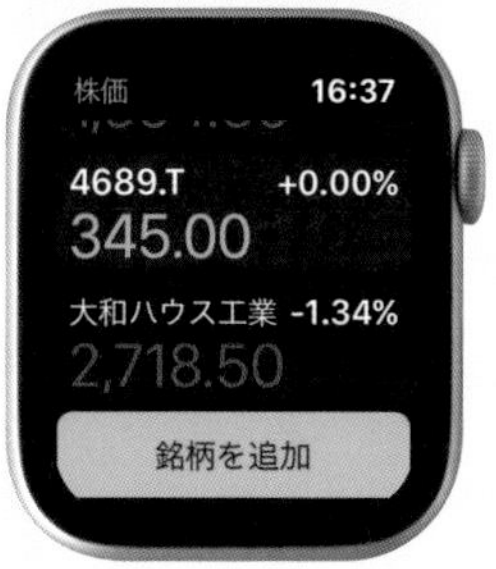

5 銘柄が追加されます。

株価 Series 1 2 3 4 5

Q 249 株価を文字盤に表示したい!

A コンプリケーションに登録します。

コンプリケーション（Q.096参照）に「株価」を登録すると、気になる銘柄の株価をいつでも、一目で確認することができます。手順3の画面では、文字盤のコンプリケーションに表示する内容を「現在の株価」、「値動き」、「値動きの割合」、「時価総額」に設定できるので自分が確認したい項目にするとよいでしょう。なお、文字盤に銘柄のチャートを表示したいときは、「インフォグラフモジュラー」や「モジュラーコンパクト」などに文字盤を変更して、大きなコンプリケーションに「株価」を登録します。

1 Q.097を参考にコンプリケーションに「株価」を登録します。

2 iPhoneで<Watch>アプリを起動し、

3 「マイウォッチ」から<株価>→<デフォルトの銘柄>の順にタップします。

4 表示する銘柄をタップして選択すると、

5 コンプリケーションに、設定した銘柄が表示されるようになります。

計算機 Series 1 2 3 4 5

Q 250 Apple Watchで電卓を使いたい!

A <計算機>アプリを利用します。

<計算機>アプリでは、かんたんな計算のほか、消費税やチップを含む計算、割り勘の計算などもできます（Q.251参照）。なお、iPhoneの<計算機>アプリで利用できる関数電卓や計算結果のコピーは、Apple Watchでは対応していません。

1 ホーム画面で<計算機>アプリを起動します。

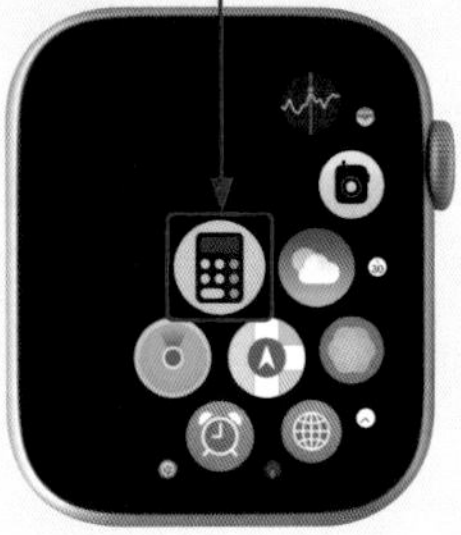

2 電卓が表示されるので、数字をタップして計算をします。

計算機　Series 1 2 3 4 5

Q 251 電卓で消費税やチップの計算をしたい！

A ＜計算機＞アプリのチップ計算モードを利用します。

チップ計算が必要な場面には＜計算機＞アプリが活躍します。計算機を「チップ計算」に切り替え、金額を入力して＜TIP＞をタップし、チップの割合を設定することで支払い額が算出されます。チップ計算をした上で友達と割り勘をしたい場合は、人数を入力して1人あたりの金額をすばやく計算することができます。チップ計算機能は、消費税の計算に応用することもできるので、お買いもの中に利用すると便利です。

1 Q.250手順 **2** の画面を強く押し、

2 ＜チップ計算＞をタップします。

3 金額を入力し、

4 ＜TIP＞をタップします。

5 チップの割合と割り勘する人数をデジタルクラウンを回して設定すると、一人あたりの金額が画面右下に表示されます。

オーディオブック　Series 1 2 3 4 5

Q 252 オーディオブックを聴きたい！

A オーディオブックを再生します。

iPhoneの＜ブック＞アプリで「今すぐ読む」や「読みたい」に登録しているオーディオブックは、Apple Watchでも再生することができます。ほかのオーディオブックを聴きたいときは、Q.254を参考に設定します。Apple Watchでオーディオブックを聴くには、Bluetoothイヤフォンやスピーカーの接続が必要です（Q.261参照）。

1 Apple WatchとBluetoothイヤフォンまたはスピーカーを接続し、

2 ホーム画面で＜オーディオブック＞アプリを起動します。

3 デジタルクラウンを回してアートワークをスクロールし、

4 再生するオーディオブックをタップします。

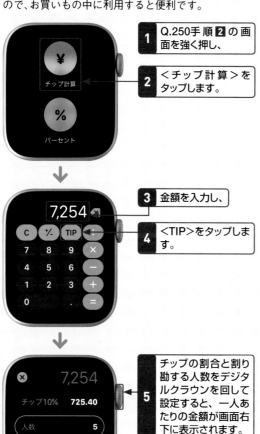

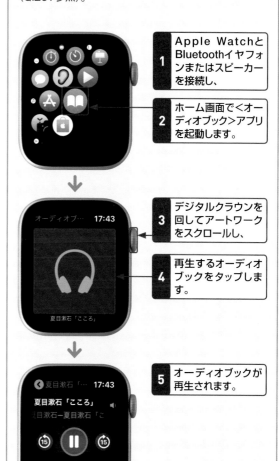

5 オーディオブックが再生されます。

オーディオブック

Series 1 2 3 4 5

Q 253 オーディオブックの音量調節などの操作をしたい！

A 再生中でもさまざまな操作ができます。

オーディオブックの再生中に音量の調節をしたいときは、デジタルクラウンを回します。また、一時停止（⏸）、再生（▶）、15秒戻る（⑮）、15秒進む（⑮）、トラックまたはチャプタを選択（☰）、再生速度の変更（1×）などの操作を行うことができます。

1 オーディオブックの再生中にデジタルクラウンを回すと音量の調節ができます。

2 ⏸をタップすると一時停止します。

オーディオブック

Series 1 2 3 4 5

Q 254 オーディオブックを追加したい！

A iPhoneから追加します。

聴いて読書を楽しむことができるオーディオブックは、iPhoneの＜ブック＞アプリから多くの作品を検索して購入することができます。なお、購入したオーディオブックがApple Watchに反映されないときは、iPhoneの＜Watch＞アプリで＜オーディオブック＞→＜オーディオブックを追加＞の順にタップしてオーディオブックを選択します。

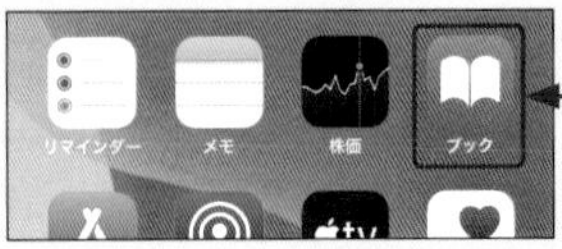

1 iPhoneで＜ブック＞アプリを起動します。

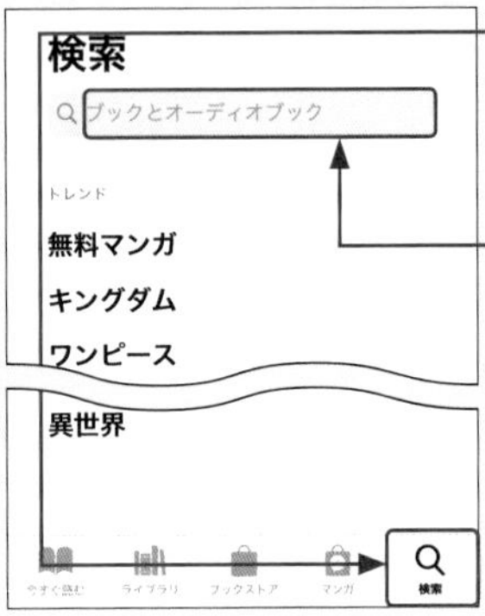

2 ＜検索＞をタップし、

3 検索欄にキーワードを入力して、

4 キーボードの＜検索＞をタップします。

5 検索結果が表示されたら「オーディオブック」の＜すべて見る＞をタップします。

6 追加したいオーディオブックをタップします。

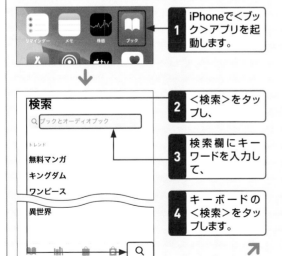

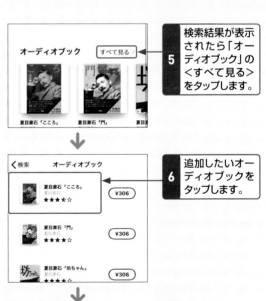

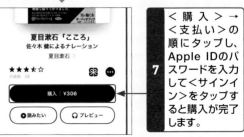

7 ＜購入＞→＜支払い＞の順にタップし、Apple IDのパスワードを入力して＜サインイン＞をタップすると購入が完了します。

リマインダー　Series 1 2 3 4 5

Q 255 iPhoneで設定したリマインダーを表示したい！

A ＜リマインダー＞アプリから表示します。

「リマインダー」とは、業務やプライベートでのタスク（やるべきこと）などを通知してくれる機能のことで、iPhoneからリマインダーの内容、日付や時刻、場所を指定できます。iPhoneに登録してあるリマインダーは、Apple Watchで確認したり、実行済みのマークを付けたりすることができます。

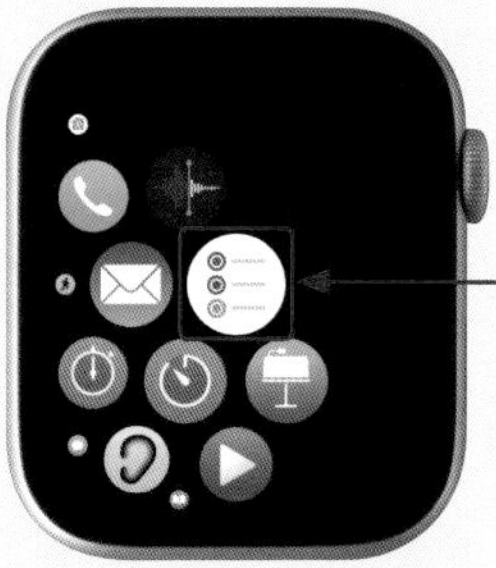

1 ホーム画面で＜リマインダー＞アプリを起動します。

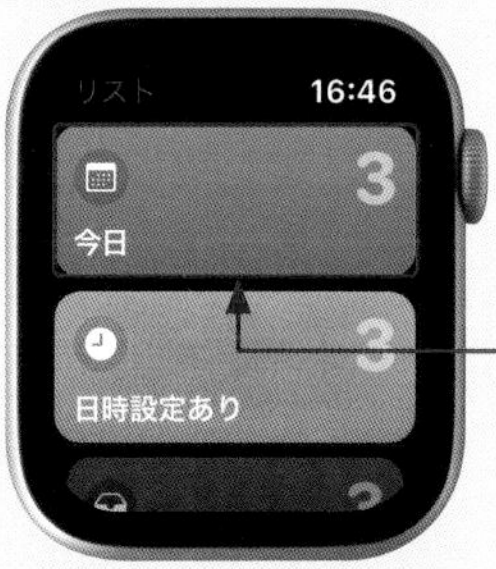

2 リマインダーがまとめられたリストが表示されます。

3 リスト（ここでは＜今日＞）をタップします。

4 リマインダーが表示されます。

5 リマインダーをタップすると実行済みのマークを付けることができます。

リマインダー　Series 1 2 3 4 5

Q 256 Apple Watchからリマインダーを作成したい！

A 新規のリマインダーを追加します。

新しくリマインダーを作成したいときは、「リスト」画面を強く押して＜新規＞をタップするか、「リスト」画面を上方向にスワイプして＜追加＞をタップします。この方法で作成したリマインダーは、「デフォルトリスト」に登録されます。デフォルトリストは、iPhoneの＜設定＞アプリで変更できます。また、それぞれのリストの一番下にある＜新規＞をタップすると、そのリストに新しいリマインダーを登録することもできます。

1 Q.255手順 2 の画面を上方向にスワイプし、

2 ＜追加＞をタップします。

3 をタップします。

4 リマインドする内容を音声入力して＜完了＞をタップすると、

5 「リマインダー」の数字が増えて作成したリマインダーが追加されます。

リマインダー Series 1 2 3 4 5

Q 257 リマインダーを実行済みにしたい！

A 通知に表示される項目を操作します。

日付や時刻を指定し、通知の設定をしているリマインダーがある場合、Apple Watchに通知が届きます。届いた通知からは、リマインダーの実行状況に応じて1時間後や今夜、明日にもう一度通知するように再設定することもできます。なお、日付や時刻を指定したリマインダーは、Apple WatchのSiriに「午後2時に会議をリマインドして」などと話しかけるか、iPhoneの<リマインダー>アプリで作成できます。

1 リマインダーの通知がくると、画面に表示されます。

2 デジタルクラウンを回すか、画面を上方向にスワイプします。

3 <実行済みにする>をタップします。

リマインダーの内容を実行できていない場合は、再通知する時間をタップします。

4 リマインダーが実行済みになります。

リマインダー Series 1 2 3 4 5

Q 258 リマインダーのリストを作成したい！

A iPhoneの<リマインダー>アプリから作成します。

<リマインダー>アプリには初期状態で、「今日」、「日時設定あり」、「すべて」、「フラグ付き」、「リマインダー」の5つのリストが自動で作成されています。このほかにリストを作成したいときは、iPhoneから作成します。

1 iPhoneで<リマインダー>アプリを起動し、

2 <リストを追加>をタップします。

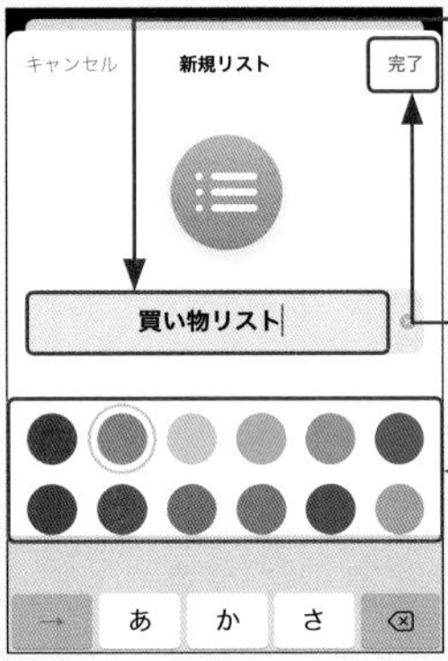

3 リスト名を入力し、

4 任意の色をタップして指定して、

5 <完了>をタップします。

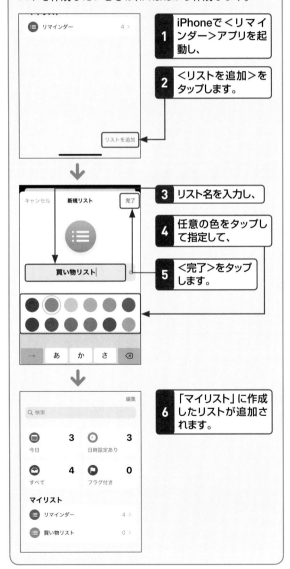

6 「マイリスト」に作成したリストが追加されます。

Q リマインダー Series 1 2 3 4 5

259 リマインダーのリストの順序を入れ替えたい！

A iPhoneでマイリストの入れ替えができます。

「マイリスト」に表示されているリストは、任意で順序を入れ替えることができます。iPhoneで順番を入れ替えると、Apple Watchにも反映されます。よく確認するリストは上のほうに移動させるなど、自分の使いやすいようにカスタマイズしましょう。

1 iPhoneで＜リマインダー＞アプリを起動し、

2 ＜編集＞をタップします。

3 ≡をドラッグしてリストを入れ替え、

4 ＜完了＞をタップします。

Q リマインダー Series 1 2 3 4 5

260 Apple Watchからリマインダーを操作したい！

A iPhoneでフラグ付けや削除ができます。

2020年6月現在では、Apple Watchからリマインダーのフラグ付けや削除といった操作をすることができません。リマインダーの操作は、iPhoneの＜リマインダー＞アプリから行います。重要なリマインダーや忘れないように目立たせておきたいリマインダーにフラグ付けを行うと、「フラグ付き」リストにリマインダーを表示させることができます。

1 iPhoneで＜リマインダー＞アプリを起動し、

2 操作したいリマインダーがあるリストをタップします。

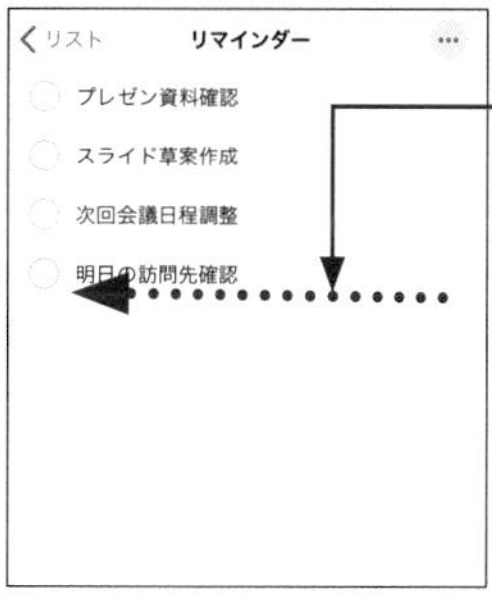

3 操作したいリマインダーを左方向にスワイプします。

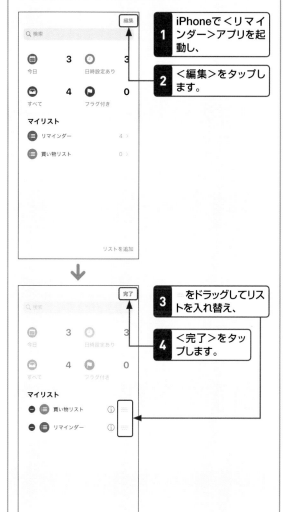

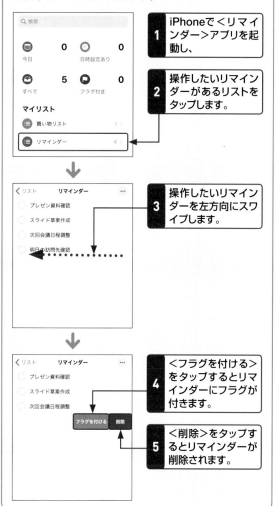

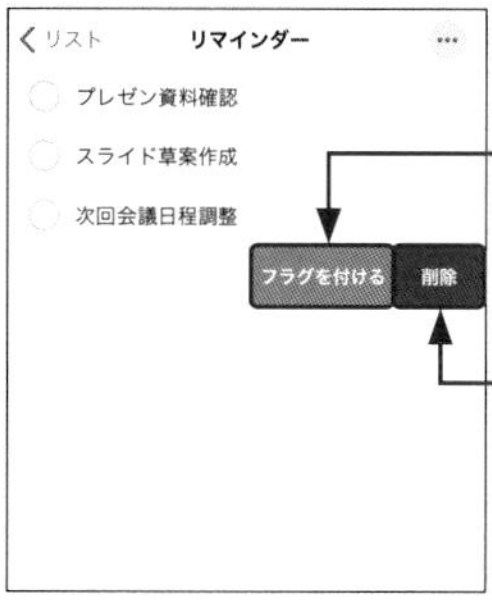

4 ＜フラグを付ける＞をタップするとリマインダーにフラグが付きます。

5 ＜削除＞をタップするとリマインダーが削除されます。

Bluetooth

Series 1 2 3 4 5

Q 261 Bluetoothイヤホンを使いたい!

A Apple WatchとBluetoothイヤホンをペアリングします。

Apple WatchにBluetoothスピーカーを接続すると、Apple Watchに保存した音楽を再生することができます。また、PodcastやRadioの番組、オーディオブックを聴くこともできます。オーディオデバイスを複数ペアリングした場合は、<ミュージック>アプリなどの再生画面でをタップすると、出力先を変更することができます。

1 Bluetoothイヤホンを接続モード(ペアリングモード)にします。

2 ホーム画面で<設定>アプリを起動します。

3 <Bluetooth>をタップし、

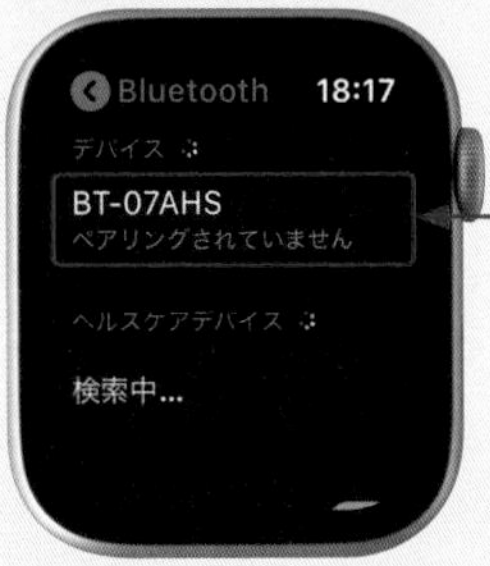

4 接続するデバイス名をタップすると、

5 Bluetoothイヤホンの接続が完了します。

Bluetooth

Series 1 2 3 4 5

Q 262 Bluetoothイヤホンのペアリングを解除したい!

A をタップして解除します。

使用しなくなったBluetoothイヤホンは、ペアリングを解除することができます。Apple Watchで接続したBluetoothイヤホンやBluetoothスピーカーは<設定>アプリから解除することができます。

1 Q.261手順5の画面でをタップします。

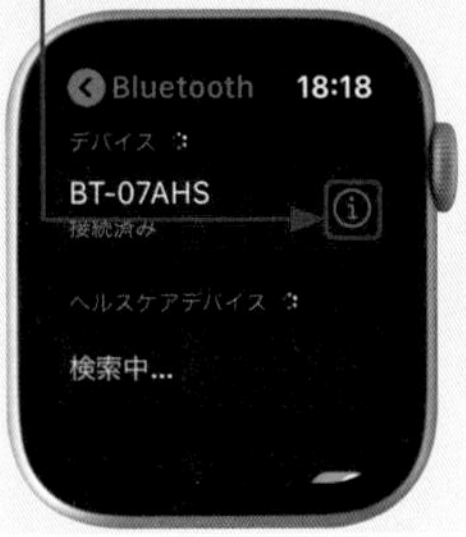

2 <ペアリングを解除>をタップします。

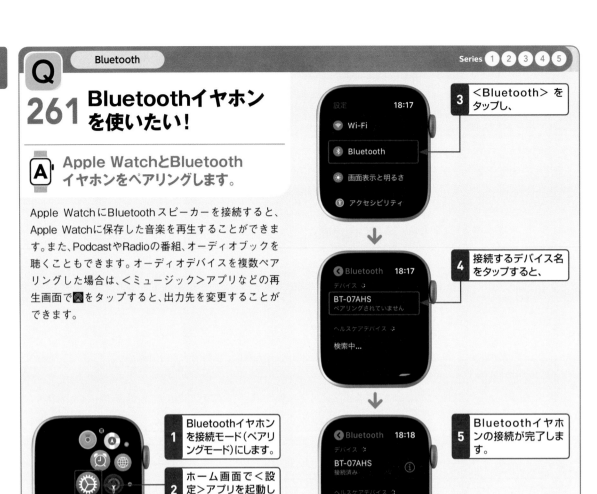

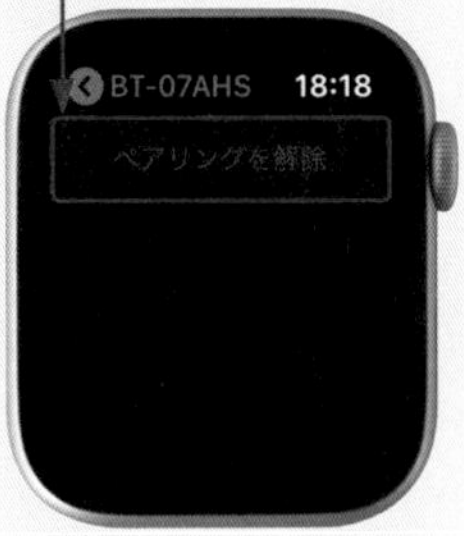

AirPods Series 1 2 3 4 5

Q 263 AirPodsを使いたい！

A iPhoneに接続すると Apple Watchにも接続されます。

AirPodsは、Apple社が販売するBluetoothイヤホンです。AirPodsを利用すると、音楽を聴くだけでなく、ハンズフリーで電話で通話することができます。2019年10月に発売されたAirPods Proはノイズキャンセリング機能に対応しています。AirPodsは、iPhoneに接続すると自動的にApple Watchにも接続されます。

1 iPhoneでホーム画面を表示した状態でAirPodsを入れたままケースの蓋を開け、

2 <接続>をタップします。

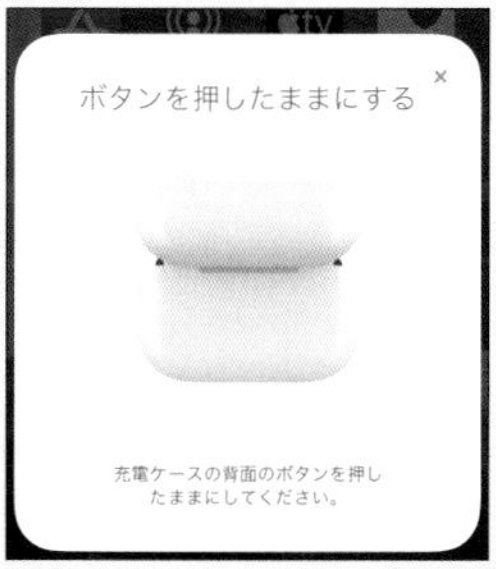

3 AirPodsの充電ケースの背面にあるボタンを長押しします。

4 接続されるとAirPodsの使い方が表示されます。

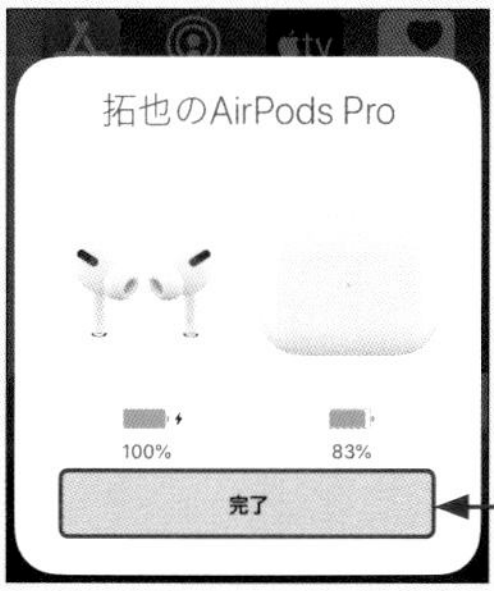

5 Siriを利用する場合は<"Hey Siri"を設定>をタップしてSiriを設定し、

6 <完了>をタップします。

AirPods Series 1 2 3 4 5

Q 264 AirPodsのバッテリー残量を確認したい！

A コントロールセンターから確認します。

AirPodsのバッテリー残量は、Apple Watchのコントロールセンターから確認ができます。AirPodsのケースに内蔵されているバッテリーの残量も確認することができます。

1 文字盤を上方向にスワイプし、

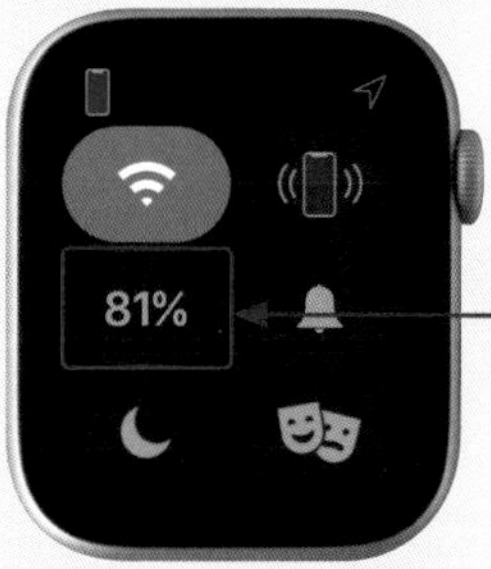

2 コントロールセンターを表示してバッテリー残量をタップします。

3 AirPodsのバッテリー残量が表示されます。

AirPods　Series 1 2 3 4 5

Q 265 AirPods Proのノイズキャンセルを切り替えたい！

A 再生画面で🅐をタップします。

AirPods Proは、外部の騒音を聞こえにくくするノイズキャンセリング機能に対応しています。アクティブノイズキャンセリング、外部音取り込み、オフの3つのノイズコントロールモードから、音楽の再生中に周囲の音をどの程度聞き取りたいかによってモードを選ぶことができます。

1 オーディオ再生中の画面（ここでは＜オーディオブック＞アプリ）で🅐をタップします。

2 「ノイズコントロール」画面が表示されます。

3 各モードをタップするとノイズコントロールモードが切り替わります。

AirPods　Series 1 2 3 4 5

Q 266 AirPodsの操作方法を変更したい！

A iPhoneの＜設定＞アプリから設定できます。

iPhoneとペアリングしたAirPodsは、iPhoneの＜設定＞アプリから左右のAirPodsの操作の設定を変更することができます。

1 iPhoneの＜設定＞アプリで＜Bluetooth＞をタップします。

2 「自分のデバイス」でAirPodsのⓘをタップします。

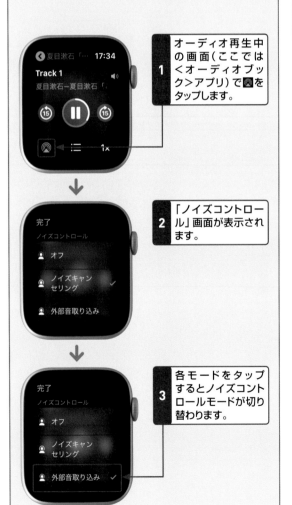

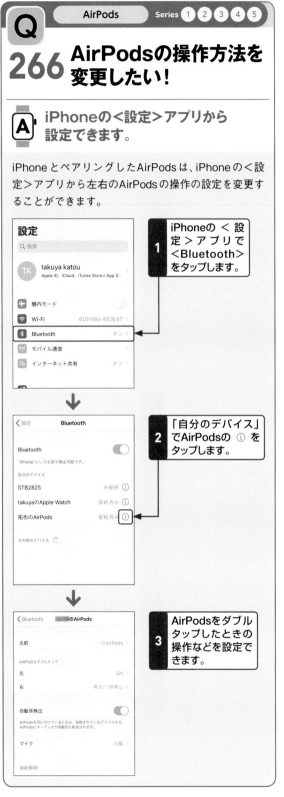

3 AirPodsをダブルタップしたときの操作などを設定できます。

ミュージック　Series 1 2 3 4 5

Q 267 iPhone内の音楽を聴きたい！

A <ミュージック>アプリで聴きます。

Apple Watchのライブラリに音楽を追加していなくても、<ミュージック>アプリを利用するとiPhone内の音楽をApple Watchで操作することができます。音楽を操作したいときは、<再生中>アプリもしくは<ミュージック>アプリを利用します。なお、音楽の再生中にApple Watch上の<ミュージック>アプリを終了しても、再生が停止することはありません。

1 ホーム画面で<ミュージック>アプリを起動します。

2 画面を下方向にスワイプし、

3 <iPhone上>をタップします。

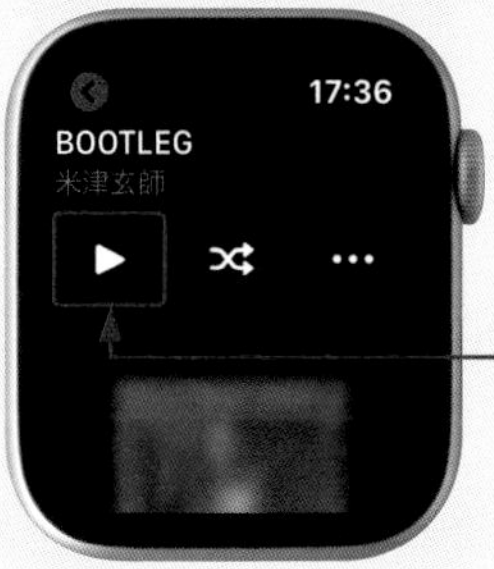

4 カテゴリを選択し、再生したいアルバムやプレイリストをタップして、

5 ▶をタップして再生します。

ミュージック　Series 1 2 3 4 5

Q 268 iPhoneで再生中の音楽を操作したい！

A <再生中>アプリで操作できます。

iPhoneの<ミュージック>アプリで再生している音楽は、Apple Watchで操作することができます。再生や一時停止だけでなく、シャッフル再生やリピート再生に切り替える操作もできます。

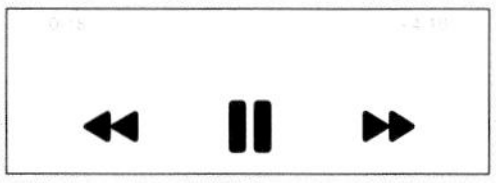

1 iPhoneの<ミュージック>アプリで音楽を再生します。

2 Apple Watchで<再生中>アプリを起動します。

3 iPhoneで再生している曲が表示され、一時停止や次の曲へのスキップなどができます。

4 ☰をタップします。

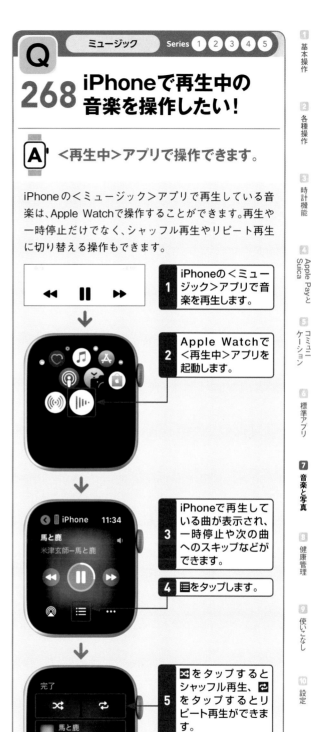

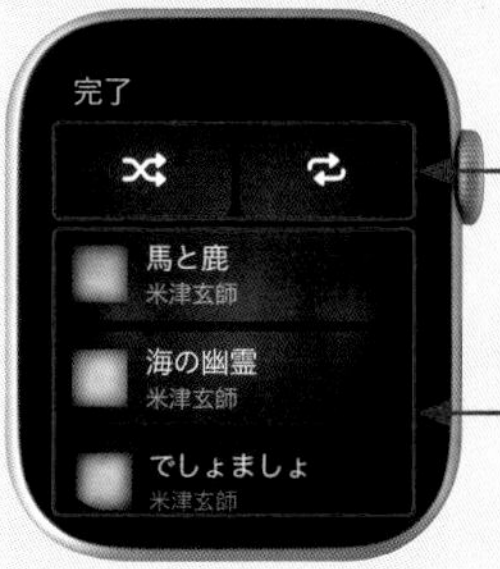

5 🔀をタップするとシャッフル再生、🔁をタップするとリピート再生ができます。

6 曲名をタップするとその曲を再生できます。

Q ミュージック Series 1 2 3 4 5

269 Apple Watchだけで音楽を聴きたい！

A iPhoneから音楽をApple Watchのライブラリに保存します。

iPhoneを持ち歩いていないときでも音楽を聴きたい場合は、Apple Watchに直接音楽を保存しましょう。再生するときは、Q.268手順2の画面で＜ライブラリ＞をタップします。

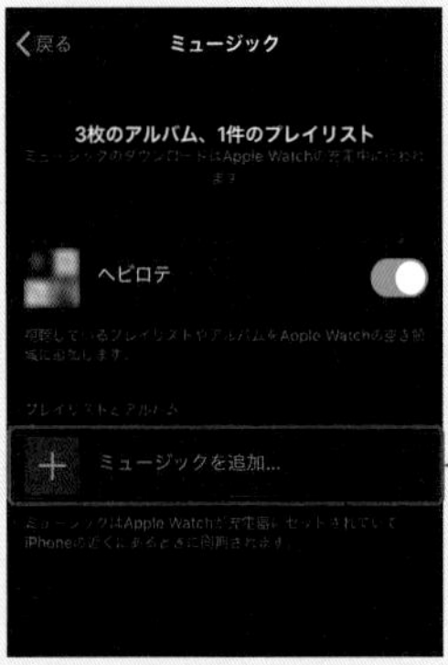

1 iPhoneの＜Watch＞アプリで「マイウォッチ」から＜ミュージック＞をタップし、

2 「プレイリストとアルバム」の＜ミュージックを追加＞をタップします。

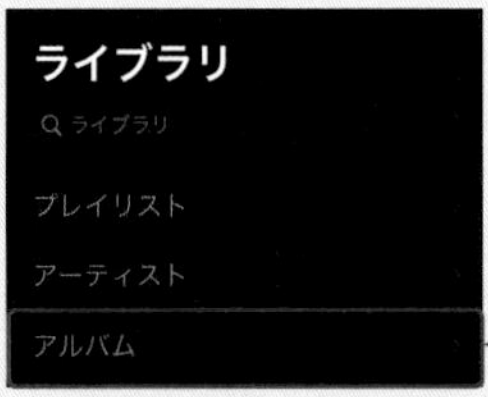

3 カテゴリを選択します。ここでは＜アルバム＞をタップします。

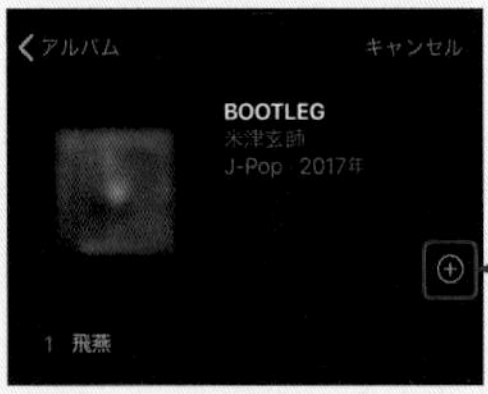

4 保存したいアルバムをタップし、

5 ⊕をタップします。

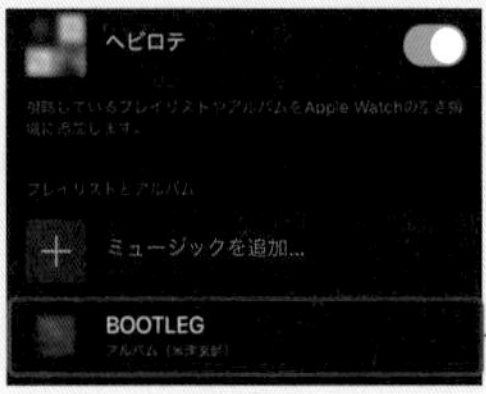

6 「プレイリストとアルバム」にアルバムが追加されます。

Q ミュージック Series 1 2 3 4 5

270 音楽のプレイリストを作りたい！

A iPhoneの＜ミュージック＞アプリから作ります。

お気に入りの音楽やワークアウト中などに聴きたい音楽をまとめてApple Watchで聴きたい場合は、プレイリストにまとめましょう。以下の手順でプレイリストを作成したあと、Q.269手順3の画面で＜プレイリスト＞をタップします。

1 iPhoneの＜ミュージック＞アプリを起動します。

2 ＜プレイリスト＞→＜新規プレイリスト＞の順にタップします。

3 ＜ミュージックを追加＞をタップします。

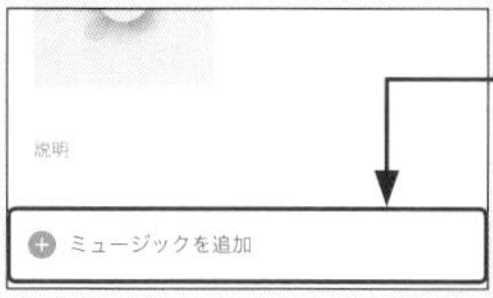

4 ＜ライブラリ＞→追加したい曲の⊕→＜完了＞の順にタップします。

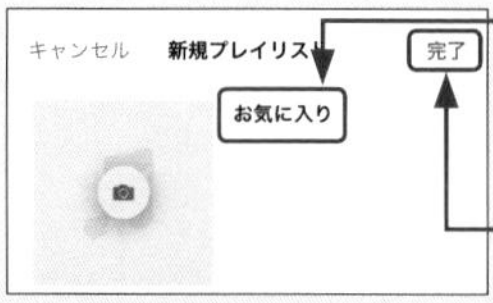

5 プレイリスト名を入力し、

6 ＜完了＞をタップします。

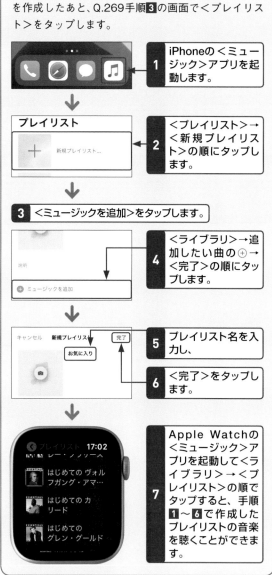

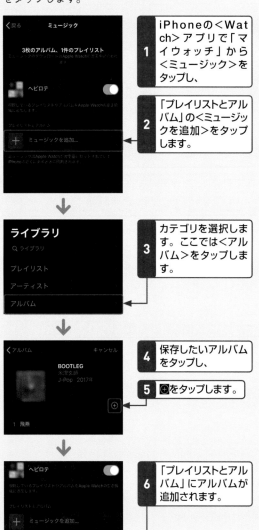

7 Apple Watchの＜ミュージック＞アプリを起動して＜ライブラリ＞→＜プレイリスト＞の順でタップすると、手順1～6で作成したプレイリストの音楽を聴くことができます。

ミュージック

Series 1 2 3 4 5

Q 271 ワークアウト用のプレイリストを設定したい!

A iPhoneの<Watch>アプリから設定します。

ワークアウトプレイリストを設定すると、ワークアウト(Q.305参照)を始めたときに設定したプレイリストの曲が自動的に再生されます。なお、事前にほかの音楽を再生している場合は、ワークアウトプレイリストの自動再生は行われません。

1 iPhoneの<Watch>アプリで「マイウォッチ」から<ワークアウト>をタップします。

2 <ワークアウトプレイリスト>をタップし、設定したいプレイリストをタップします。

ミュージック

Series 1 2 3 4 5

Q 272 Apple Watchに入っている曲数を確認したい!

A <設定>アプリで確認します。

Apple Watchに追加した音楽の曲数は、<設定>アプリから確認できます。なお、曲数に表示される数は、プレイリストとアルバムに含まれるすべての曲数を示しています。重複する曲はカウントされません。

1 ホーム画面で<設定>アプリを起動し、<一般>をタップします。

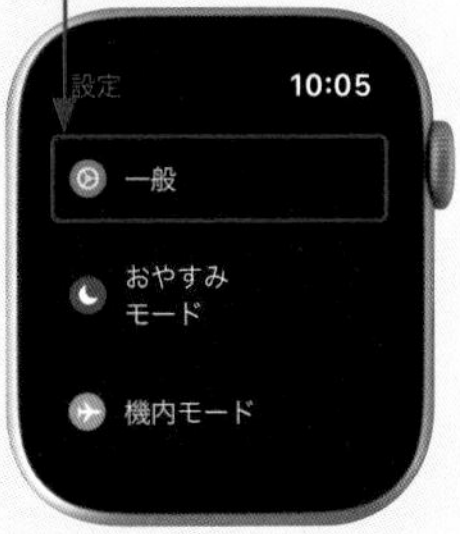

2 <情報>をタップすると、Apple Watchに入っている曲数が確認できます。

ミュージック

Series 1 2 3 4 5

Q 273 Apple Watchから音楽を削除したい!

A アルバムやプレイリストはiPhoneの<Watch>アプリから削除します。

Apple Watchの容量が足りなくなったときなど、Apple Watchに保存しているアルバムやプレイリストを削除したいときは、音楽を追加したときと同様にiPhoneの<Watch>アプリから削除できます。

1 Q.269手順6の画面で<編集>をタップします。

2 削除したいアルバムやプレイリストの⊖→<削除>の順にタップし、

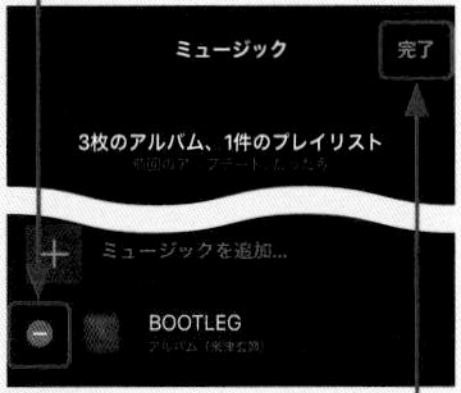

3 <完了>をタップします。

Q Apple Music Series 1 2 3 4 5

274 Apple Musicの音楽を聴きたい!

A Siriを利用して音楽をストリーミングします。

ストリーミングとは、インターネットを介してサーバー上の音楽を直接再生するサービスです。Apple Musicのサブスクリプションに登録すると、Apple Watchでストリーミングを利用することができます。GPS＋Cellularモデルでは、iPhoneがなくてもApple Watchだけでストリーミングで音楽を聴くことが可能です。Siriを起動し、「○○(アーティスト)の△△(曲名)を聴かせて」などと話しかけます。

1 あらかじめiPhoneなどでApple Musicの登録をします。

2 Apple WatchでSiriを起動し、

3 かけてほしいアーティスト名や曲名、ジャンルなどを話しかけます。

4 Apple Musicの音楽が再生されます。

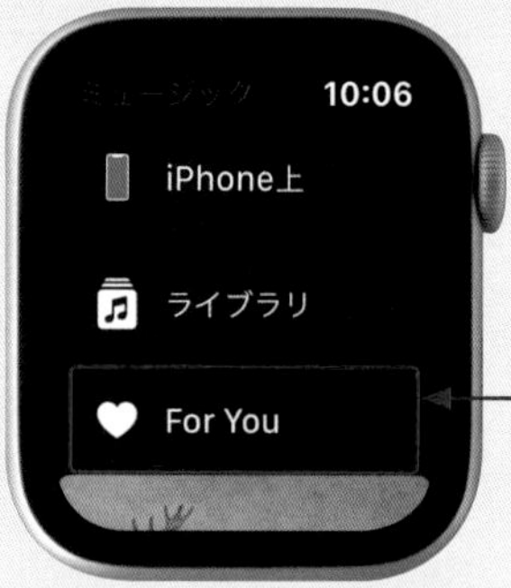

5 Apple Musicが提案してくれる曲を聴きたいときは、<ミュージック>アプリで<For You>をタップし、

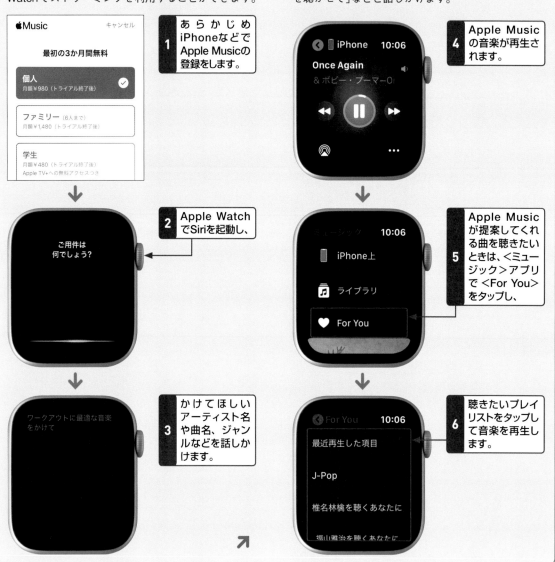

6 聴きたいプレイリストをタップして音楽を再生します。

↗

Q Apple Music Series 1 2 3 4 5

275 Apple Musicのプレイリストを同期したい！

A iPhoneの<Watch>アプリから同期します。

Apple Musicのサブスクリプションを利用すると、Apple Watchの充電中に、よく聴く音楽の傾向にあわせたプレイリストがApple Watchに自動的に追加されます。「ヘビロテ」、「New Music Mix」、「Favorites Mix」、「Chill Mix」といった自動追加されるプレイリストはかんたんな操作で同期のオン／オフを切り替えることができます。また、iPhoneの<ミュージック>アプリで追加したプレイリストをApple Watchの<ミュージック>アプリに追加することもできます。

1 iPhoneの<Watch>アプリを起動し、

2 「マイウォッチ」から<ミュージック>をタップします。

3 自動的に追加されるプレイリストを同期しないようにする場合は をタップします。

4 そのほかのプレイリストを追加したいときは「プレイリストとアルバム」の<ミュージックを追加>をタップします。

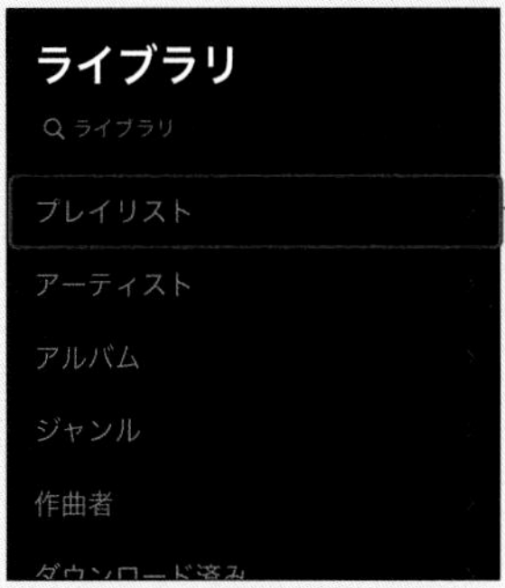

5 <プレイリスト>をタップします。

6 一覧から「Apple Music」と表示されているプレイリストをタップし、

7 をタップします。

AirPlay

Series 1 2 3 4 5

Q 276 音楽をスピーカーに転送して再生したい！

A AirPlayを利用します。

AirPlayは、iPhoneやApple Watchで再生している音楽や動画、画像を、家庭内のネットワークやBluetoothを経由してほかの機器で再生する機能です。Apple Watchでは、音楽をスピーカーなどに転送して再生したいときに使うと便利です。音楽を転送するスピーカーは、Q.261を参考にBluetoothで接続しておきましょう。

1 Q.261を参考にBluetoothに対応したスピーカーを接続します。

2 音楽などの再生画面で[AirPlay]をタップします。

3 AirPods Proを接続している場合は、「ノイズコントロール」が表示されます。

4 画面を上方向にスワイプします。

5 手順1で接続したスピーカーをタップすると、再生中の音楽をスピーカーで流すことができます。

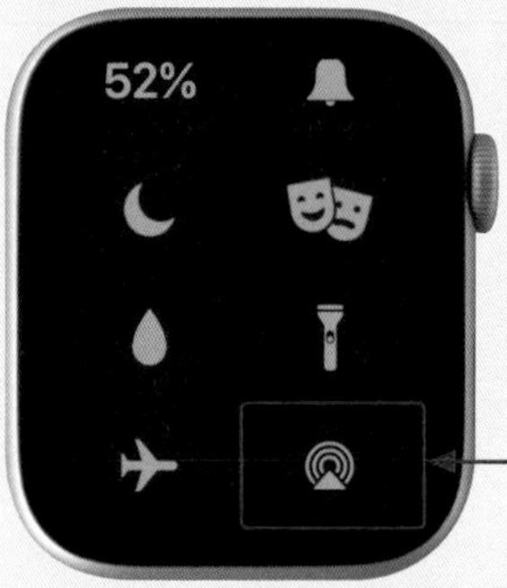

6 音楽を再生していないときは、コントロールセンターで[AirPlay]をタップし、

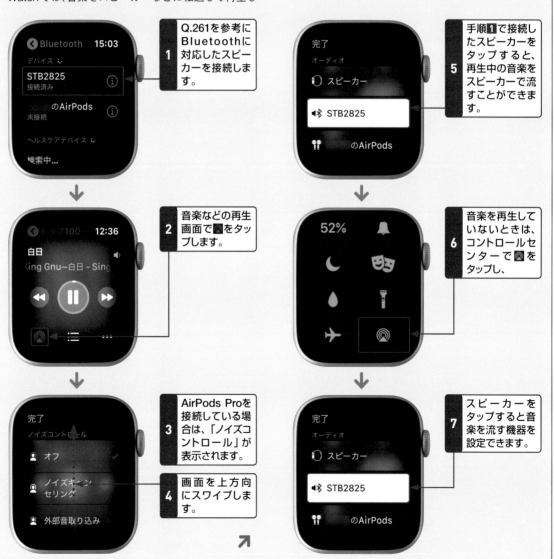

7 スピーカーをタップすると音楽を流す機器を設定できます。

Remote Series 1 2 3 4 5

Q 277 MacのiTunesを操作したい！

A <Remote>アプリで操作します。

Apple Watchの＜Remote＞アプリでは、同じネットワークに接続されているMacのiTunesをリモートコントロールできます。初めてiTunesを操作するときは、＜Remote＞アプリを起動し、＜デバイスを追加＞をタップします。4ケタの数字が表示されるので、MacのiTunesを起動して数字を入力します。

1 ホーム画面で<Remote>アプリを起動します。

2 <デバイスを追加>をタップして、

3 4桁の数字が表示されたらMacのiTunesを起動して入力します。

4 MacのiTunesに数字を入力すると、再生や一時停止などの操作ができます。

Remote Series 1 2 3 4 5

Q 278 Apple TVを操作したい！

A <Remote>アプリを使います。

Apple TVとは、さまざまな動画コンテンツをiTunesを介してテレビで再生することができるデバイスです。＜Remote＞アプリを使うと、Apple TVをApple Watchから操作することができます。

1 <Remote>アプリを起動し、Apple TVをタップします。

2 Apple TVで<Apple Watch>を選択して、

3 Apple Watchに4桁の数字が表示されたら入力します。

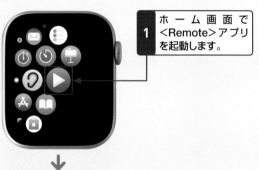

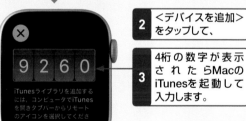

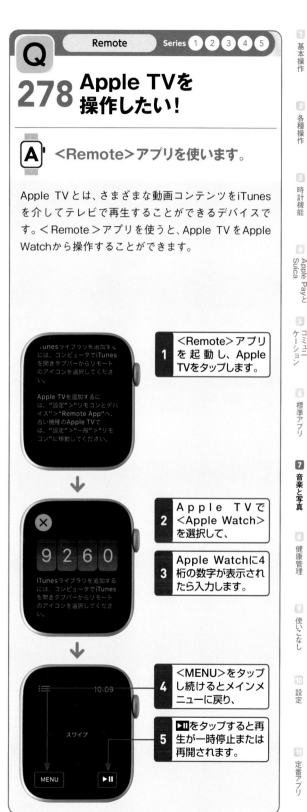

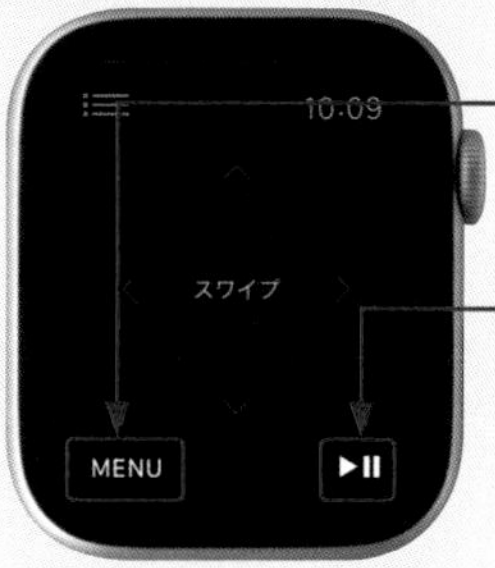

4 <MENU>をタップし続けるとメインメニューに戻り、

5 ▶IIをタップすると再生が一時停止または再開されます。

Podcast　Series 1 2 3 4 5

Q 279 Podcastを聴きたい！

A iPhoneでPodcastを同期します。

Podcastとはインターネット上に公開された、音声や動画によるさまざまな番組のことです。初期状態は、iPhoneの「今すぐ聴く」のトップ10の各番組から1話のエピソードを自動的に同期します。好みの番組を聴きたいときは、iPhoneから番組を選んで、Apple Watchに同期します。

1 iPhoneの「Watch」アプリの「マイウォッチ」から＜Podcast＞をタップします。

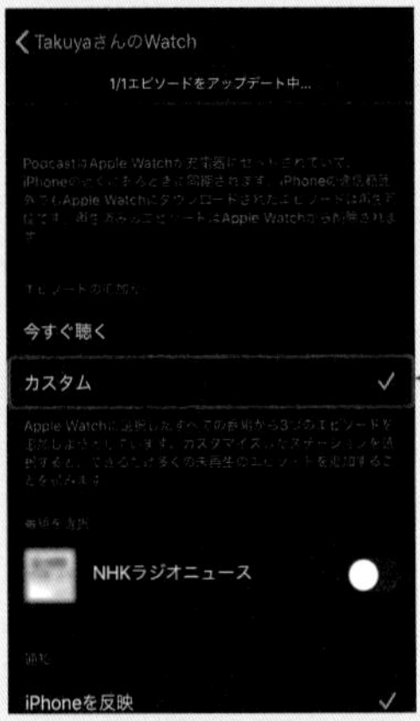

2 「エピソードの追加元」の＜カスタム＞をタップし、

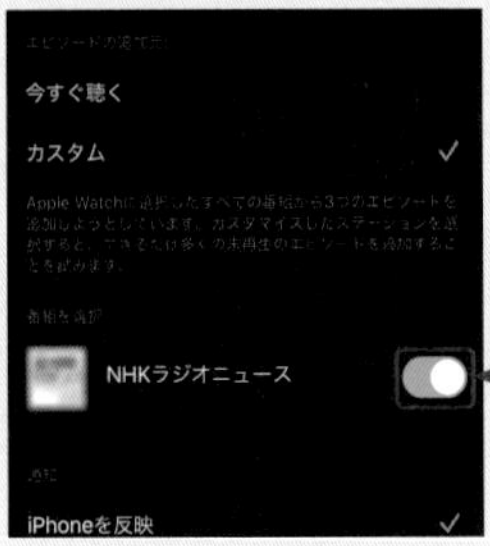

3 同期したい番組をオンにします。

Podcast　Series 1 2 3 4 5

Q 280 Podcastを操作したい！

A ＜Podcast＞アプリで再生します。

Apple Watchに同期したPodcastは、Apple Watchの＜Podcast＞アプリで聴くことができます。また、再生画面では、再生速度の調整や別のエピソードの再生などの操作が可能です。なお、下記手順2の画面で＜ライブラリ＞をタップし、番組を選択してエピソードをタップすることでも再生することができます。

1 ホーム画面で＜Podcast＞アプリを起動します。

2 Podcastを聴きたい番組のアートワークをタップします。

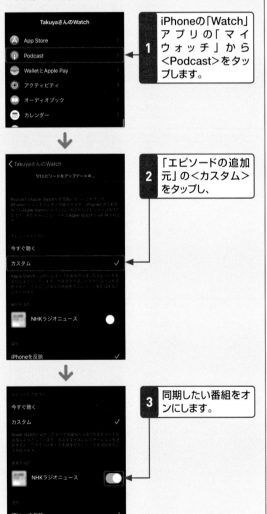

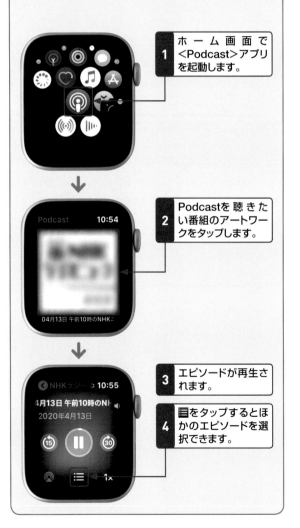

3 エピソードが再生されます。

4 ☰をタップするとほかのエピソードを選択できます。

Q 281 ラジオを聴きたい！

A <Radio>アプリで再生します。

＜Radio＞アプリでは、数千のラジオ局の放送を聴くことができます。特定のラジオ局の放送を聴きたい場合は、Siriを起動して、「○○（ラジオ局の名前や周波数など）を流して」などと話しかけます。なお、Apple Musicに登録しているときは、Q.283を参考におすすめのステーションやジャンル別のステーションを聴くことができます。

1 ホーム画面で<Radio>アプリを起動します。

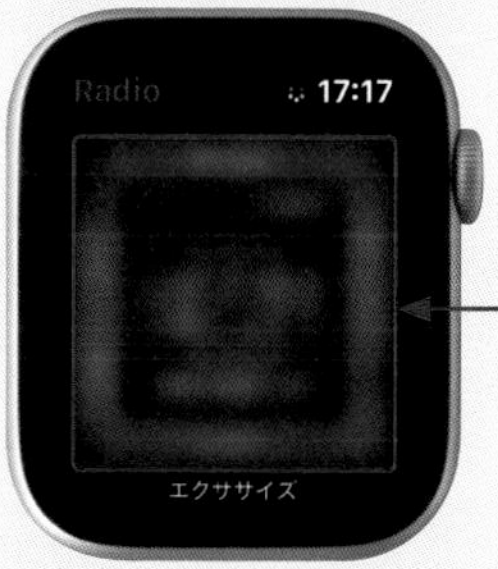

2 聴きたいラジオをタップします。

3 ラジオが再生されます。

Q 282 Beats 1を聴きたい！

A <Radio>アプリの「ステーション」から再生します。

「Beats 1」は、Appleが運営する24時間放送の音楽ラジオ局で、よりライブ配信に特化した点が特徴です。＜Radio＞アプリで＜ステーション＞をタップし、＜Beats 1＞をタップして放送を聴くことができます。なお、Beats 1を聴くには、Apple WatchがiPhoneの近くにあるか、Wi-Fiに接続している必要があります。

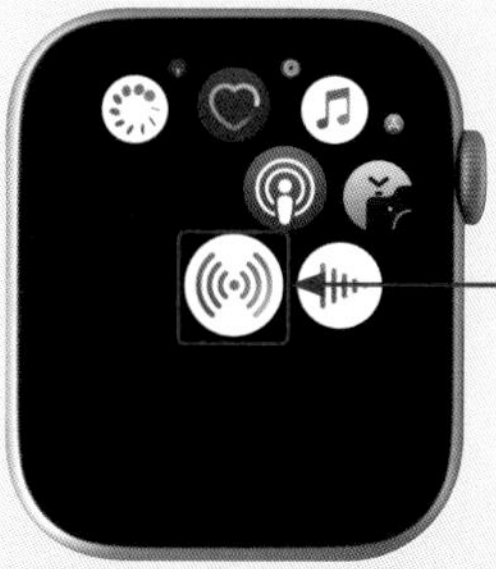

1 ホーム画面で<Radio>アプリを起動します。

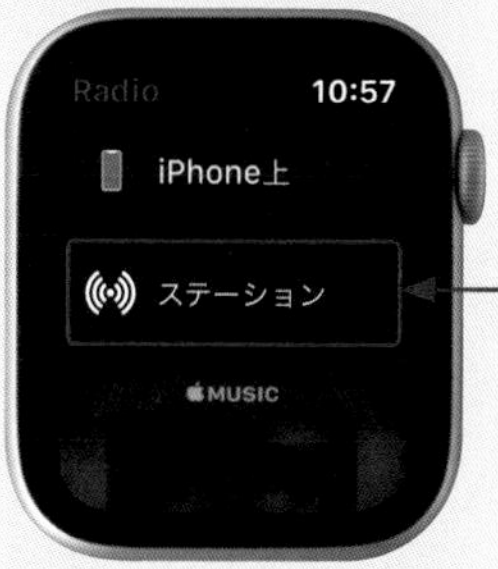

2 <ステーション>をタップします。

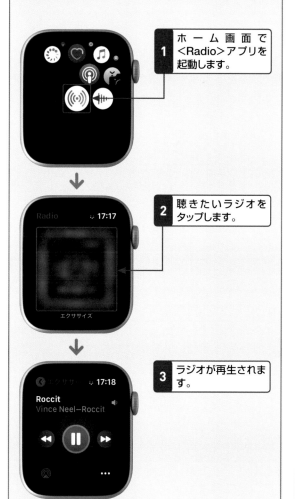

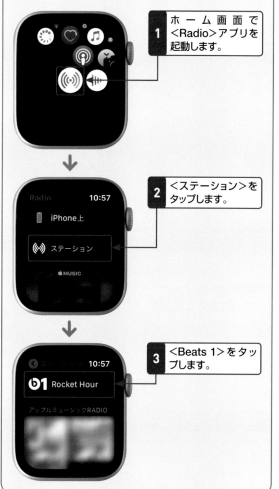

3 <Beats 1>をタップします。

Q Radio Series 1 2 3 4 5

283 おすすめのステーションを聴きたい!

A 「ステーション」から再生します。

Apple Musicを利用しているときは、<Radio>アプリでおすすめのステーションやジャンル別のステーションを聴くことができます。これらのラジオで流れる曲は、再生画面で…→<ライブラリに追加>をタップすることで<ミュージック>アプリのライブラリに追加して聴くことができます。

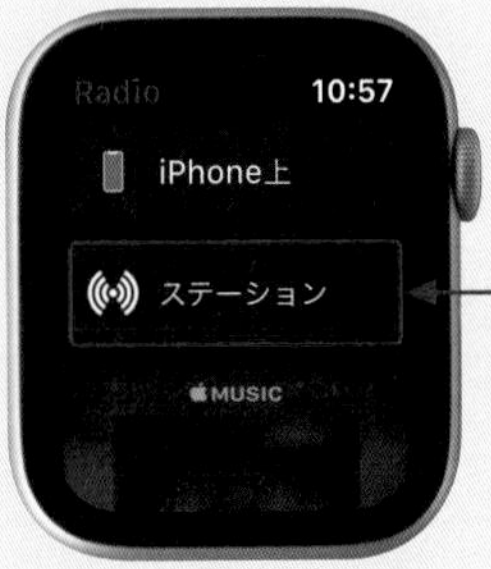

1 ホーム画面で<Radio>アプリを起動し、

2 <ステーション>をタップします。

3 おすすめのステーションが表示されます。タップすると再生されます。

4 画面を上方向にスワイプするとジャンルが表示されるので、タップして再生します。

Q 写真 Series 1 2 3 4 5

284 Apple Watchで写真を見たい!

A <写真>アプリで写真を表示します。

iPhone内にある写真は、Apple Watchに同期して、Apple Watchで見ることができます。Apple Watchに同期する写真は、Q.286を参考にiPhoneであらかじめ設定しておく必要があります。なお、Apple Watchでは、写真の編集を行うことはできません。

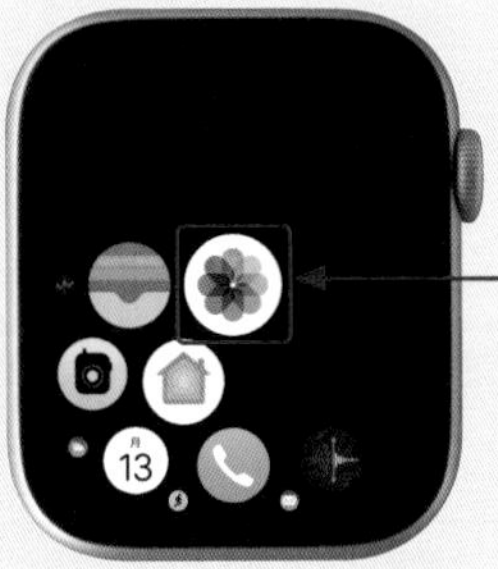

1 ホーム画面で<写真>アプリを起動します。

2 写真がサムネイルで表示されます。写真をタップします。

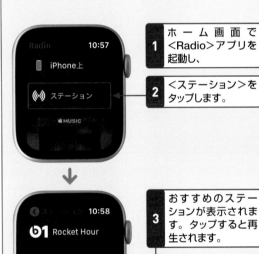

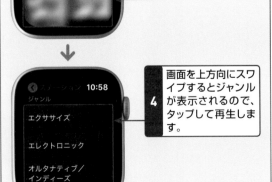

3 タップした写真が大きく表示されます。デジタルクラウンを上下に回すことで、写真を拡大表示したり、サムネイル表示に戻したりすることができます。

写真

Series 1 2 3 4 5

Q 285 Apple Watchで Live Photosは表示できる?

A iPhoneと同様に表示できます。

Live Photosは、iPhoneでシャッターボタンを押した前後の映像を、音声と共に保存した写真です。Apple Watchでも表示することができます。写真をタップして押さえたままにすると、写真が動きます。

1 Q.284手順2の画面でLive Photosの写真をタップします。

2 右下に◎が表示されます。画面を押さえ続けると写真が動きます。

写真

Series 1 2 3 4 5

Q 286 iPhoneの写真を同期したい!

A iPhoneで「同期されているアルバム」を設定します。

Apple Watchで見ることのできる写真は、iPhoneの＜Watch＞アプリの「写真」で設定しているアルバムの写真です。表示するアルバムを変更したいときは、iPhoneの＜Watch＞アプリから設定します。

1 iPhoneの「Watch」アプリの「マイウォッチ」から＜写真＞をタップします。

2 ＜同期されているルバム＞をタップし、

3 同期したいアルバムをタップします。

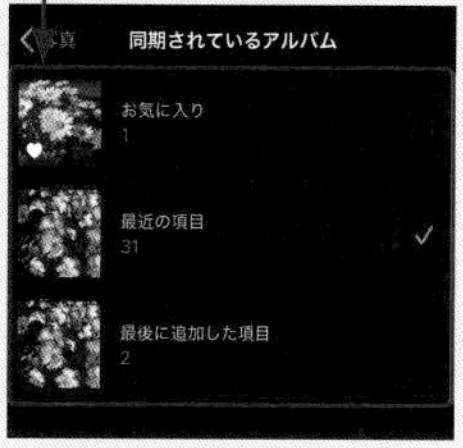

写真

Series 1 2 3 4 5

Q 287 保存できる写真の容量を変更したい!

A 「写真の上限」を設定します。

Apple Watchで保存できる写真の容量は変更することができます。ただし、上限を大きくし過ぎると、容量が不足してアプリやほかのデータが入らなくなることもあるので、適度に調整しておきましょう。

1 Q.286手順2の画面で＜写真の上限＞をタップします。

2 任意の容量を選んでタップします。

カメラ

Series 1 2 3 4 5

Q 288 iPhoneのカメラのリモコンとして使いたい!

A <カメラ>アプリを利用します。

Apple Watchにはレンズがないため、Apple Watchだけで写真を撮影することはできませんが、iPhoneのカメラを遠隔で撮影できるリモコンとして利用できます。iPhoneとApple WatchがBluetooth通信でつながっている範囲内で利用できます。

1 ホーム画面で<カメラ>アプリを起動します。

2 iPhoneのカメラで写している画像が表示され、◯をタップして撮影します。

カメラ

Series 1 2 3 4 5

Q 289 <カメラ>アプリのカメラモードを切り替えたい!

A iPhoneの<カメラ>アプリで切り替えます。

iPhoneの<カメラ>アプリでカメラモードを切り替えると、自動でApple Watchの<カメラ>アプリのカメラモードも切り替わります。撮影方法は、iPhoneとApple Watchで違いはありません。ただし、「パノラマ」モードはApple Watchに対応していません。

1 iPhoneの<カメラ>アプリでカメラモードを切り替えます。ここでは「ビデオ」モードにします。

2 Apple Watchの<カメラ>アプリも「ビデオ」モードになります。

カメラ

Series 1 2 3 4 5

Q 290 カメラを制御したい!

A フラッシュやセルフタイマーなどの設定ができます。

Apple Watchの<カメラ>アプリで、iPhoneの<カメラ>アプリの撮影モードを制御できます。セルフタイマー機能のほか、画面を強く押すと、カメラの反転やフラッシュの設定ができます。カメラモードによって画面を強く押したときの表示メニューは異なります。

1 Q.288手順2の画面で3sをタップするとタイマーがセットされます。

2 画面を強く押すと、フラッシュなどの設定ができます。

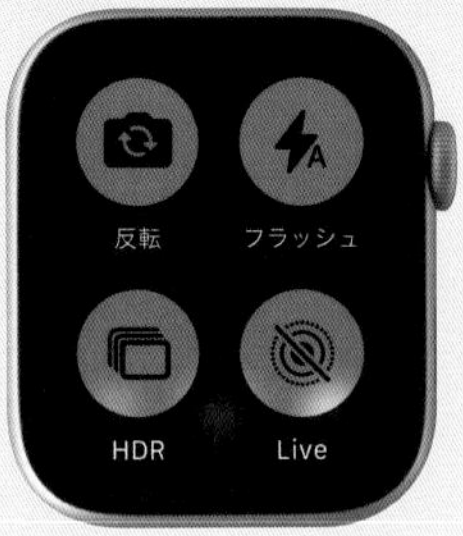

Q 291 Apple Watchで操作できる家電って？

A HomeKitに対応したスマート家電です。

「HomeKit」とは、ネットワークを経由してスマート家電をApple製品で操作できるしくみのことです。あらかじめiPhoneの<ホーム>アプリでHomeKitに対応したスマート家電を追加したり、シーンを作成したりして、「よく使う項目」に登録するとApple Watchで操作できるようになります。Apple Watchの<ホーム>アプリでは、スマート家電をタップで操作したり、動作の設定を変更したりすることができます。

「Homepod」（税別32,800円）は、HomeKitに対応したスマートスピーカーです。Apple Musicと連携して音楽をかけられるほか、メッセージを送信したり、ニュースやスポーツ、天気のアップデートを受信したり、Siriに話しかけるだけでスマートホームデバイスを操作したりすることができます。

Q 292 スクリーンショットを撮りたい！

A デジタルクラウンとサイドボタンを同時に押します。

Apple Watchは表示中の画面をそのまま画像として保存できる、「スクリーンショット」の機能を備えています。Apple Watchでスクリーンショットを撮影するには、Q.294を参考に設定をオンにする必要があります。

スクリーンショットを撮影したい画面を表示し、デジタルクラウンとサイドボタンを同時に押します。シャッター音とともに、画面が一瞬白くなり、スクリーンショットがiPhoneに保存されます。

Q スクリーンショット Series 1 2 3 4 5

293 スクリーンショットをiPhoneで確認したい！

A iPhoneの＜写真＞アプリで確認します。

Apple Watchで撮影したスクリーンショットは、iPhoneの＜写真＞アプリで確認できます。通常の写真と同じように、編集やお気に入りへの設定ができます。

1 iPhoneで＜写真＞アプリを起動します。

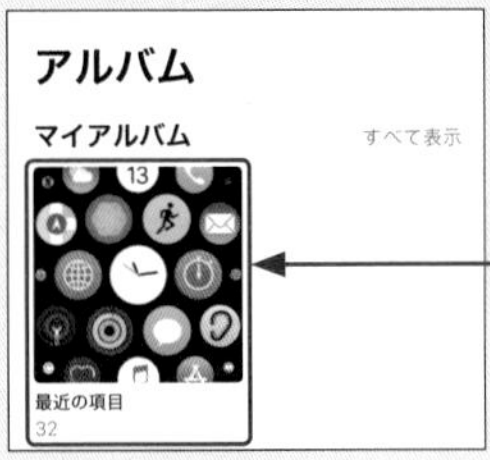

2 「マイアルバム」の＜最近の項目＞をタップします。

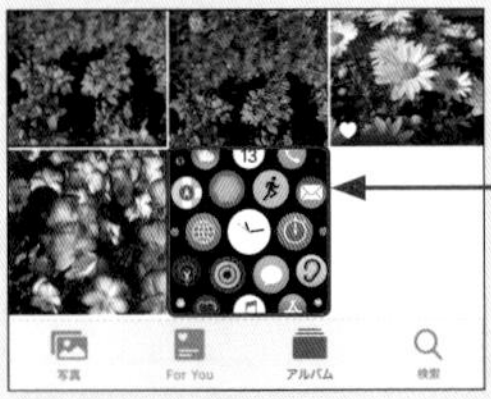

3 Apple Watchでスクリーンショットした写真をタップします。

4 スクリーンショットが表示されます。

Q スクリーンショット Series 1 2 3 4 5

294 スクリーンショットができない！

A 「スクリーンショットを有効にする」をオンにします。

Apple Watchでスクリーンショットが撮影できないときは、「スクリーンショットを有効にする」がオフになっている可能性があります。なお、iPhoneとペアリングしていない場合や、一部の画面は、スクリーンショットを撮ることができません。

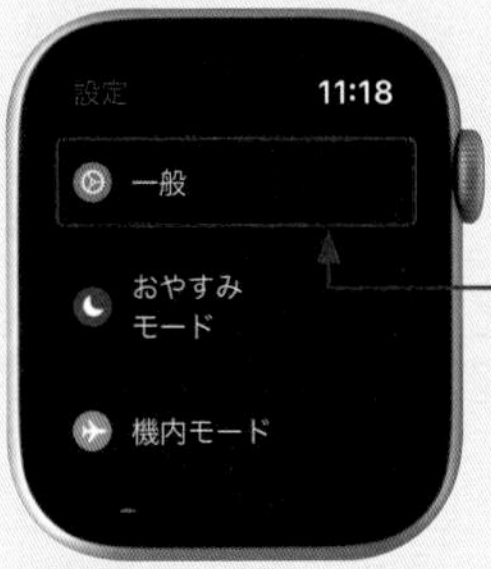

1 ホーム画面で＜設定＞アプリを起動し、

2 ＜一般＞をタップします。

3 ＜スクリーンショット＞をタップします。

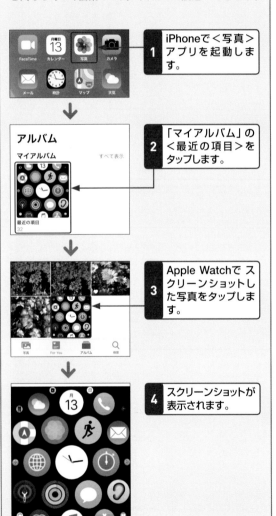

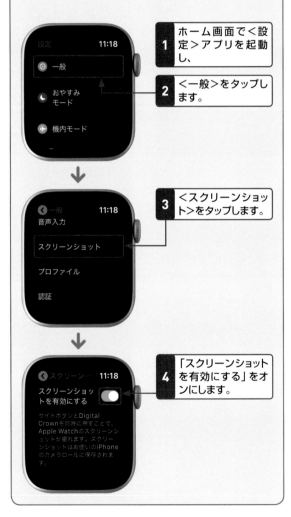

4 「スクリーンショットを有効にする」をオンにします。

Q 295 アクティビティを設定したい!

A <アクティビティ>アプリから初期設定を行います。

「アクティビティ」は、日々の活動を記録することができるアプリです。「アクティビティ」には「ムーブ」「エクササイズ」「スタンド」の3色のリングが用意されていて、「運動によるカロリー消費」「早歩き以上の運動をした分数」「椅子から立ち上がった回数」などを記録してくれます。また、設定した目標の達成度によって励ましの言葉などが表示されるので、ゴールに対する意欲向上に役立ちます。毎日3色のリングを完成させて、健康的な生活を目指しましょう。なお、長期間の記録はiPhoneの<アクティビティ>アプリに保存され、いつでも確認することができます(Q.320参照)。

1 ホーム画面で<アクティビティ>アプリをタップします。

2 画面を左方向にスワイプして「ムーブ」「エクササイズ」「スタンド」の説明を確認し、

3 <さあ、始めよう!>をタップします。

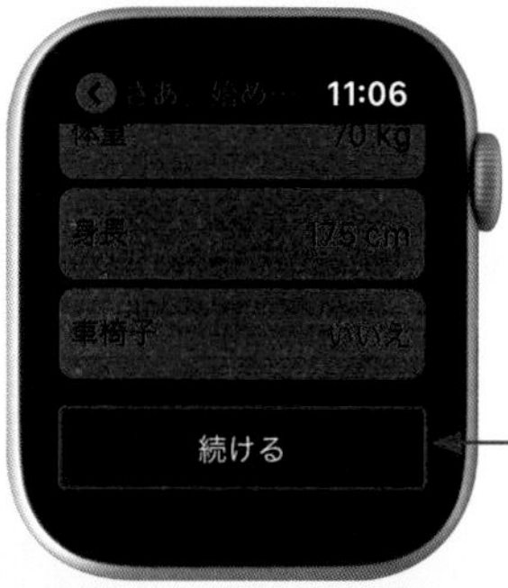

4 「性別」「年齢」「体重」「身長」「車椅子」をそれぞれタップし、デジタルクラウンを回して設定します。

5 入力が完了したら、<続ける>をタップします。

6 「通常、あなたはどれくらいアクティブですか?」と表示されるので、該当するものをタップし、

7 <ムーブ開始>をタップすると、アクティビティの初期設定が完了します。

画面を左方向にスワイプすると、「エクササイズ」と「スタンド」を個別に表示させることができます。

アクティビティ Series 1 2 3 4 5

Q 296 ムーブで消費カロリーを知りたい！

A 赤色のリングを確認します。

赤色のリングで表示される「ムーブ」は、通勤・通学時の歩行や腕の上げ下げなど、日常生活での運動による消費カロリーを計測することができます。「アクティビティ」画面を上方向にスワイプすると、消費カロリーの進捗を確認できます。上方向にスワイプすると、時間別の棒グラフ表示に切り替わります。消費カロリーが目標値に到達しない場合は、時間ごとの活動量のバランスを確認します。

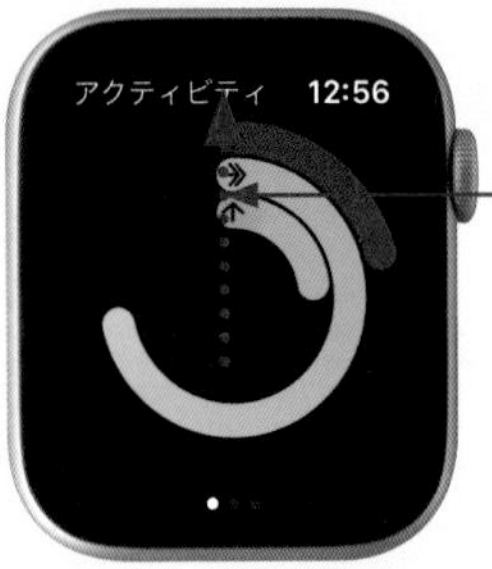

1 ホーム画面から<アクティビティ>アプリを開き、画面を上方向にスワイプします。

2 消費カロリーの進捗を確認できます。

3 さらに上方向にスワイプすると、時間別の棒グラフ表示を確認できます。

アクティビティ Series 1 2 3 4 5

Q 297 ムーブのゴールを変更したい！

A <ムーブゴールを変更>をタップします。

歩行や腕の上げ下げによって計測される「ムーブ」は、比較的目標を達成しやすいアクティビティです。ムーブをより高い目標に設定したい場合は、ゴールを変更します。なお、ゴールの数値を変更できるのはムーブのみで、「エクササイズ」と「スタンド」のゴールは変更することができません。

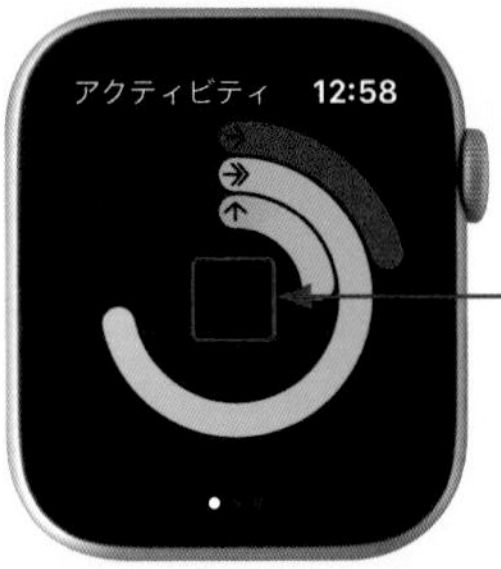

1 「アクティビティ」画面を強く押します。

2 <ムーブゴールを変更>をタップします。

3 デジタルクラウンを回して数値を変更し、

4 <アップデート>をタップします。

アクティビティ　Series 1 2 3 4 5

Q 298 アクティビティの通知を確認したい！

A 文字盤を下方向にスワイプして確認します。

＜アクティビティ＞アプリは、「ムーブ」「エクササイズ」「スタンド」で設定した目標に応じて、あいさつや励ましのメッセージなど、さまざまな内容の通知が送信されます。アクティビティの通知は、文字盤の画面を下方向にスワイプし、届いた通知をタップすることで内容を確認できます。通知が不要な場合は、Q.299を参考に通知をオフにします。

1 文字盤の画面を下方向にスワイプし、

2 内容を確認したい通知をタップします。

3 通知の内容が表示されます。

アクティビティ　Series 1 2 3 4 5

Q 299 iPhoneでアクティビティの通知を設定したい！

A ＜Watch＞アプリから設定します。

Apple Watchの＜アクティビティ＞アプリによる通知は、iPhoneの＜Watch＞アプリから設定します。初期設定ではすべてのアクティビティの通知がオンになっていますが、すべての通知をオフにしたり、任意の通知のみをオフにしたりできます。

1 iPhoneの＜Watch＞アプリで＜アクティビティ＞をタップし、

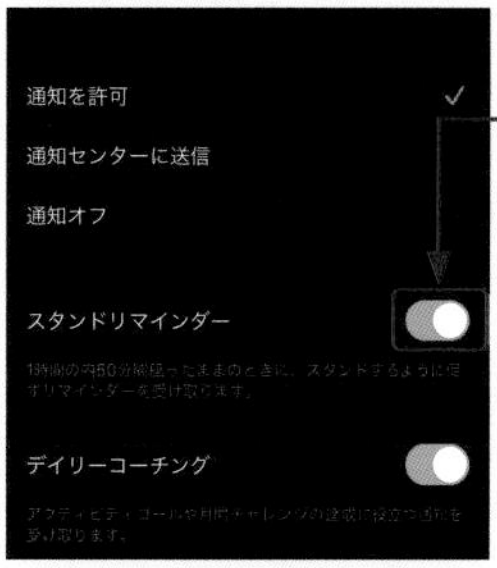

2 通知をオフにしたい項目の をタップすると、

3 になり、通知がオフになります。

＜通知センターに送信＞をタップすると、通知センターに直接通知が送信されます。＜通知オフ＞をタップすると、すべての通知がオフになります。

アクティビティ

Series 1 2 3 4 5

Q

300 アクティビティのトレンドって何？

A

毎日のアクティビティの記録のことです。

iPhoneの<アクティビティ>アプリには、Apple Watchのアクティビティデータが保存されます。アクティビティを6か月以上記録すると、アクティブカロリー、エクササイズ時間、スタンド時間、歩行距離など、毎日のトレンドデータが表示されます。

1 <アクティビティ>アプリで<トレンド>→<OK>の順にタップすると、

2 トレンドデータが表示されます。

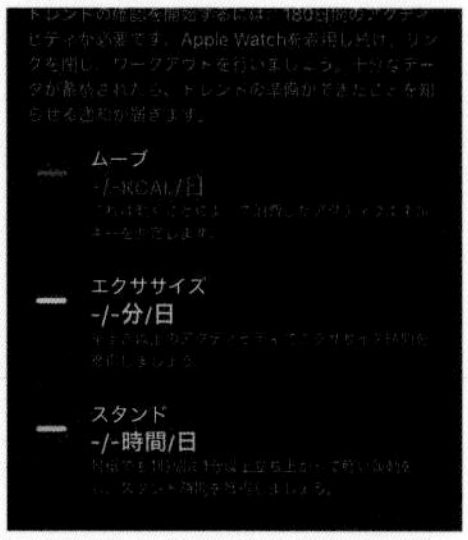

アクティビティ

Series 1 2 3 4 5

Q

301 アクティビティを友達と共有したい！

A

友達を追加してアクティビティを共有します。

アクティビティを友達と共有すると、運動習慣の維持やモチベーションアップに効果があります。友達とアクティビティを共有するには、Apple Watchの<アクティビティ>アプリで画面を左方向にスワイプし、<友達に参加依頼>をタップするか、iPhoneの<アクティビティ>アプリで<共有>→■をタップし、友達に参加依頼を送信します。依頼を受けた友達が<承認>をタップすると、友達がリストに追加され、お互いに進捗を確認したり（Q.302参照）、競争を依頼したりできるようになります（Q.303参照）。

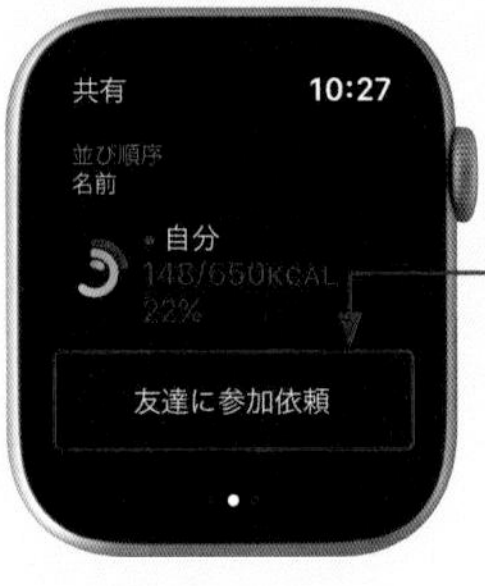

1 <アクティビティ>アプリで画面を左方向にスワイプし、

2 <友達に参加依頼>をタップします。

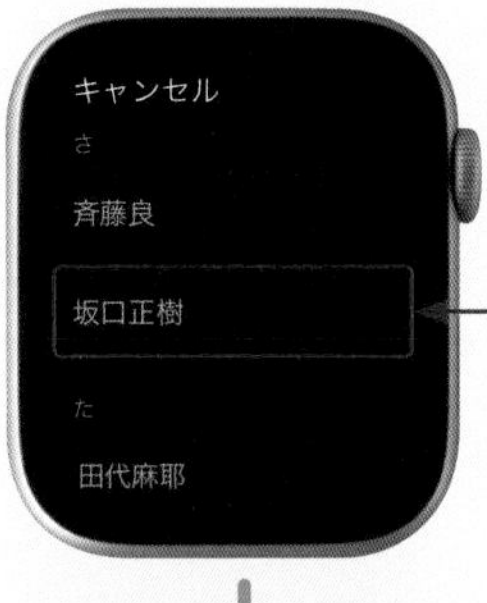

3 参加依頼を送信したい友達をタップします。

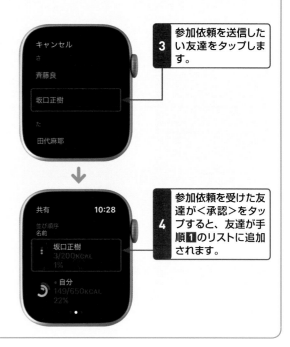

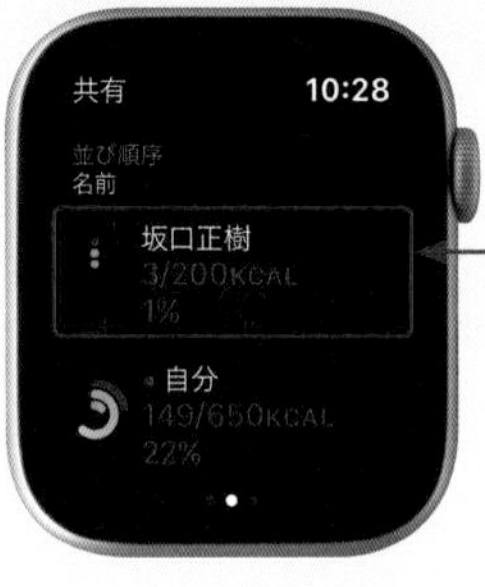

4 参加依頼を受けた友達が<承認>をタップすると、友達が手順1のリストに追加されます。

アクティビティ　Series 1 2 3 4 5

Q 302 友達の進捗状況を確認したい！

A リストから友達をタップします。

共有した友達のアクティビティは＜アクティビティ＞アプリの「共有」画面から確認することができます。自分のアクティビティの進捗状況を友達に見られたくない場合は、手順2の画面を上方向にスワイプし、＜自分のアクティビティを非表示＞をタップします。

1 Q.301手順4の画面で友達をタップすると、

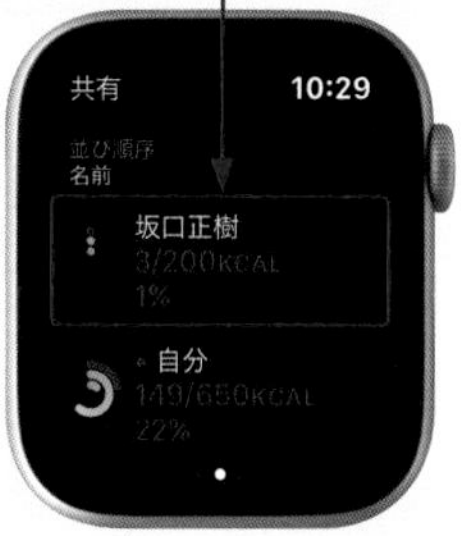

2 友達のアクティビティの進捗状況を確認できます。

アクティビティ　Series 1 2 3 4 5

Q 303 アクティビティで友達と競争したい！

A 7日間のアクティビティを競うことができます。

アクティビティを共有している友達とは、7日間の目標の達成具合を競うことができます。＜アクティビティ＞アプリで友達をタップし、＜競争する＞→＜○○さんに参加依頼を送信＞の順にタップします。友達が参加を承認すると、競争がスタートします。

1 友達のアクティビティ画面で＜競争する＞をタップし、

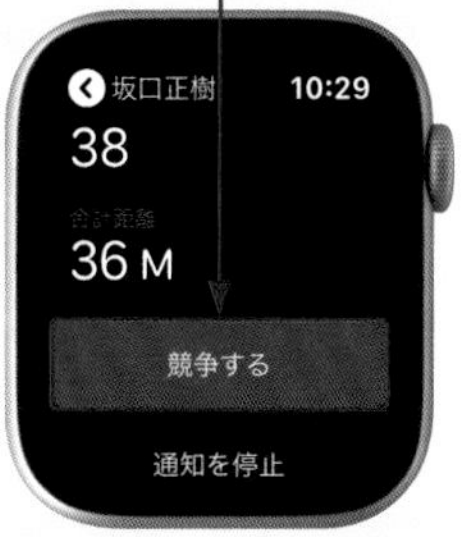

2 ＜○○さんに参加依頼を送信＞をタップします。

アクティビティ　Series 1 2 3 4 5

Q 304 長時間座っているときに通知してほしい！

A 「スタンドリマインダー」をオンにします。

iPhoneの＜Watch＞アプリで＜アクティビティ＞をタップし、「スタンドリマインダー」を有効にすると、Apple Watchを装着している状態で50分間座り続けたときに、「スタンドの時間です！」という通知が送信されます。

1 ＜Watch＞アプリの＜アクティビティ＞で「スタンドリマインダー」の通知を（オン）にすると、

2 50分座り続けたときに、Apple Watchに通知が届きます。

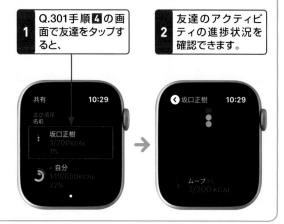

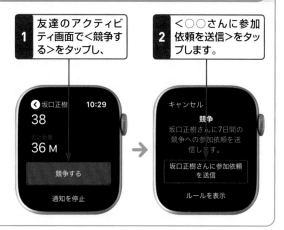

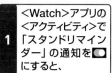

Q ワークアウト

Series 1 2 3 4 5

305 ワークアウトでさまざまな運動の記録を付けたい！

A <ワークアウト>アプリで実行したいワークアウトを選択します。

運動やトレーニングのことを総称して「ワークアウト」といい、Apple Watchの<ワークアウト>アプリでは、さまざまな運動の記録を付けることができます。最初に設定されているワークアウトは、「ウォーキング」「ランニング」といった一般的な運動や、「サイクリング」「インドアバイク」「エリプティカル」「ローイング」「ステアステッパー」といったマシンなどを使う運動、「ヨガ」「プールスイミング」といった趣味としても楽しめる運動など、あわせて14種類です。実行したいワークアウトを選んでみましょう。そのほかにも、「キックボクシング」「サッカー」「ダンス」「ゴルフ」など、よく行うスポーツを自分でワークアウトに追加することもできます。

ワークアウトを選ぶ

1 ホーム画面で<ワークアウト>アプリをタップし、

2 画面を上下にスワイプして、

3 実行したいワークアウトの…をタップします。

4 ゴール（目標）に設定したい項目を選択します。

ワークアウトのゴール設定は、Q.307で解説しています。

ワークアウトを追加する

1 <ワークアウト>アプリを開き、

2 画面最下部の<ワークアウトを追加>をタップします。

3 実行したいワークアウトをタップすると、ワークアウトが追加されます。

ワークアウト Series 1 2 3 4 5

Q 306 ワークアウトをフリーで実行したい!

A ワークアウトをフリーで実行したい!

自分のペースでワークアウトを進めたいときや、とりあえずタイムや距離の記録だけを付けたいときなど、ゴールをとくに設定せずにワークアウトを開始したい場合は、実行したいワークアウトの…をタップし、<フリー>をタップします。ワークアウトにゴールを設定したい場合は、Q.307を参照してください。

1 実行したいワークアウトの…をタップし、

「フリーゴール」と表示されている場合は、ワークアウト名をタップすることですぐに計測を始めることができます。

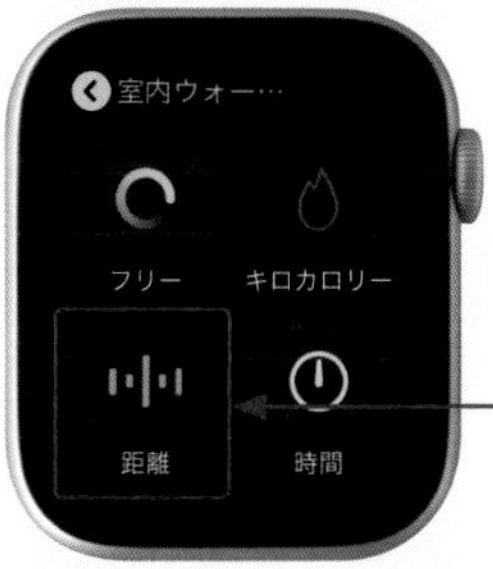

2 ゴールを設定したい項目(ここでは<距離>)をタップします。

3 計測が始まります。

終了方法はQ.310で解説しています。

ワークアウト Series 1 2 3 4 5

Q 307 ワークアウトのゴールを設定したい!

A 3つの項目からゴールを設定できます。

ワークアウトは、「距離」「キロカロリー」「時間」の3つの項目からゴールを設定することができます。ゴールを設定すると達成するための意識が高まり、効率よく体を動かすことができるでしょう。ゴールを達成すると、2回目以降は手順**1**の画面に前回設定したゴールの数値が表示されるようになります(Q.311参照)。

1 実行したいワークアウトの…をタップし、

2 ゴールを設定したい項目(ここでは<距離>)をタップします。

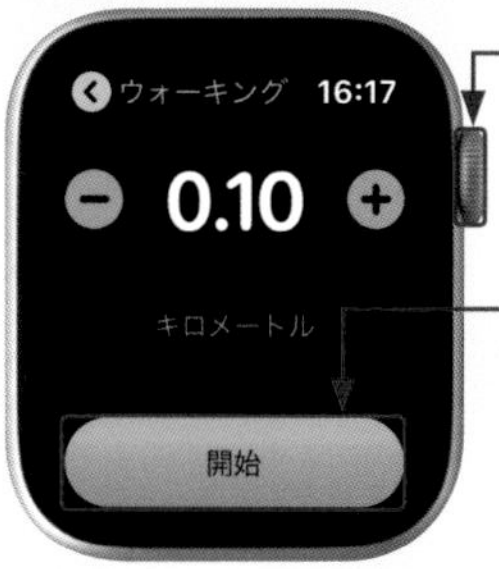

3 デジタルクラウンを回して、ゴールの数値を設定します。

4 <開始>をタップすると、計測が始まります。

ワークアウト

Series 1 2 3 4 5

Q 308 ワークアウトの進捗を確認したい！

A ワークアウトを開始後の画面で確認できます。

ワークアウトの＜開始＞をタップすると、円グラフと数字が表示されるので、進捗を確認しながらワークアウトを行うことができます。また、ゴールに設定した数値の半分を過ぎると、「中間点」と表示される通知が届きます。

1 ワークアウトを開始すると、円グラフと数字で進捗を確認できます。

2 ゴールの半分の数値を達成すると、「中間点」の通知が届きます。

ワークアウト

Series 1 2 3 4 5

Q 309 開始前のカウントダウンをスキップしたい！

A 画面をタップします。

ワークアウトの＜開始＞をタップすると、「準備」→「3」→「2」→「1」と、3秒のカウントダウンが表示されます。すぐにワークアウトを開始したいときは、カウントダウン中に画面をタップすると、カウントダウンをスキップして計測をスタートできます。

1 カウントダウン中の画面をタップすると、

2 すぐに計測がスタートします。

ワークアウト

Series 1 2 3 4 5

Q 310 ワークアウトは中断できるの？

A ＜一時停止＞または＜終了＞をタップします。

ワークアウトを一時的に中断したい場合は、計測画面を右方向にスワイプし、＜一時停止＞をタップします。ここまでの数値は記録され、＜再開＞をタップすると再度計測が始まります。ワークアウトを完全に終了したい場合は、＜終了＞をタップします。

1 計測画面を右方向にスワイプし、

2 ＜一時停止＞または＜終了＞をタップします。

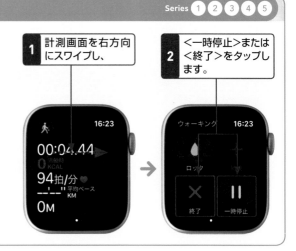

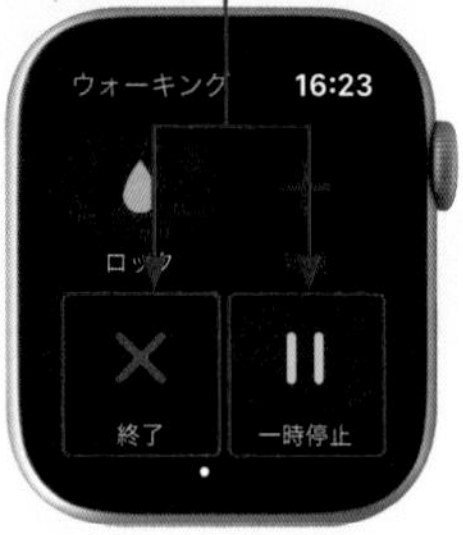

Q 311 ワークアウトの結果を見たい!

A ゴールしたあとに<終了>をタップします。

ワークアウトが終了したら、ワークアウトの結果を確認します。その日の気候や距離、平均心拍数など、記録したデータを保存して、次回のワークアウトに活かすことができます。運動中にゴールを達成すると、「ゴール達成」の通知が表示されますが、計測はそのまま継続されます。達成後は画面を右方向にスワイプし、<終了>をタップすると、ワークアウトの概要が表示されるので、結果を確認して<完了>をタップします。次回同じワークアウトを起動すると、これまでの最高記録が「最長:○○」「最高:○○」といった形で表示されるようになります。ワークアウトの結果は、iPhoneの<アクティビティ>アプリから確認することもできます(Q.320参照)。

1 ゴール達成後、画面を右方向にスワイプし、

2 <終了>をタップします。

3 ワークアウトの概要が表示されます。

4 画面を上方向にスワイプして結果を確認し、

5 <完了>をタップします。

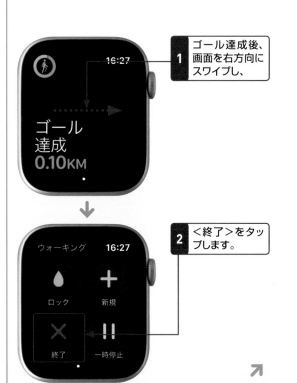

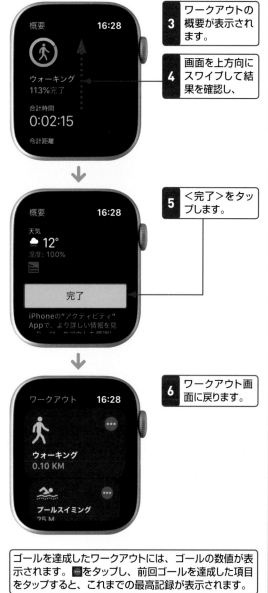

6 ワークアウト画面に戻ります。

ゴールを達成したワークアウトには、ゴールの数値が表示されます。…をタップし、前回ゴールを達成した項目をタップすると、これまでの最高記録が表示されます。

ワークアウト Series 1 2 3 4 5

Q 312 ワークアウトの通知を確認したい！

A 文字盤の画面を下方向にスワイプします。

＜ワークアウト＞アプリでは、ゴールに設定した数値に合わせて、中間点の通知（Q.308参照）や、目標達成の通知などが届きます。また、ゴールを達成した際にもらえるバッジ（Q.321参照）も、目標達成時の通知から確認することができます。通知を確認したら、＜閉じる＞をタップします。

1 ワークアウトのゴールを達成したあと、文字盤の画面を下方向にスワイプすると、

2 「目標達成」の通知が表示されるので、タップします。

3 通知の詳細が表示されます。

4 バッジを獲得した場合、画面を上方向にスワイプすると確認できます。

ワークアウト Series 1 2 3 4 5

Q 313 ワークアウト中のバッテリー消費を抑えたい！

A 「省電力モード」をオンにします。

＜Watch＞アプリの＜ワークアウト＞で「省電力モード」を有効にすると、モバイル通信と心拍数センサーがオフになり、ウォーキングまたはランニングのワークアウト中のバッテリー消費量を抑えることができます。ただし、「省電力モード」は消費カロリーの計測精度が低下する場合があるので注意しましょう。

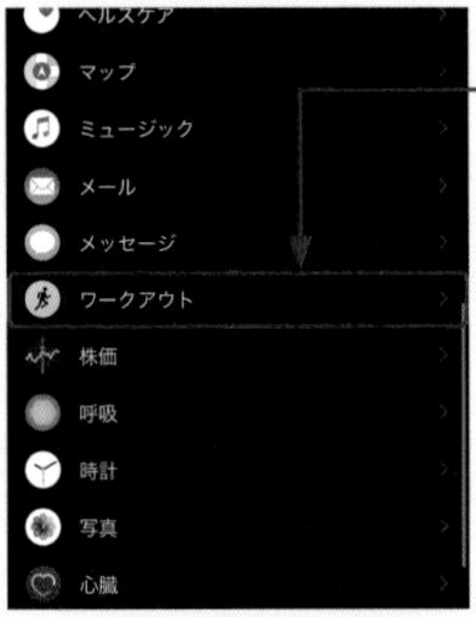

1 iPhoneの＜Watch＞アプリで＜ワークアウト＞をタップし、

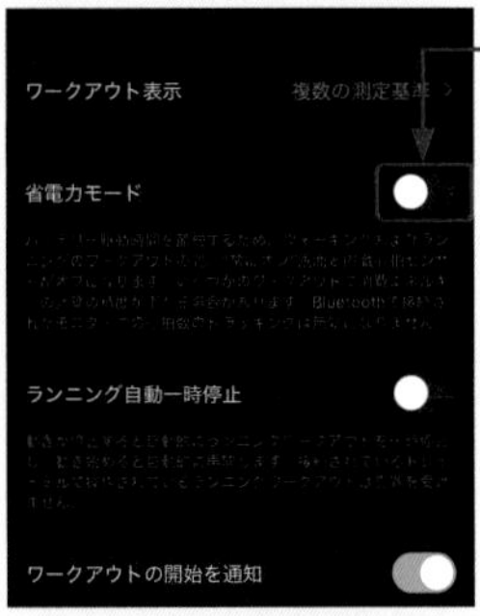

2 「省電力モード」の をタップすると、

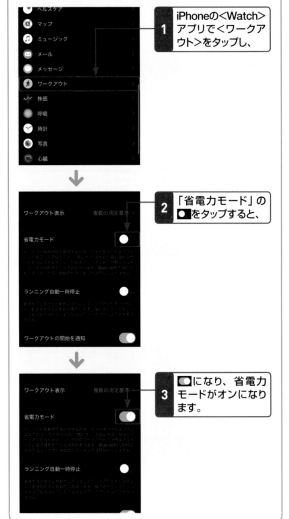

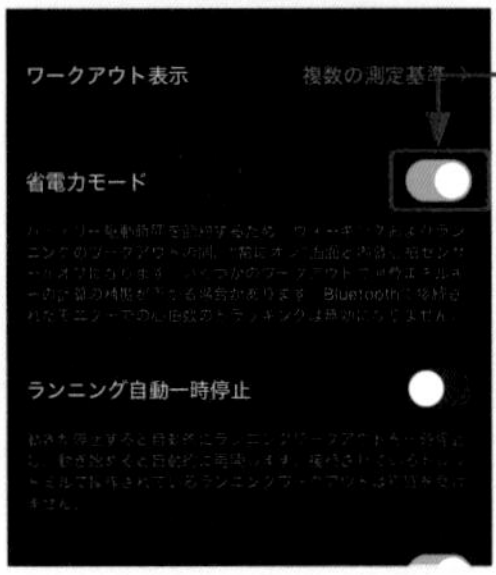

3 になり、省電力モードがオンになります。

Q 314 Apple Watchはプールで使えるの？

A 「スイミング」のワークアウトを利用できます。

Apple Watchは耐水性能を備えているため（Q.038、039参照）、海やプールなど、浅い水深の場所で利用することができます。スキューバダイビング、ウォータースキーなど、水深が深い場所や水圧が高い場所での利用を想定した造りにはなっていないので注意が必要です。＜ワークアウト＞アプリには、プールのコースを往復するときに使える「プールスイミング」と、湖や海などで泳ぐときに使える「オープンウォータースイミング」の2つのスイミングワークアウトが用意されています。ここでは、「プールスイミング」の操作方法を紹介します。なお、スイミングのワークアウトを利用するときは、自動的にApple Watchに防水ロック（Q.091参照）がかかります。

1 ホーム画面から＜ワークアウト＞アプリを開き、

2 「プールスイミング」の ••• をタップします。

3 画面を上方向にスワイプして、

4 ＜OK＞をタップします。

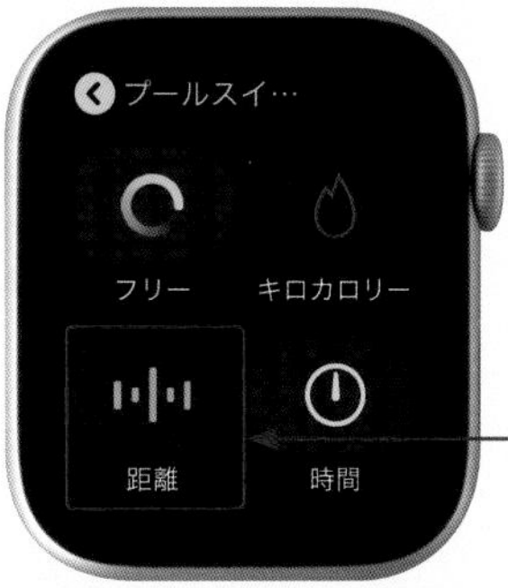

5 設定したい項目（ここでは＜距離＞）をタップし、

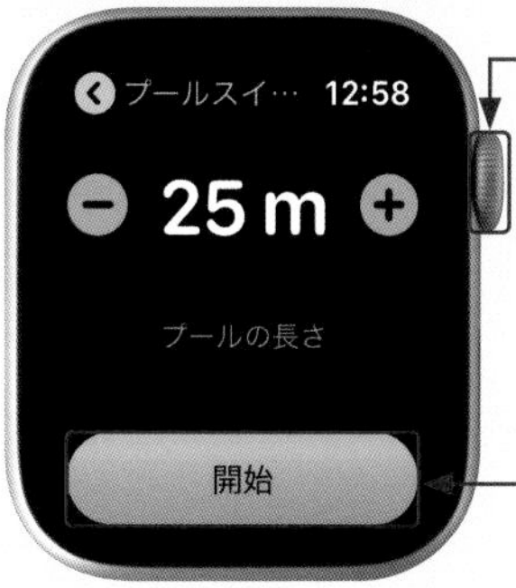

6 デジタルクラウンを回して数値を設定したら、

7 ＜次へ＞→＜開始＞の順にタップします。

8 カウントダウンが始まり、計測がスタートします。

9 Apple Watchを操作するときは、デジタルクラウンを回して防水ロックを解除します。

10 計測を終了するには、防水ロック解除後に画面を右方向にスワイプして、＜終了＞をタップします。

Q ワークアウト　Series 1 2 3 4 5

315 運動時にワークアウトがすぐに起動されるようにしたい！

A Apple Watchが動きを感知してワークアウトを提案します。

「ワークアウトの開始を通知」を有効にしていると、＜ワークアウト＞アプリを起動していなくても、運動中であることをApple Watchが感知して、＜ワークアウト＞アプリの起動が提案されます。ワークアウトを開始した場合、すでに動いていた分のデータも加算されます。ワークアウトの提案までにかかる時間は、ワークアウトの種類によって異なります。通知されるワークアウトは、「ウォーキング」「ランニング」「エリプティカル」「ローイング」「スイミング」です。

1 動きを感知すると、「ワークアウト中のようですね。」と表示されます。

2 画面を上方向にスワイプし、

3 任意の項目（ここでは＜室内ランニングを記録＞）をタップします。

4 ワークアウトが開始されます。

Q ワークアウト　Series 1 2 3 4 5

316 ワークアウトを常に正しく計測したい！

A ヘルスケアプロフィールを常に最新にします。

＜アクティビティ＞アプリや＜ワークアウト＞アプリは、Q.295で入力した情報に基づいて、移動距離や消費カロリーを計測します。常に正確な測定結果を得るためには、身長や体重に変化があったときにiPhoneの＜Watch＞アプリから情報を変更します。

1 ＜Watch＞アプリで＜ヘルスケア＞→＜ヘルスケアプロフィール＞の順にタップし、

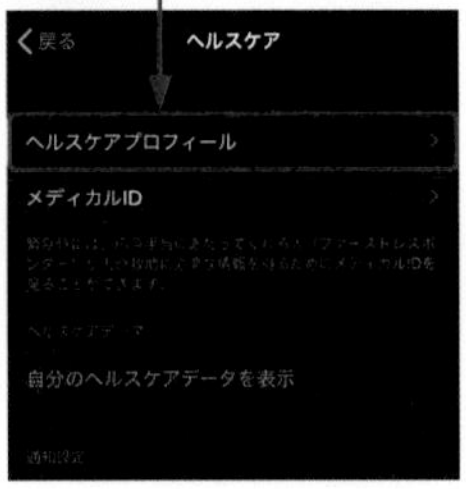

2 ＜編集＞をタップして情報を変更し、＜完了＞をタップします。

ワークアウト Series 1 2 3 4 5

Q 317 フィットネス機器での運動もワークアウトに記録したい！

A フィットネス機器とApple Watchをペアリングします。

Apple Watchは、互換性のあるフィットネス機器とペアリングすることで、フィットネス機器で行った運動をワークアウトで記録できるようになります。互換性があるフィットネス機器には、「Connects to Apple Watch」または「Connect to Apple Watch」と表示されています。フィットネス機器とのペアリングを行うには、Apple Watchの「フィットネス機器を検出」を有効にしておきます。

1 ホーム画面で<設定>アプリをタップし、

2 <ワークアウト>をタップします。

3 「フィットネス機器を検出」の をタップして、 にします。

Apple Watchの画面をフィットネス機器の非接触型リーダーに近付け、軽い振動と音が鳴ると、ペアリングが完了します。

ワークアウト Series 1 2 3 4 5

Q 318 かざすだけでジムマシンと連携できるって本当？

A GymKit対応マシンとペアリングすることができます。

「GymKit」とは、Apple WatchをGymKit対応のマシンにかざすことで、ワークアウトのデータを表示できる技術です。日本では、2018年3月に恵比寿の「ANYTIME FITNESS」で初めて導入されました。マシンのディスプレイとApple Watchにガイドが表示されるので、指示に従ってワークアウトの種類を選んで利用を開始します。ワークアウト中は、マシンのディスプレイとApple Watchの両方に同じデータが表示されるため、ワークアウトに集中しやすくなります。ワークアウトの結果は、iPhoneの<アクティビティ>アプリで確認できます（Q.320参照）。

アクティビティの管理 Series 1 2 3 4 5

Q 319 万歩計として使いたい！

A <アクティビティ>アプリの合計歩数を確認します。

アクティビティでカウントされる日々の歩数は、Apple Watchの<アクティビティ>アプリの「合計歩数」から確認できます。また、iPhoneの<アクティビティ>アプリからも確認が可能です（Q.320参照）。

1 <アクティビティ>アプリで画面を上方向にスワイプすると、「合計歩数」を確認できます。

Q 320 iPhoneで日常の運動量を管理したい!

A <アクティビティ>アプリから管理できます。

iPhoneの<アクティビティ>アプリには、Apple Watchを装着している間の運動量が記録され、これまでのデータも保存されます。<アクティビティ>アプリを開くと、今日のアクティビティデータが表示されます。画面を上方向にスワイプすると、「ムーブ」「エクササイズ」「スタンド」のそれぞれの項目のデータが確認できます。画面上部の曜日が書かれたリングは、1週間分のアクティビティデータです。画面左上の＜をタップすると、カレンダー形式で過去のアクティビティデータが表示されます。日ごとの達成度がひと目でわかるため、モチベーションの維持にも役立ちます。

1 iPhoneで<アクティビティ>アプリを開くと、

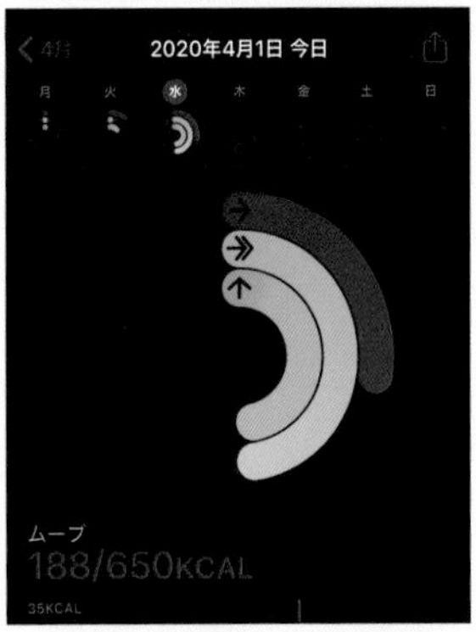

2 今日のアクティビティデータを確認することができます。

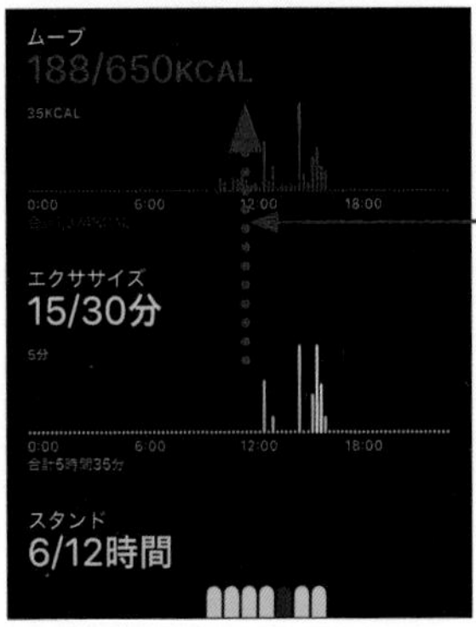

3 画面を上方向にスワイプすると、「ムーブ」「エクササイズ」「スタンド」の各項目ごとの進捗を確認できます。

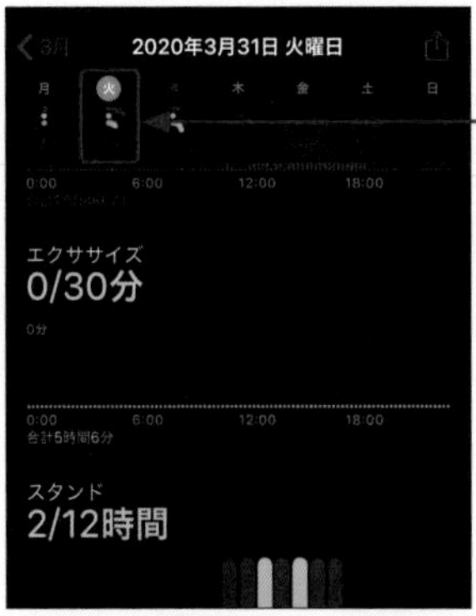

4 画面上部の任意の曜日をタップすると、その日のアクティビティを確認できます。

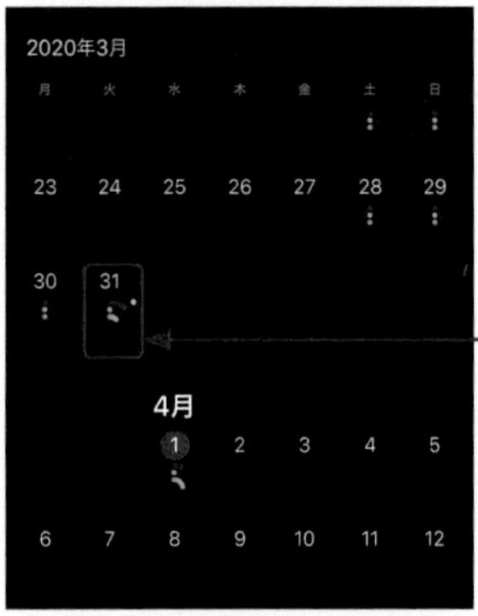

5 手順4の画面で＜をタップすると、カレンダー形式でアクティビティが表示されます。

6 任意の日にちをタップすると、

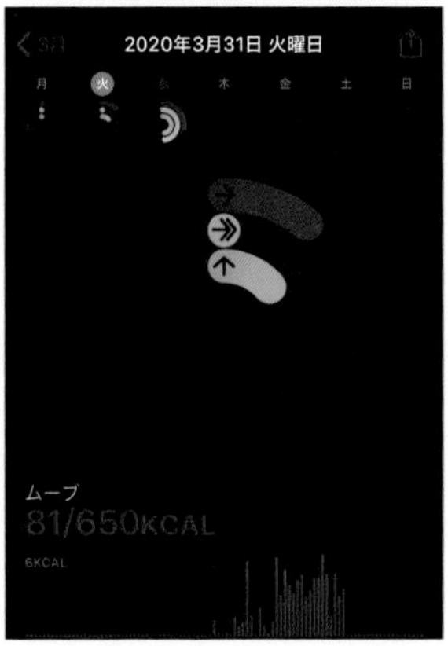

7 その日のアクティビティを確認できます。

アクティビティの管理 Series 1 2 3 4 5

Q 321 iPhoneで取得したバッジを確認したい！

A <バッジ>をタップして確認できます。

アクティビティやワークアウトで目標を達成すると、ゴールの証である「バッジ」を取得できます。さまざまなバッジが用意されているので、日々の運動の目的にするとよいでしょう。また、定期的に開催されている「アクティビティチャレンジ」では、特別なバッジを取得することができます。取得したバッジは、iPhoneとApple Watchそれぞれの<アクティビティ>アプリから確認することができます。

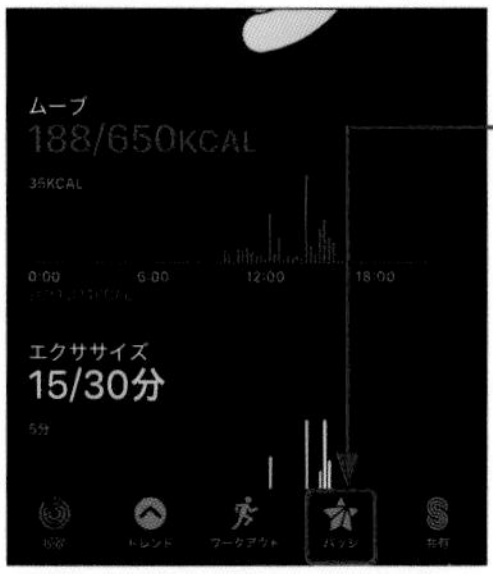

1 iPhoneの<アクティビティ>アプリで<バッジ>をタップすると、

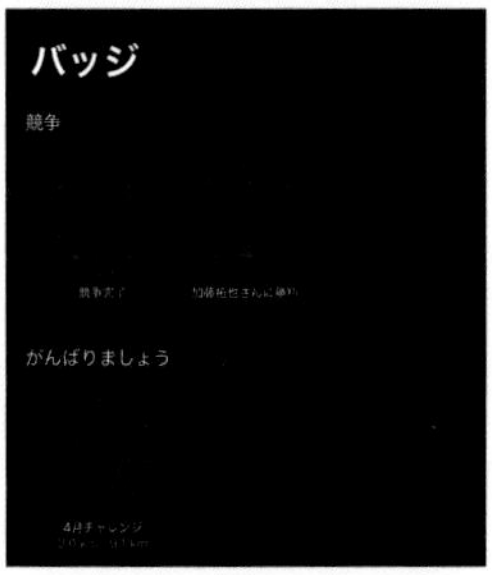

2 バッジのコレクション画面が表示されます。

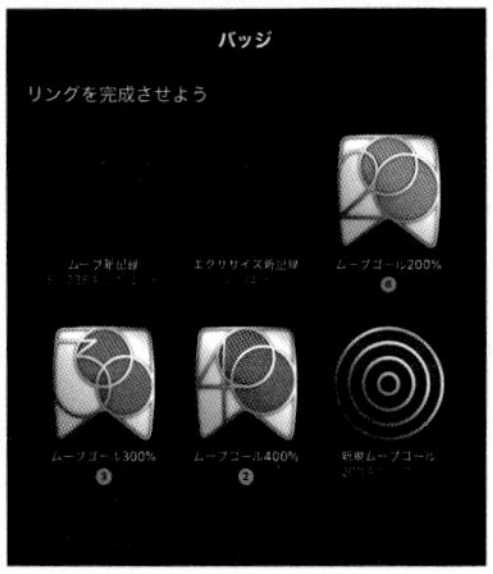

3 取得したバッジは、カラーで表示されます。

まだ取得していないバッジをタップすると、そのバッジの入手方法を確認できます。

アクティビティの管理 Series 1 2 3 4 5

Q 322 バッジは共有できるの？

A メールやSNSで共有できます。

アクティビティやワークアウトで取得したバッジを、共にワークアウトを行っている友人と共有してみましょう。iPhoneの<アクティビティ>アプリの「バッジ」画面で共有したいバッジをタップし、画面右上のをタップすると、メッセージやメール、LINEなどで画像として共有できます。

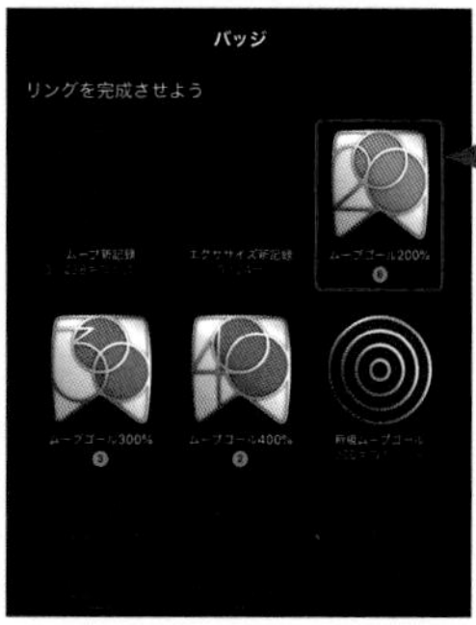

1 Q.321手順3の画面で共有したいバッジをタップし、

2 画面右上のをタップして、

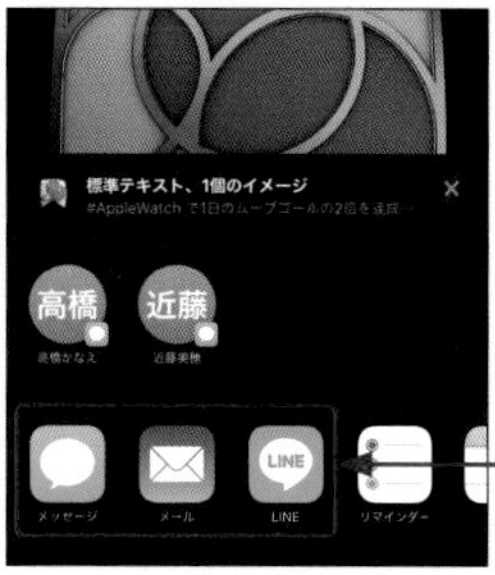

3 任意の共有方法をタップします。

アクティビティの管理 Series 1 2 3 4 5

Q 323 車椅子でのアクティビティを設定したい！

A 「ヘルスケアプロフィール」を設定します。

車椅子を利用している場合、「ヘルスケアプロフィール」の「車椅子」を「はい」に設定することで、車椅子に合わせたアクティビティやワークアウトを行うことができます。＜ワークアウト＞アプリでは、「アクトドア・プッシュ・ペースウォーキング」など、車椅子専用のアクティビティが表示されるようになります。＜アクティビティ＞アプリでは、「スタンド」の代わりに「ロール」が表示され、1時間おきにロールやストレッチが促されます。

1 iPhoneで＜Watch＞アプリを開き、＜ヘルスケア＞→＜ヘルスケアプロフィール＞の順にタップします。

2 画面右上の＜編集＞をタップし、＜車椅子＞をタップして、＜はい＞に設定します。

3 Apple Watchで＜ワークアウト＞アプリを開くと、車椅子用のワークアウトが表示されます。

4 ＜アクティビティ＞アプリを開くと、毎日のアクティビティのリングが「ムーブ」「エクササイズ」「ロール」になります。

ヘルスケア Series 1 2 3 4 5

Q 324 Apple Watchで計測したデータで健康状態がわかるの？

A ＜ヘルスケア＞アプリから確認できます。

iPhoneの＜ヘルスケア＞アプリを使用すると、自分の身長や体重などの身体状況の管理や、Apple Watchで計測したデータをソースとした健康状態の管理をすることができます。手順1のあとに「ヘルスケアプロフィールを設定」画面が表示された場合は、必要事項を入力し、＜完了＞をタップします。

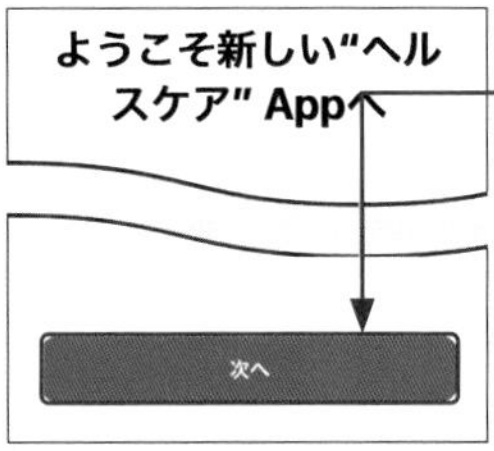

1 iPhoneで＜ヘルスケア＞アプリを開き、＜次へ＞をタップします。

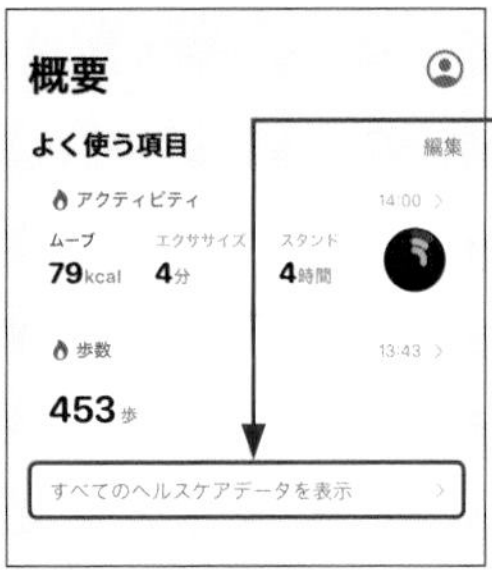

2 「概要」画面で＜すべてのヘルスケアデータを表示＞をタップします。

3 任意の項目をタップすると、詳細データが確認できます。

Q ヘルスケア Series 1 2 3 4 5

Q 325 緊急時に必要な情報をすぐに確認したい!

A サイドボタンを長押しします。

Q.316手順1の画面で<メディカルID>をタップすると、アレルギーや病状など、緊急時に重要になる可能性のある個人情報を入力することができます。メディカルIDはQ.295で設定した情報だけが入力されているので、必要な情報はすべて入力を済ませておきましょう。緊急時にメディカルIDを提示することで、自分をケアしてくれる人や医療機関にすばやく対応してもらうことができます。

1 サイドボタンを長押しし、

2 「メディカルID」のをを右方向にドラッグします。

3 メディカルIDが表示されます。

Q 心拍数 Series 1 2 3 4 5

Q 326 手軽に心拍数を測定できないの?

A <心拍数>アプリを利用します。

Apple Watchには、心拍数を読み取る特別なセンサーが内蔵されています。Apple Watchを装着するだけで、心拍数を計測し、<心拍数>アプリで数値を確認することができます。手順1のあとに説明画面が表示された場合は、<次へ>→<スキップ>の順にタップします。なお、心拍数を正しく読み取るには、Apple Watchの背面が手首の上側の皮膚に接触している必要があります。

1 <心拍数>アプリをタップします。

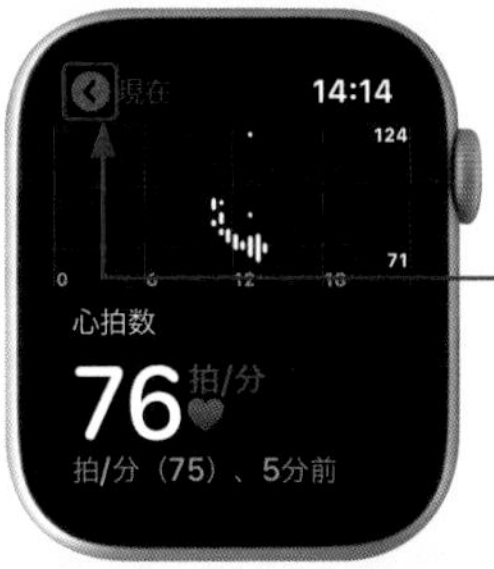

2 心拍数の計測が始まり、心拍数が表示されます。

3 画面左上のをタップします。

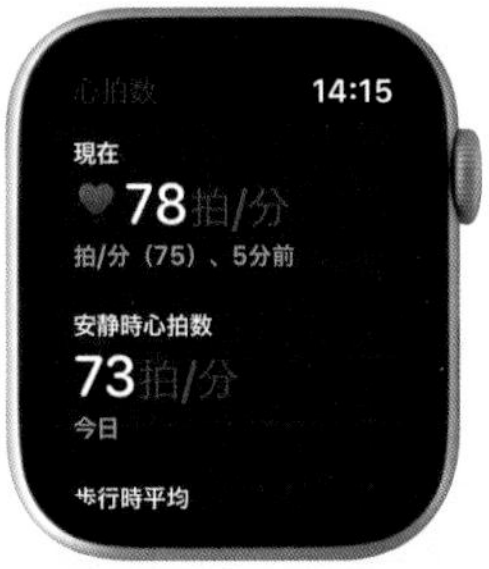

4 安静時や歩行時などの心拍数を確認できます。

心拍数

Series 1 2 3 4 5

Q 327 心拍数のしきい値を設定したい！

A 「高心拍数」または「低心拍数」から設定します。

心拍数は、体の状態を監視するための重要な要素です。<Watch>アプリの<心臓>で心拍数のしきい値を設定しておくと、安静時とみなされるときに、心拍数が設定した数値より上がっている状態、または下がっている状態が10分間続いた際に、通知が送信されます。

1 iPhoneの<Watch>アプリで<心臓>をタップし、

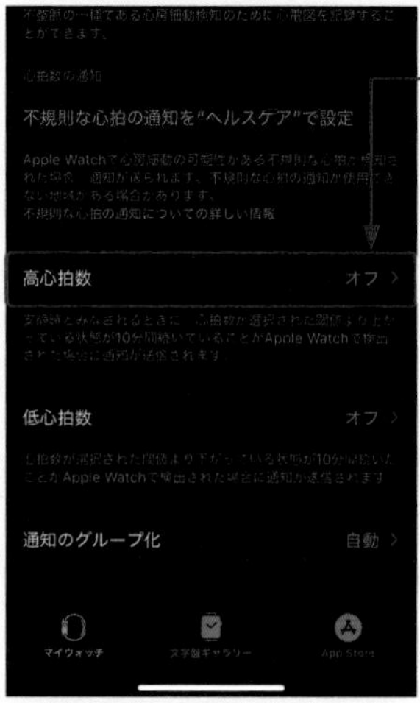

2 <高心拍数>または<低心拍数>をタップし、

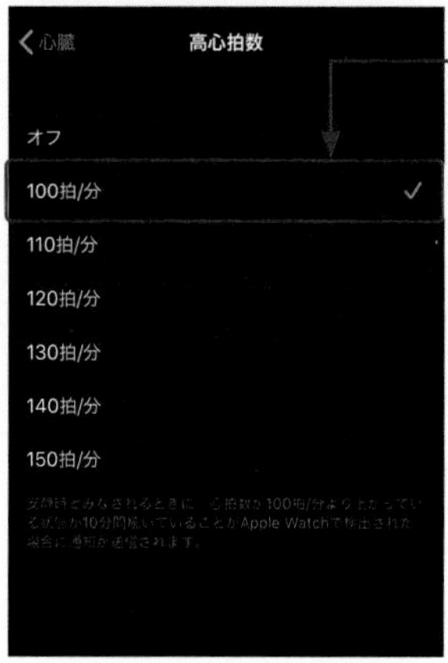

3 任意の心拍数のしきい値をタップします。

心拍数

Series 4 5

Q 328 心電図機能は使えないの？

A 日本では利用することができません。

Apple Watch Series4以降では、心拍数の計測に加え、心電図を計測できる「ECG」機能が搭載されました。これまで心電図は医療機関でしか計測できないものでしたが、普段から身に付けるApple Watchで手軽に計測できると話題になりました。しかし、ECG機能は各国の医療機器の認定が必要なことから、現在はアメリカなどのECG機能提供対象国で購入、かつペアリングを行ったApple Watchでしか心電図を計測できません。

呼吸 Series 1 2 3 4 5

Q 329 呼吸アプリでリラックスしたい！

A 呼吸セッションを行います。

勉強や仕事で疲れたり、集中力を高めたりしたいときは、<呼吸>アプリを使いましょう。<呼吸>アプリは深呼吸で心を落ち着かせるサポートしてくれます。アニメーションの動きと振動する合図に合わせて呼吸をすることで、リラックス効果が得られます。

1 ホーム画面で<呼吸>アプリをタップし、画面を左方向に3回スワイプします。

2 デジタルクラウンを回して、1～5分までの継続時間を選択し、

3 <開始>をタップします。

4 画面の指示に従って深呼吸をします。

5 呼吸セッションが終了すると、「今日の累計」と「心拍数」の結果が表示されます。

呼吸 Series 1 2 3 4 5

Q 330 呼吸の頻度を設定したい！

A 1分あたりの呼吸数を変更できます。

<呼吸>アプリで行う呼吸セッションの1分あたりの呼吸数を変更したい場合は、iPhoneの<Watch>アプリから設定を行います。初期状態では、「1分間に7呼吸」に設定されています。設定できる数値は、「4呼吸／分」～「10呼吸／分」です。

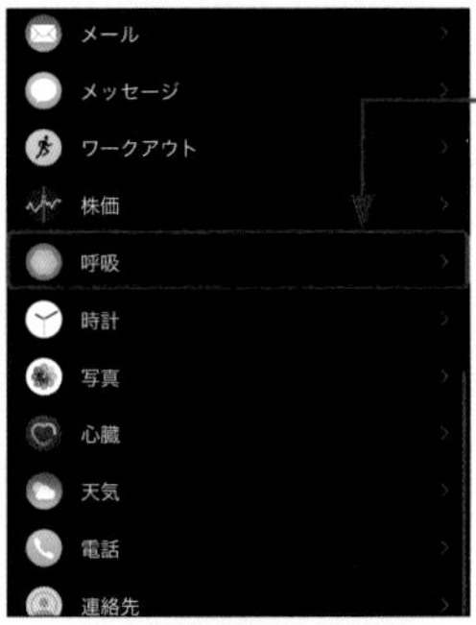

1 iPhoneの<Watch>アプリで<呼吸>をタップし、

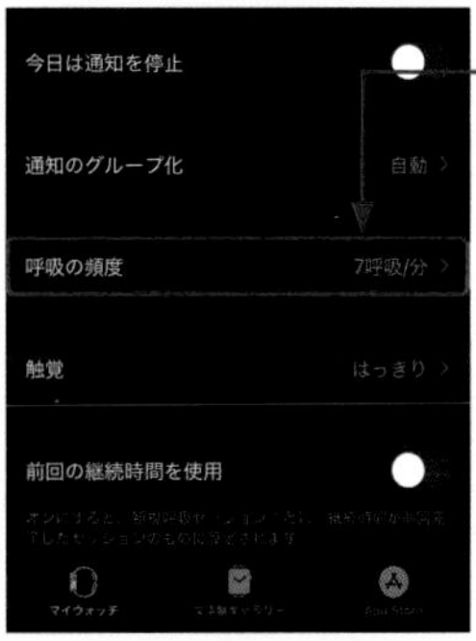

2 <呼吸の頻度>をタップします。

3 任意の呼吸の頻度をタップします。

呼吸 Series 1 2 3 4 5

Q 331 呼吸アプリのリマインダーを停止したい！

A 「呼吸リマインダー」をオフにします。

＜呼吸＞アプリの「呼吸リマインダー」が有効になっていると、数時間に一度、Apple Watchに深呼吸を促す通知が表示されます。通知の＜開始＞または＜今日は通知を停止＞をタップします。リマインダー機能の通知が不要の場合は、iPhoneで＜Watch＞アプリを開き、＜呼吸＞をタップして、＜呼吸リマインダー＞→＜なし＞の順にタップします。

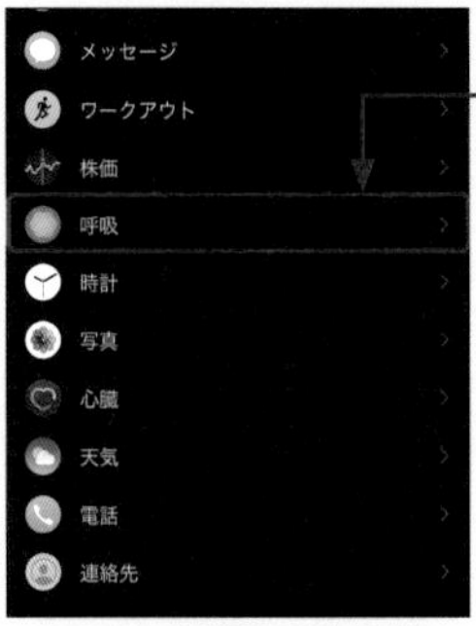

1 iPhoneの<Watch>アプリで<呼吸>をタップし、

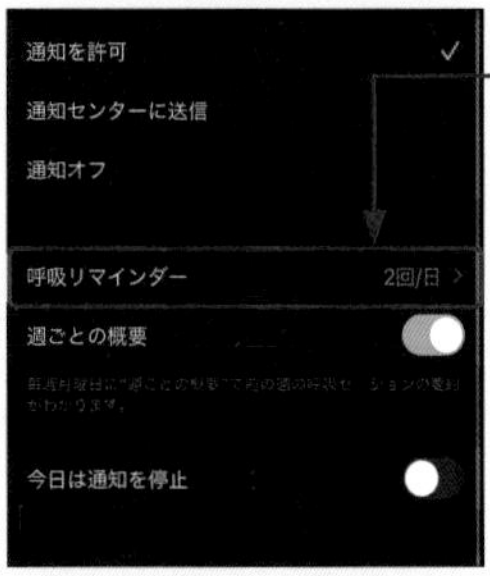

2 <呼吸リマインダー>をタップします。

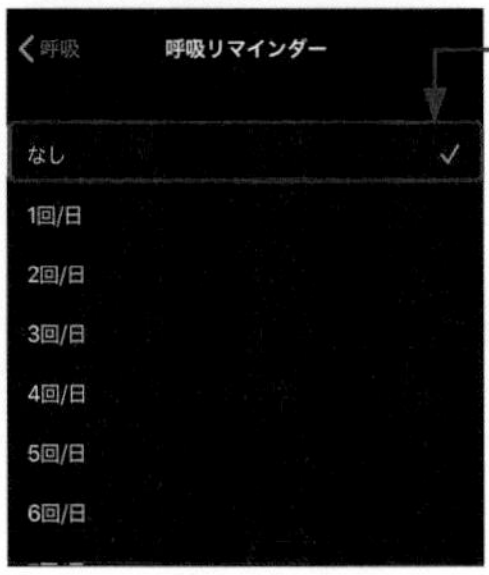

3 <なし>をタップします。

周期記録 Series 1 2 3 4 5

Q 332 周期記録アプリを使いたい！

A 月経などの情報を入力して利用します。

月経周期を記録するには、＜周期記録＞アプリが便利です。次の月経や妊娠可能期間を予測できるほか、現在の周期を確認したり、出血具合や症状などを詳細に記録したりできます。＜周期記録＞アプリを初めて利用するときは、「前回の月経の始まり」「月経が続く日数」「通常の周期」「通知」「オプション」などを設定します。

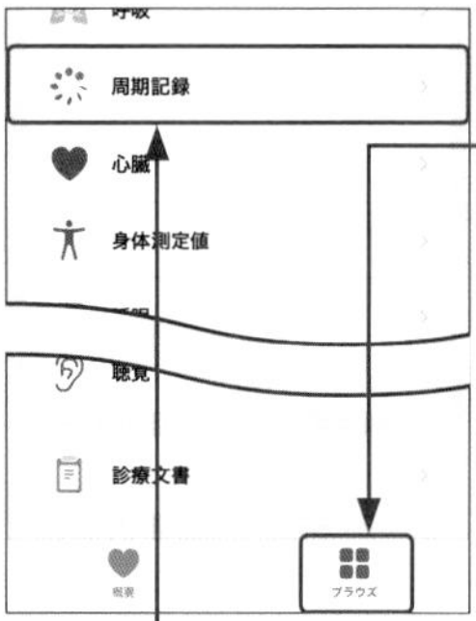

1 iPhoneの<ヘルスケア>アプリで<ブラウズ>をタップし、

2 <周期記録>をタップします。

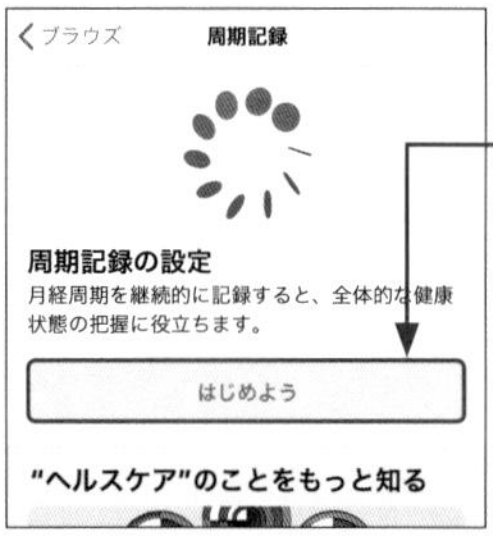

3 <はじめよう>→<次へ>の順にタップし、画面に従って月経などの情報を入力します。

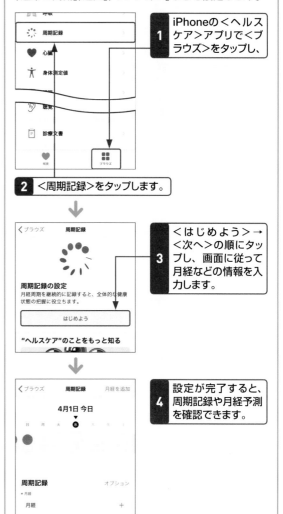

4 設定が完了すると、周期記録や月経予測を確認できます。

周期記録　Series 1 2 3 4 5

Q 333 Apple Watchで周期を記録しておきたい!

A <周期記録>アプリに記録します。

Apple Watchの<周期記録>アプリで、月経や症状などを記録しておくと、その情報をもとに月経時期や妊娠可能期間が予測されるようになります(Q.334参照)。記録できるのは「月経」「症状」「点状出血」の3つの項目です。iPhoneの<ヘルスケア>アプリで「月経の予想」または「妊娠可能期間の予測」の通知を有効にしていると、Apple Watchに次の月経周期に関する通知が表示されるようになります。

1 ホーム画面で<周期記録>アプリをタップし、

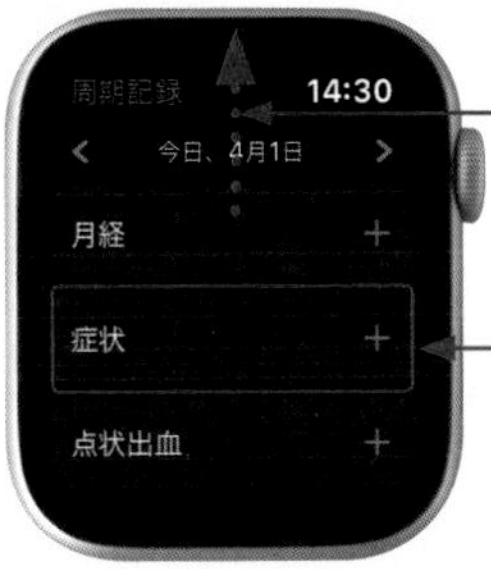

2 画面を上方向にスワイプして、

3 記録したい項目をタップします。

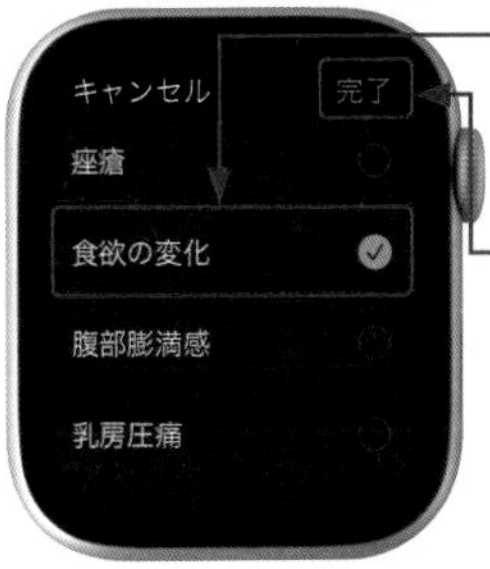

4 当てはまる項目をタップし、

5 <完了>をタップすると、記録が完了します。

周期記録　Series 1 2 3 4 5

Q 334 妊娠や月経の予測を確認したい!

A <周期記録>アプリから確認できます。

<周期記録>アプリを開くと、楕円形のアイコンが4種類に色分けされています。ライトブルーの楕円は今後予想される6日間の妊娠可能期間、赤いストライプの円は月経が予測されている期間を表しています。赤く塗りつぶされた円は自分で記録した月経期間、紫の円は症状を記録した日を表しています。この画面を上方向にスワイプすると、月経の予測などを確認できます。

1 ホーム画面で<周期記録>アプリをタップすると、

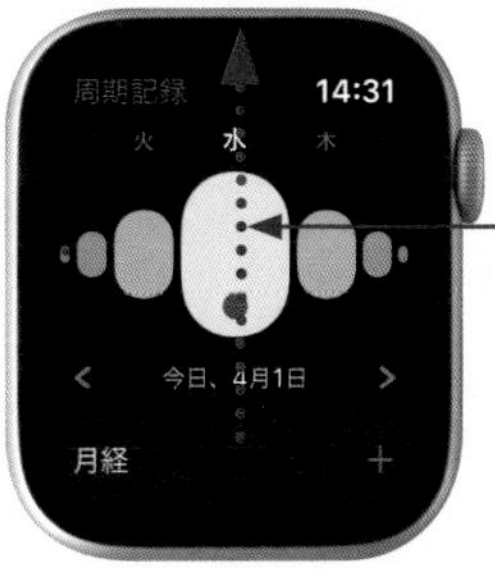

2 今日の周期記録が表示されます。

3 画面を上方向にスワイプすると、

4 月経の予想と前回の月経期が確認できます。

Q 335 周期記録のログを確認したい!

周期記録 Series 1 2 3 4 5

A iPhoneの＜ヘルスケア＞アプリから記録の確認や変更ができます。

これまで記録した周期記録のログを確認したいときは、iPhoneの＜ヘルスケア＞アプリをチェックします。＜ヘルスケア＞アプリで＜周期記録項目を表示＞をタップすると、入力済みの周期記録をまとめて確認できます。また、iPhoneから周期を記録したり、記録を修正したりすることも可能です。

1 iPhoneで＜ヘルスケア＞アプリを開き、＜ブラウズ＞をタップして、

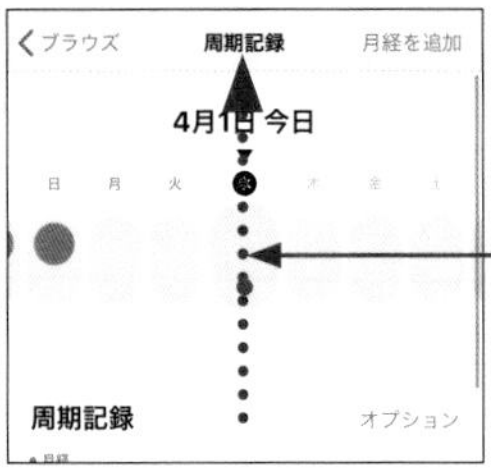

2 画面を上方向にスワイプします。

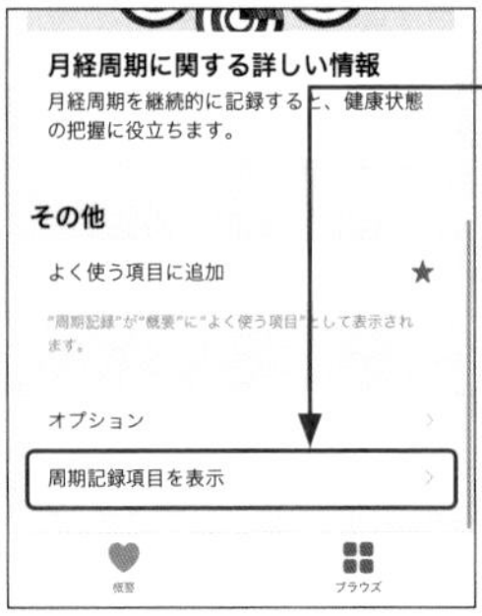

3 ＜周期記録項目を表示＞をタップすると、

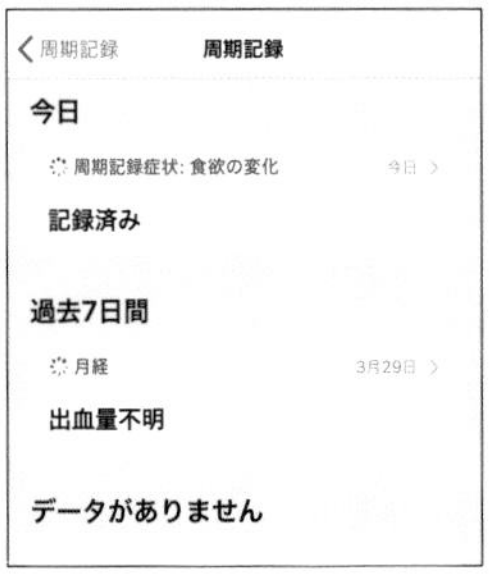

4 入力済みの周期記録を確認できます。

Q 336 緊急時に連絡したい人の情報を登録しておきたい!

緊急SOS Series 1 2 3 4 5

A 「緊急SOS」に連絡先と間柄を登録します。

自分にもしものことがあったとき、家族や知人にすぐに連絡ができるように、「緊急連絡先」を登録しておきます。緊急連絡先に登録した連絡先は、メディカルID（Q.325参照）にも登録されます。緊急時にはすばやくメディカルIDを表示し、自分で相手に連絡したり、周りの人に連絡してもらったりしましょう。

1 iPhoneの＜Watch＞アプリで＜緊急SOS＞をタップし、

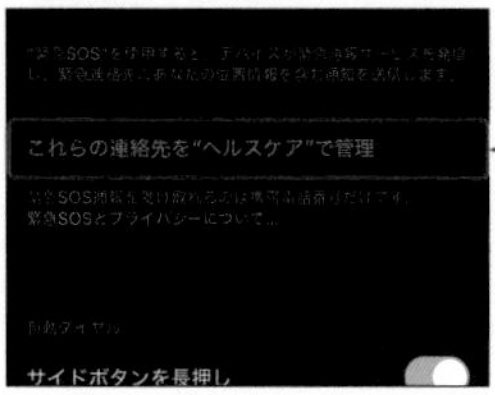

2 ＜これらの連絡先を"ヘルスケア"で管理＞をタップします。

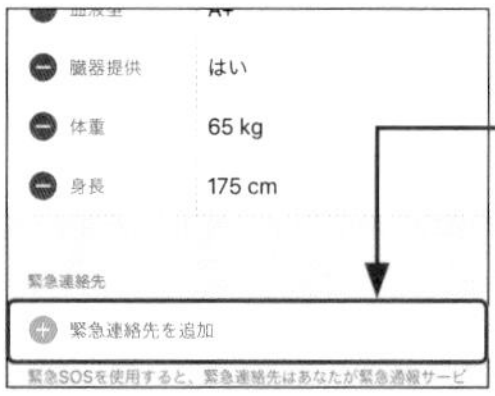

3 画面右上の＜編集＞をタップし、＜緊急連絡先を追加＞をタップして、

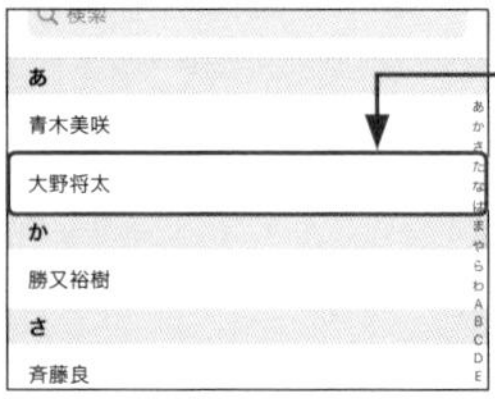

4 連絡先や間柄を設定すると、

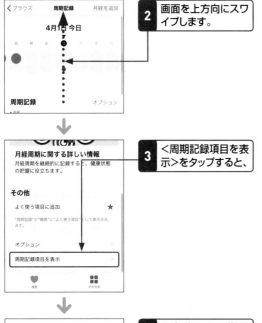

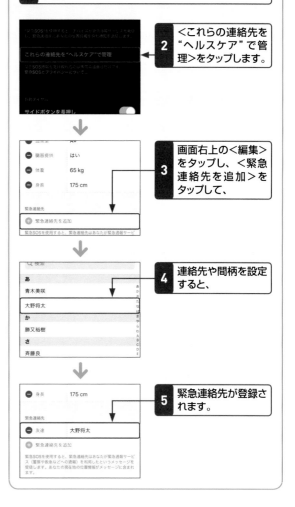

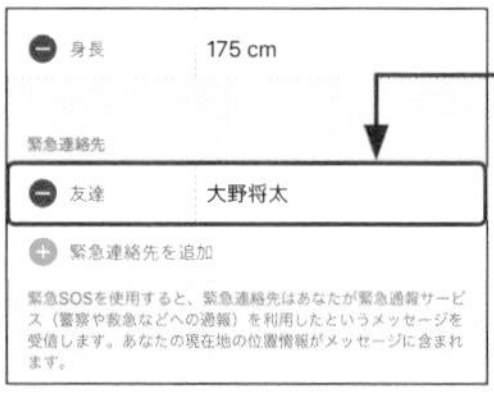

5 緊急連絡先が登録されます。

Q 337 今すぐ警察や消防車を呼びたい！

緊急SOS　Series 1 2 3 4 5

A サイドボタンを長押しします。

警察や消防車を呼びたい緊急事態時には、「緊急SOS」を利用します。Apple Watchのサイドボタンを長押しし、「緊急SOS」の[SOS]を右方向にスワイプすると、「警察(110番)」「海上保安庁(118番)」「火事、救急車、救助(119番)」のメニューが表示されます。この連絡先は位置情報サービスをもとに、国と地域によって自動的に切り替わります。世界のどこにいても、現地の警察などへ緊急呼び出しができるようになっています。

1 サイドボタンを長押しし、

2 「緊急SOS」の[SOS]を右方向にドラッグします。

3 任意の連絡先をタップします。

Q 338 転倒した際に知人に通報してほしい！

緊急SOS　Series 4 5

A 「転倒検出」をオンにします。

Apple Watch Series4以降には、転倒した際にその衝撃を感知し、振動や警告音、画面の通知で利用者の安全を確認する「転倒検出」機能が搭載されています。通知への反応が1分間なかった場合は、自動的に緊急連絡先に通報されます。

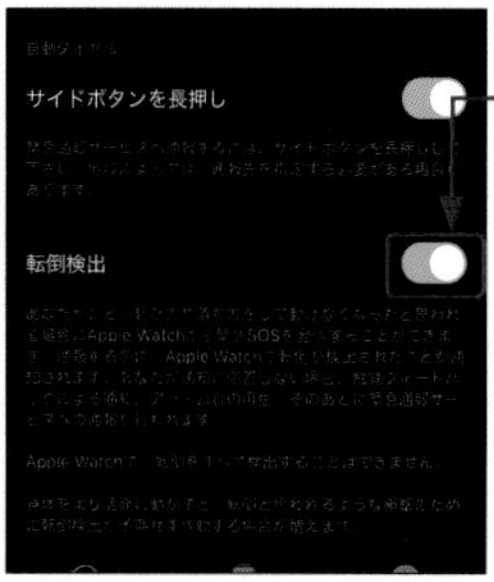

1 「転倒検出」の[オフ]をタップして[オン]にします。

Q 339 転倒検出で助かった人っているの？

緊急SOS　Series 4 5

A 世界中で多くの人が救われています。

Apple Watchの転倒検出機能は、世界中で多くの人々の命を救っているという報告があります。米国では、転倒して頭を強打し意識不明となった男性のApple Watchや、交通事故に巻き込まれ骨折した女性のApple Watchが、家族に緊急メッセージと居場所を通知したことにより、すぐに病院に運ばれて助かりました。65歳以下の場合は、転倒検出機能は初期状態ではオフになっています。もしものときのために、転倒検出機能はオンにしておいたほうがよいでしょう（Q.338参照）。

アプリ　Series 1 2 3 4 5

Q 340 Apple Watchからアプリをインストールしたい！

A <App Store>アプリからインストールできます。

App Storeで公開されているさまざまなアプリをインストールすると、Apple Watchがもっと便利になります。アプリは、<App Store>アプリからインストールします。音声入力でアプリを探すことができ、パスワードの入力もApple Watchから行えます。

1 ホーム画面で<App Store>アプリをタップします。

2 <検索>をタップし、

3 <音声入力>をタップして、アプリを検索します。

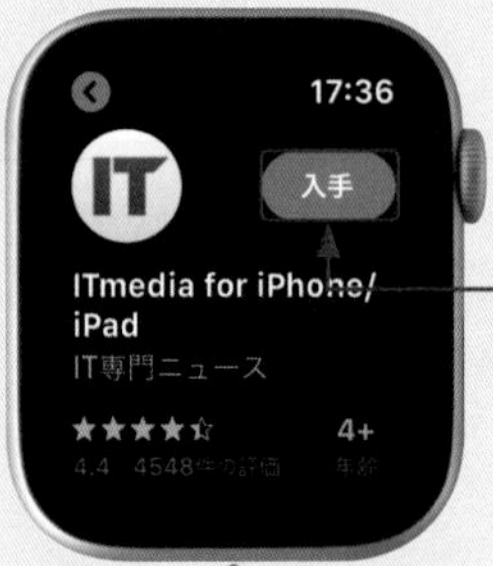

4 アプリ一覧から任意のアプリをタップして、

5 <入手>をタップします。

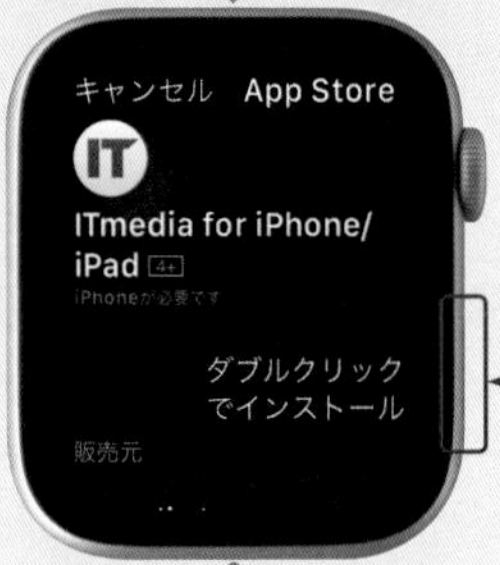

6 サイドボタンをすばやく2回押し、

7 パスコードを設定している場合はパスコードを入力して、

8 <パスワード>をタップします。

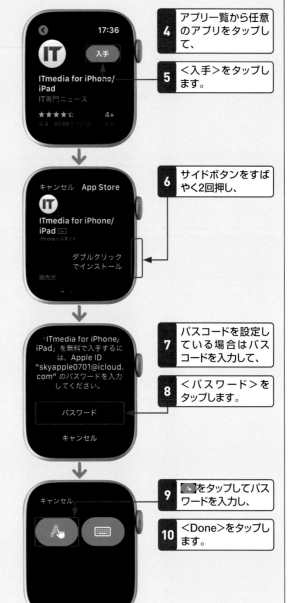

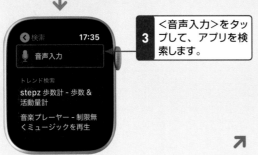

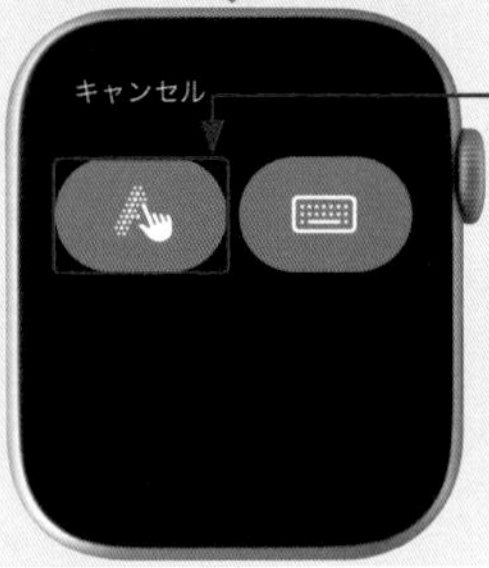

9 [icon]をタップしてパスワードを入力し、

10 <Done>をタップします。

↗

Q 341 iPhoneからアプリをインストールしたい！

A 「自動ダウンロード」を設定してApple Watchに対応したアプリをインストールします。

iPhoneとApple Watchの両方に対応しているアプリの場合、iPhoneの「自動ダウンロード」機能を使うことができます。「自動ダウンロード」（Q.343参照）を有効にしておくことで、Apple Watchにも自動的にインストールすることができます。

1 iPhoneで<App Store>アプリを起動し、<検索>をタップします。

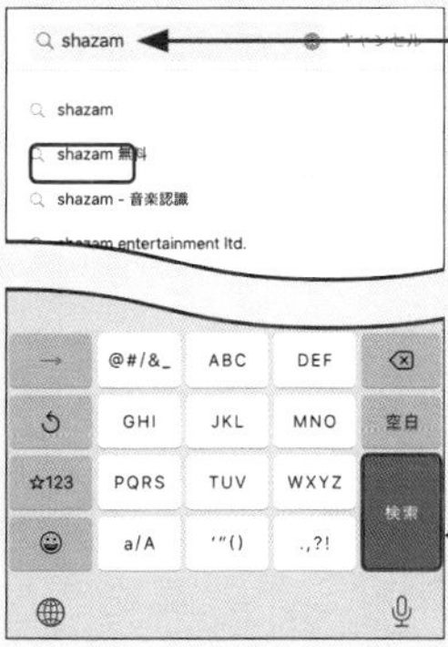

2 キーワードを入力して、

3 <検索>をタップします。

4 インストールしたいアプリをタップし、

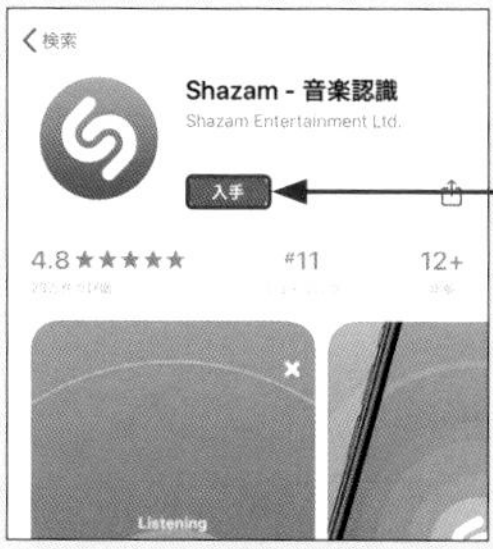

5 <入手>をタップします。

6 <インストール>をタップし、

7 Apple IDを入力して<サインイン>をタップすると、インストールが完了し、Apple Watchにもインストールされます。

Apple Watchに対応していないアプリの場合

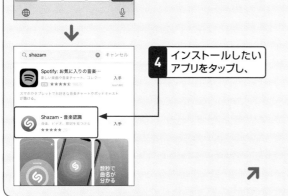

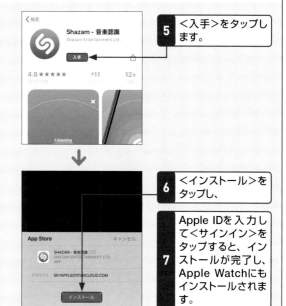

<Watch>アプリ→<マイウォッチ>の順にタップして、画面下部に表示されている<利用可能なAPP>からApple Watchにインストールしたいアプリを選んで<インストール>をタップします。

アプリ Series 1 2 3 4 5

Q 342 アプリの情報を確認したい！

A <App Store>アプリから確認できます。

Apple Watchに同期されているアプリの情報は、<App Store>アプリから確認することができます。アプリの概要や開発者、アップデートの内容やレビュー、対応言語や年齢制限といった情報の確認も可能です。「購入済み」にはこれまでインストールしたアプリが表示されているので、アンインストールしても再インストールすることができます。

1 <App Store>アプリを起動して画面を上方向にスワイプし、

2 <アカウント>をタップします。

3 アカウント情報が確認できます。

4 <購入済み>をタップすると、

5 これまでインストールしたアプリが確認できます。

アプリ Series 1 2 3 4 5

Q 343 iPhoneのアプリをApple Watchに入れたくない！

A 自動インストールを無効にしましょう。

Apple Watchに対応したアプリをiPhoneにインストールすると、自動的にApple Watchにもインストールされます。iPhone内のアプリをApple Watchにインストールしたくないときは、「Appの自動インストール」をオフにしておきます。

1 iPhoneで<Watch>アプリを起動し、<一般>をタップします。

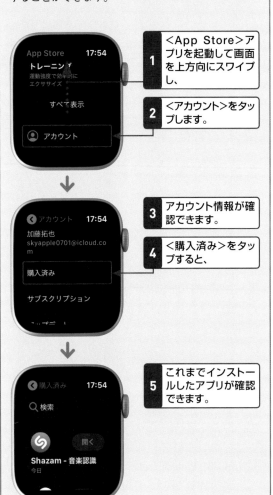

2 「Appの自動インストール」のをタップしてオフにします。

アプリ Series 1 2 3 4 5

Q 344 アプリをアンインストールしたい！

A ホーム画面を長押しします。

アプリが増えてきたら、不要なアプリをアンインストールして、ホーム画面を整理しましょう。Apple WatchからアプリをアンインストールしてもiPhoneには残っているので、必要になったときは再表示することができます（Q.345参照）。なお、アプリを完全に削除したいときはiPhoneから行います（Q.346参照）。

1 ホーム画面を長押しし、

2 アンインストールしたいアプリの×をタップします。

3 <Appを削除>をタップすると、アンインストールされます。

アプリ Series 1 2 3 4 5

Q 345 アンインストールしたアプリを再表示したい！

A iPhoneの<Watch>アプリから操作します。

Apple Watchからアンインストールしたアプリは、完全には削除されず、iPhoneに残っています。Apple Watchに再度表示したいときは、iPhoneの＜Watch＞アプリで該当アプリの＜インストール＞をタップしましょう。

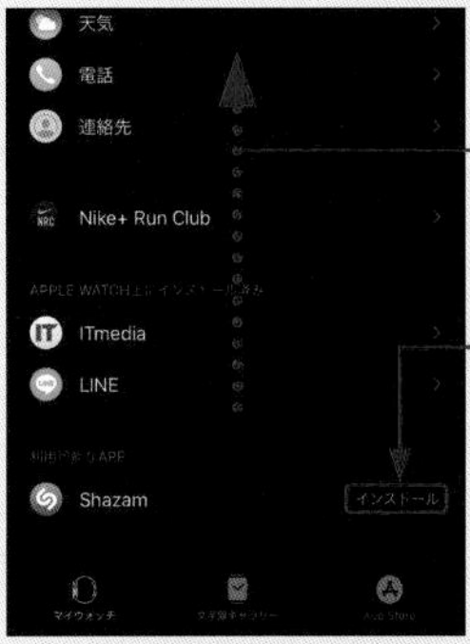

1 iPhoneで<Watch>アプリを起動し、画面を上方向にスワイプして、

2 再表示したいアプリの<インストール>をタップします。

3 Apple Watchへのインストールが始まり、

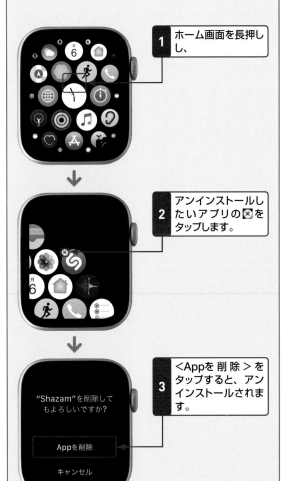

4 アプリがApple Watchに再表示されます。

Q アプリ Series 1 2 3 4 5

346 アプリを完全に削除したい！

A iPhoneからアプリを削除します。

アプリを完全に削除したいときは、Apple Watchでアプリをアンインストールした上で、iPhoneから削除します。iPhoneからアプリを削除すると、iPhoneの＜Watch＞アプリから再表示させることはできず、アプリを再度インストールする必要があります。なお、Apple Watchでアプリをアンインストールせずに、iPhoneでアプリを削除した場合は、Apple Watchにアプリが残ります。

1 iPhoneのホーム画面で、削除したいアプリを長押しし、

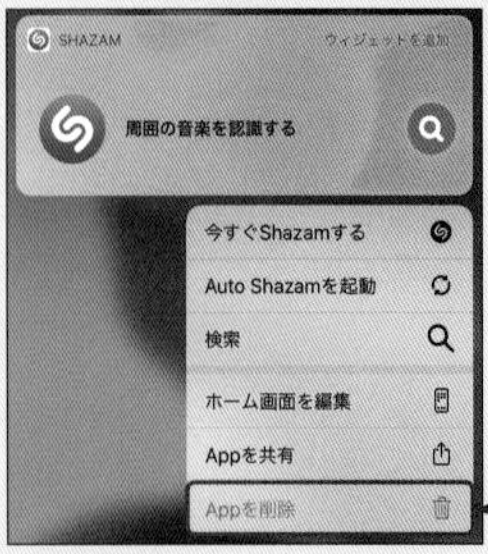

2 ＜Appを削除＞をタップします。

3 ＜削除＞をタップすると、アプリが完全に削除されます。

Q アプリ Series 1 2 3 4 5

347 画面に表示されるアプリが多すぎる！

A 「コンテンツとプライバシーの制限」をオンにします。

アプリが多くなってくると探すのもひと苦労です。iPhoneの＜設定＞アプリから、必要なアプリだけをホーム画面に表示するように設定することができます。

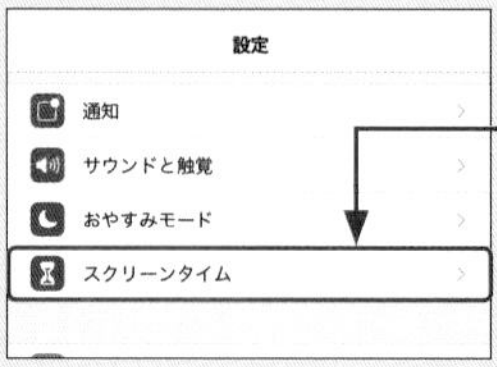

1 iPhoneで＜設定＞アプリを起動し、＜スクリーンタイム＞をタップします。

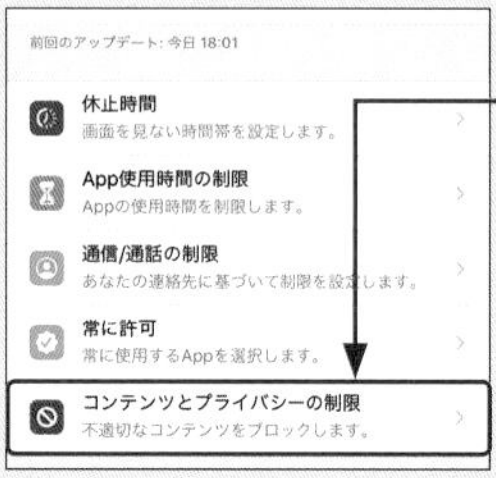

2 ＜コンテンツとプライバシーの制限＞をタップし、

3 「コンテンツとプライバシーの制限」をオンにして、

4 ＜許可されたApp＞をタップします。

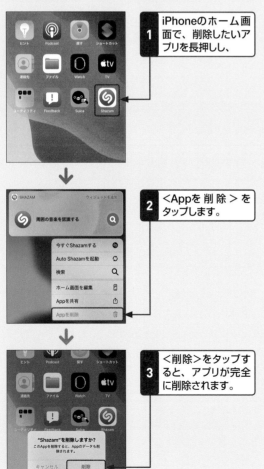

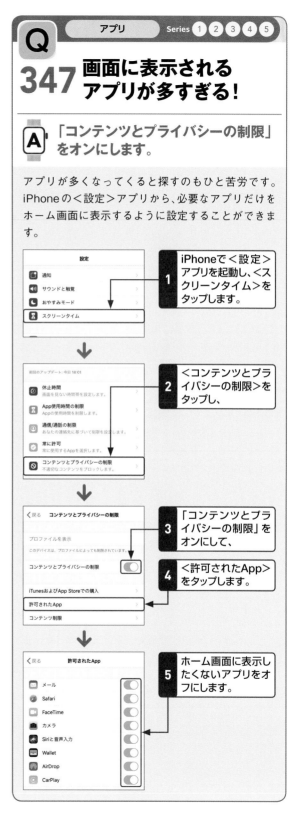

5 ホーム画面に表示したくないアプリをオフにします。

Q 348 アプリを強制終了したい！

A サイドボタンとデジタルクラウンを長押しします。

アプリがうまく動作しないときや、フリーズしてしまったときは、アプリを強制終了します。なお、それでも解決しないときは、アプリをいったんアンインストールします（Q.344参照）。

1 アプリの利用中に、サイドボタンを長押しし、

2 画面が切り替わったら、デジタルクラウンを長押しします。

Q 349 Apple WatchでMacのロック画面を解除したい！

A Macの設定が必要です。

Apple Watchを装着していると、Macに近付くだけで自動的にログインすることができます。Macの「システム環境設定」画面で<セキュリティとプライバシー>→<一般>の順にクリックし、「Apple WatchでこのMacのロックを解除できるようにする」にチェックを付けます。なお、MacでWi-FiとBluetoothが有効になっている必要があります。

条件などはAppleの公式サイト（https://support.apple.com/ja-jp/HT206995）を確認してください。

Q 350 画面を読み上げてほしい！

A VoiceOverを有効にします。

「ViceOver」機能を使うと、画面上の項目を音声で確認することができます。読み上げる速度や音量を調節できるほか、画面をオフにして音声だけで操作する「スクリーンカーテン」機能を利用することもできます。

1 <設定>アプリを起動し、<アクセシビリティ>をタップします。

2 <VoiceOver>をタップして、設定をオンにします。

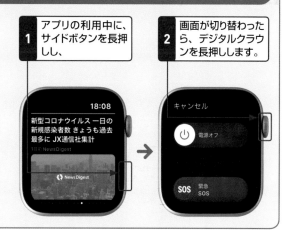

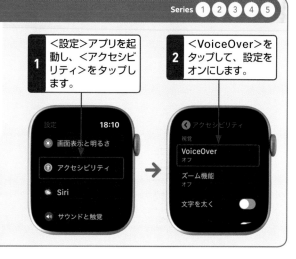

探す

Series 1 2 3 4 5

Q 351 iPhoneからApple Watchを探したい！

A iPhoneの<探す>アプリから探せます。

万が一Apple Watchを紛失してしまったときは、ペアリングしたiPhoneから探すことができます。位置情報が表示されるほか、バッテリー残量も確認できます。また、アラーム音を鳴らしたり、Apple Watchがある場所までの経路を確認したりと、iPhoneからさまざまな操作を行うことも可能です。なお、「Apple Watchを探す」機能を利用するには、Apple Watchの位置情報サービスがオンになっている必要があります。

1 iPhoneで<Watch>アプリを起動し、<○○のApple Watch>をタップします。

2 ⓘをタップして、

3 <Apple Watchを探す>をタップすると、

4 Google Map上に、自分の現在地とApple Watchの場所が表示されます。

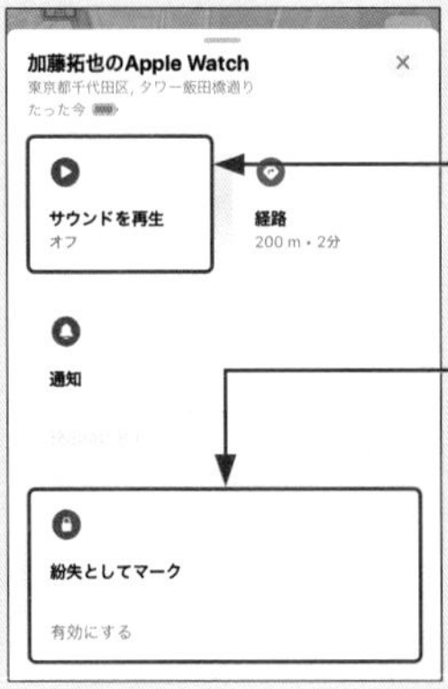

5 <サウンドを再生>をタップするとApple Watchからアラーム音が鳴ります。

<紛失としてマーク>を有効にすると、電話番号を記したメッセージをApple Watchに送信できます。

Q 352 MacからApple Watchを探したい！

A Macの<探す>アプリから探せます。

Apple Watchと同じApple IDでMacにログインしていれば、Macの<探す>アプリからApple Watchの現在位置を確認することができます。事前にMacの「システム環境設定」で位置情報サービスと「Macを探す」を有効にしておく必要があります。なお、Apple WatchがWi-Fiやデータ通信に接続されていない場合、MacはApple Watchを検出できません。

1 Macの「システム環境設定」で「Macを探す」が有効になっていることを確認し、

2 <探す>アプリを起動します。

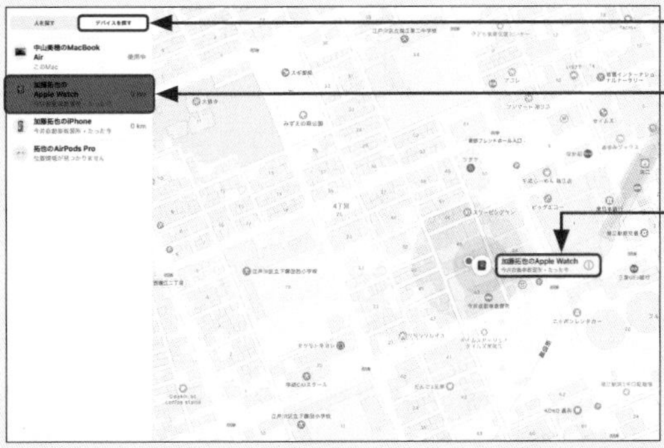

3 <デバイスを探す>をクリックして、

4 <○○のApple Watch>をクリックすると、Apple Watchの現在位置を確認することができます。

5 地図上の<○○のApple Watch>をクリックすると、

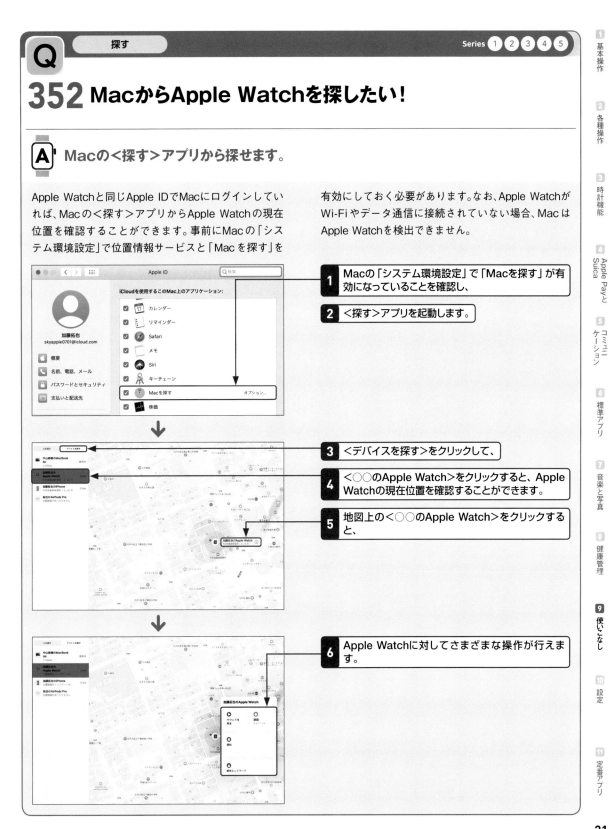

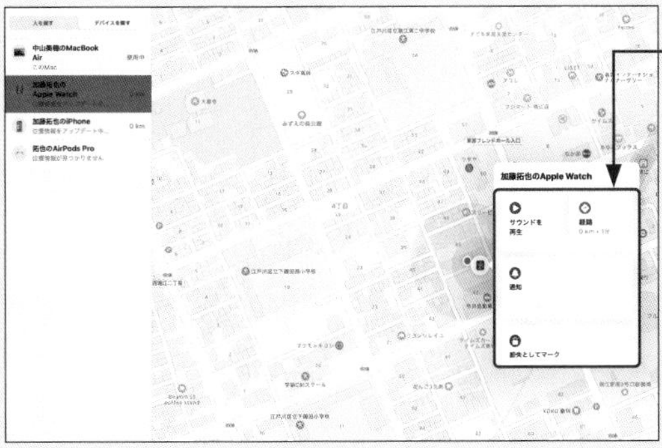

6 Apple Watchに対してさまざまな操作が行えます。

探す

Series 1 2 3 4 5

Q 353 WindowsからApple Watchを探したい！

A iCloudにサインインします。

Apple Watchの現在位置は、WindowsでApple Watchと同じApple IDで「iCloud」にサインインすることで確認することができます。何らかの理由でiPhoneが手元にないときは、Windowsから確認してみましょう。なお、2ファクタ認証を設定している場合は、iPhoneに表示されるコードを入力しないとログインすることができません。

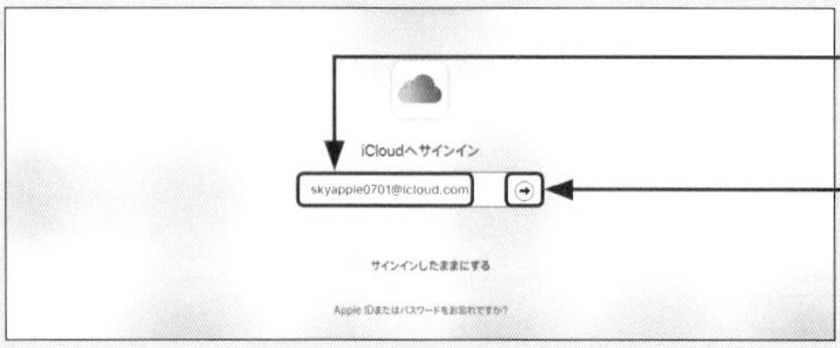

1 Windowsで「https://www.icloud.com/」にアクセスし、Apple IDを入力したら、

2 ➡をクリックします。

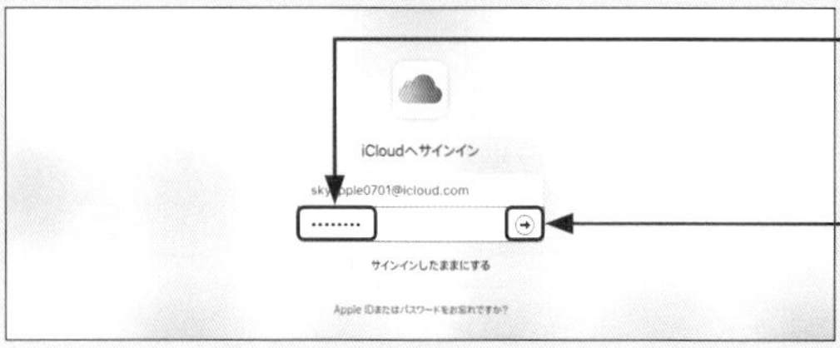

3 パスワードを入力して、

4 ➡をクリックします。

5 <iPhoneを探す>をクリックし、

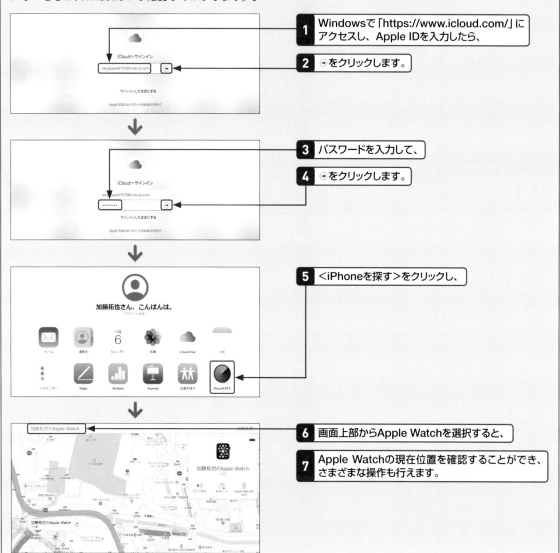

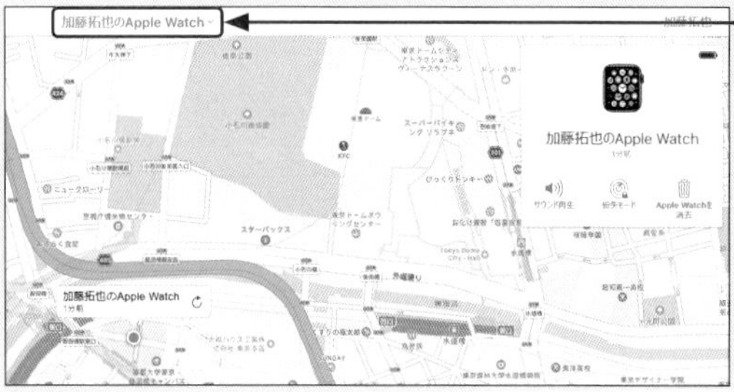

6 画面上部からApple Watchを選択すると、

7 Apple Watchの現在位置を確認することができ、さまざまな操作も行えます。

Q 探す Series 1 2 3 4 5

354 Apple Watchが見つからなかった!

A デバイスを消去します。

Q.351〜354の方法でApple Watchを探しても見つからなかったときは、iPhoneからデバイスを消去しましょう。この設定を行うと、Apple Watchがインターネットに接続されたときに、すべてのコンテンツや設定が削除されてApple Watch内の個人情報の流出を防ぐことができます。ただし、デバイスを消去すると場所の確認もできなくなるので、慎重に行いましょう。

1 Q.351手順5の画面で、<このデバイスを消去>をタップし、

2 <続ける>をタップして、画面の指示に従って進みます。

手順2の次の画面で電話番号を入力しておくと、Apple Watchの消去後に画面に電話番号が表示されるようになります。

Q 探す Series 1 2 3 4 5

355 音を鳴らしてiPhoneを探したい!

A コントロールセンターでをタップします。

iPhoneをどこに置いたかわからなくなってしまったときは、Apple WatchからiPhoneの音を鳴らすことができます。大きく聞きとりやすい音が鳴るので、かんたんに見つけることができます。

1 文字盤の下を上方向にスワイプし、

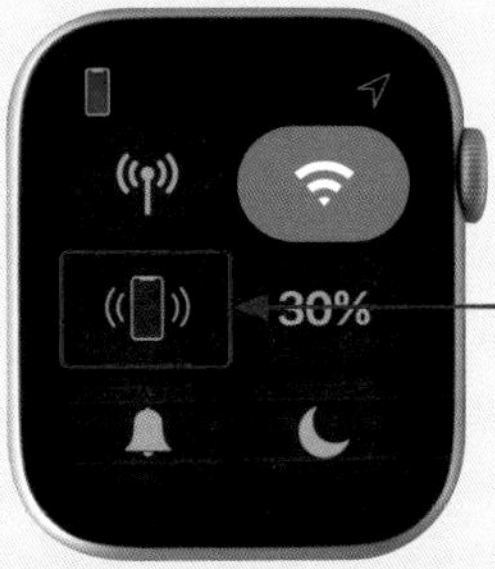

2 をタップすると、

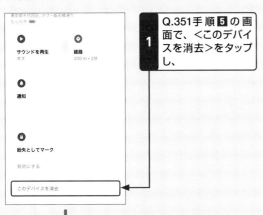

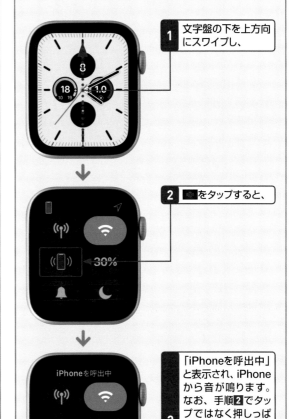

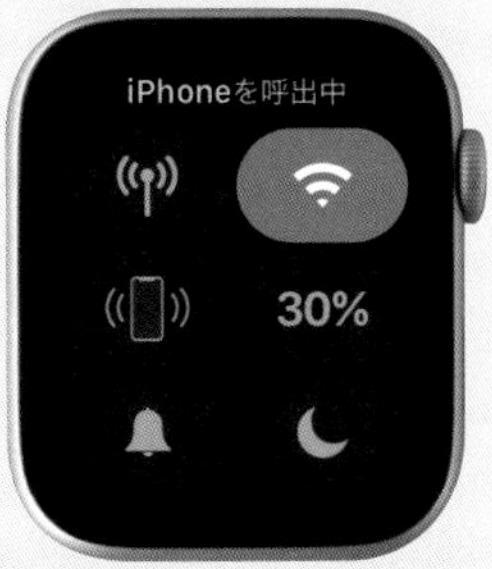

3 「iPhoneを呼出中」と表示され、iPhoneから音が鳴ります。なお、手順2でタップではなく押しっぱなしにすると、音だけでなくiPhoneのライトが点滅するので、より探しやすくなります。

バッテリー Series 1 2 3 4 5

Q 356 バッテリーを長持ちさせるにはどうしたらいい？

A バッテリーを消費しやすい機能をオフにします。

初期状態では、アプリを起動していなくても最新の状態になるバックグラウンド更新がオンになっています。この機能をオフにすると、バッテリーを長持ちさせることができます。アプリごとに設定できるので、バックグラウンドでの更新が不要なアプリはオフにしておきましょう。また、そのほかにも位置情報サービスをオフにしたり、Siriを無効にしたりすることでも、バッテリーを節約できます。

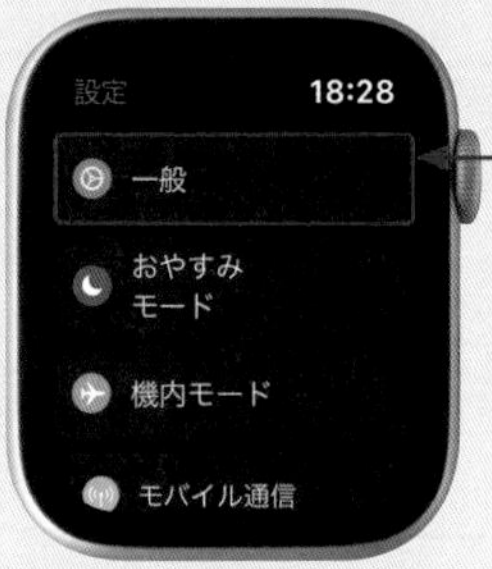

1 <設定>アプリを起動し、<一般>をタップします。

2 <Appのバックグラウンド更新>をタップし、

3 <Appのバックグラウンド更新>をタップしてオフにします。

画面を上方向にスワイプすると、各アプリのオン／オフを切り替えられます。

ユーザーガイド Series 1 2 3 4 5

Q 357 Apple Watchについて詳しく知りたい！

A ユーザガイドが用意されています。

Apple Watchの操作など詳しいことを知りたいときは、iPhoneの<Watch>アプリからユーザガイドを確認しましょう。目次から探せるほか、キーワード検索することもできるので、自分の知りたい情報にすぐにアクセスすることができます。

1 iPhoneの<Watch>アプリを起動して<一般>をタップし、

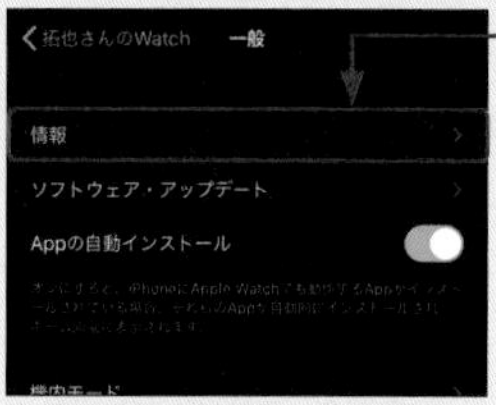

2 <情報>をタップしたら、

3 画面を上方向にスワイプして、

4 <Apple Watchユーザガイドを表示>をタップします。

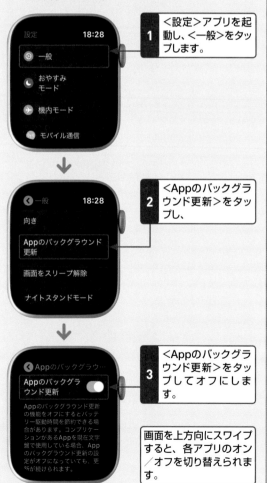

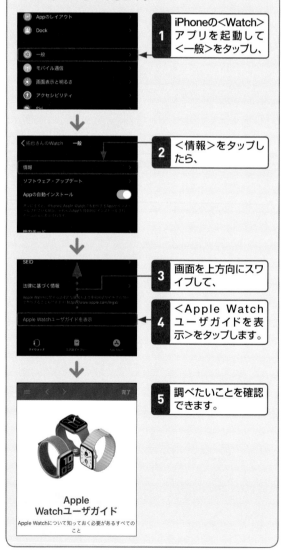

5 調べたいことを確認できます。

Q パスコード Series 1 2 3 4 5

358 iPhoneからApple Watchのパスコードをオフにしたい！

A <パスコードをオフにする>をタップします。

Apple Watchに設定しているパスコードはApple Watchからオフにできますが、iPhoneの<Watch>アプリからもオフにすることが可能です。なお、Apple Payを利用している場合は、パスコードをオフにすると設定したカードが使えなくなるので注意しましょう。

1 iPhoneの<Watch>アプリを起動して<パスコード>をタップし、

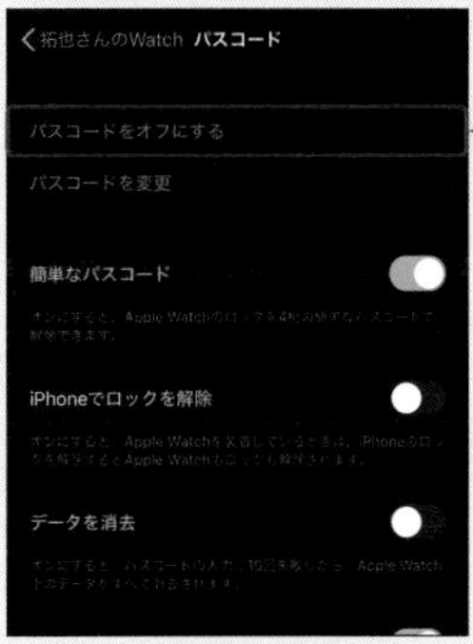

2 <パスコードをオフにする>をタップします。

3 Apple Watchでパスコードを入力すると、パスコードがオフになります。

Q パスコード Series 1 2 3 4 5

359 パスコードの入力に失敗し続けたらどうなるの？

A 一定時間を置かないと操作できなくなります。

誤ったパスコードを何度も入力すると、Apple Watchにロックがかかり、一定時間置かないと解除できないようになります。その場合は、iPhoneの<Watch>アプリで<パスコード入力を再度オン>をタップすると、再度Apple Watchにパスコードが入力できるようになります。なお、「データを消去」をオンに設定しておくと、パスコードの入力に10回失敗した際に、Apple Watch内のデータがすべて消去されます。

1 <設定>アプリを起動し、<パスコード>をタップして、

2 <データを消去>をタップします。

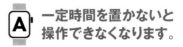

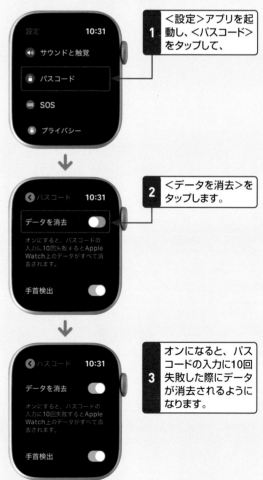

3 オンになると、パスコードの入力に10回失敗した際にデータが消去されるようになります。

リセット　Series 1 2 3 4 5

Q 360 一部の機能だけをリセットしたい！

A iPhoneの<Watch>アプリからリセットできます。

Apple Watchは、「ホーム画面のレイアウト」「同期データ」「モバイル通信プラン」の3つの機能を個別にリセットすることができます。リセットはiPhoneの<Watch>アプリから行うことができ、すべての機能やデータを初期化する「出荷時の状態」にすることも可能です。

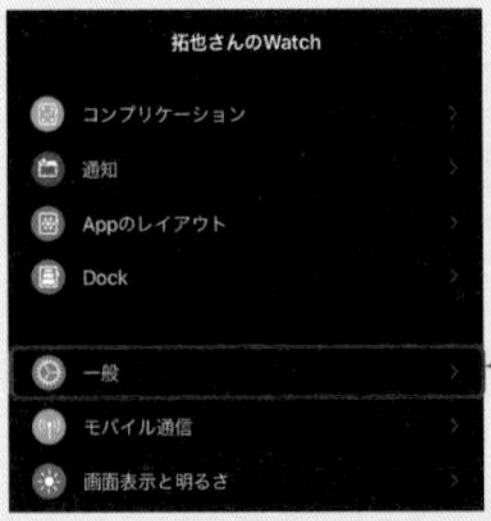

1 iPhoneで<Watch>アプリを起動し、<一般>をタップしたら、

2 画面を上方向にスワイプして、

3 <リセット>をタップします。

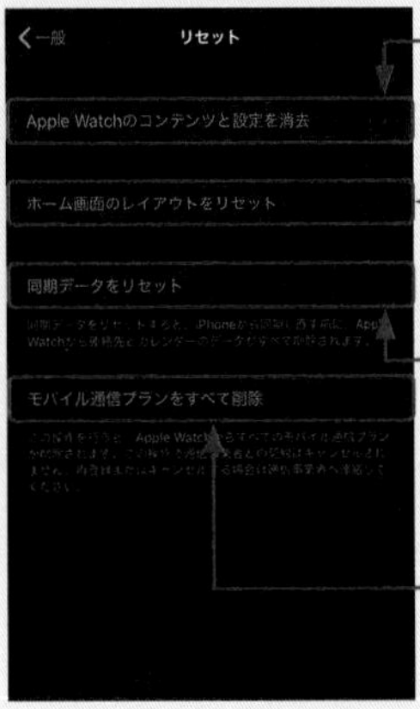

出荷時の状態に初期化します。

Apple Watchのホーム画面のレイアウトが初期状態に戻ります。

iPhoneと同期した連絡先とカレンダーのデータが削除されます。

Apple Watchに設定しているモバイル通信プランが削除されます。

リセット　Series 1 2 3 4 5

Q 361 Apple Watchの調子が悪い！

A Apple Watchを初期化しましょう。

Apple Watchがきちんと動作しなかったり、フリーズして調子が悪かったりするときは、Apple Watchをリセットしてみましょう。リセットすると、すべてのコンテンツが消去されます。再び利用するには、iPhoneとペアリングし直す必要がありますが、これまでのデータはiPhoneのバックアップから復元することができます（Q.362参照）。

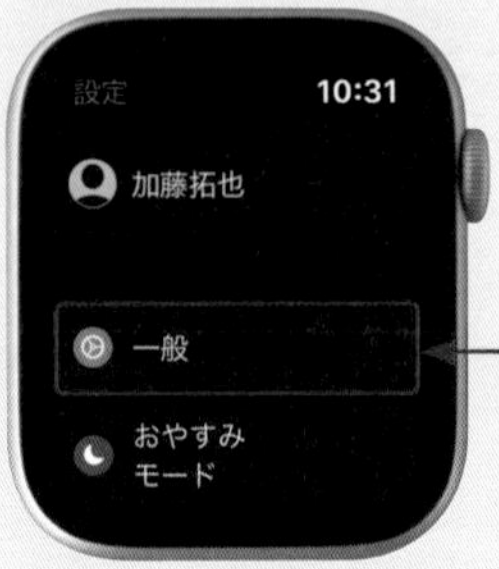

1 <設定>アプリを起動して<一般>をタップし、

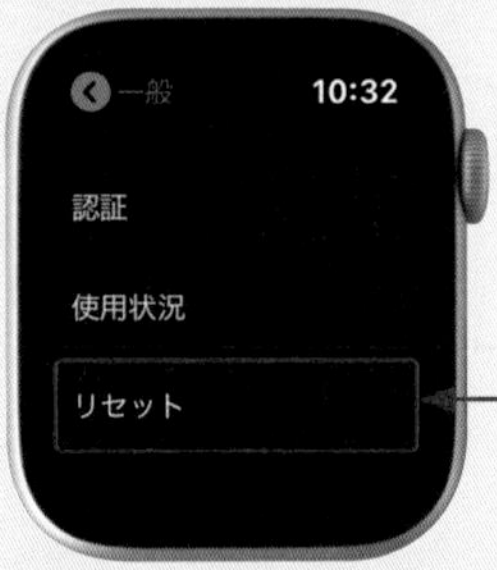

2 <リセット>をタップしたら、

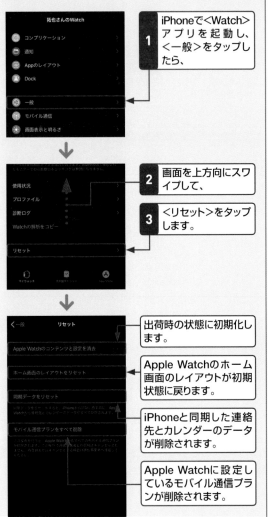

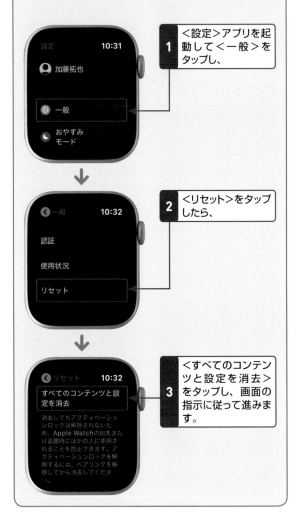

3 <すべてのコンテンツと設定を消去>をタップし、画面の指示に従って進みます。

Q 362 iPhoneのバックアップから復元したい！

A 「バックアップから復元」から復元できます。

Apple Watch内のデータは、ペアリングされたiPhoneに自動的にバックアップされるようになっています。初期化したApple Watchは、iPhoneと再度ペアリングすることでバックアップデータが復元されて、初期化する前の状態に戻すことができます。

1 iPhoneで<Watch>アプリを起動し、<ペアリングを開始>をタップします。

2 iPhoneのファインダーにApple Watchを合わせ、

3 <バックアップから復元>をタップします。

4 復元したいバックアップをタップし、

5 <続ける>をタップします。

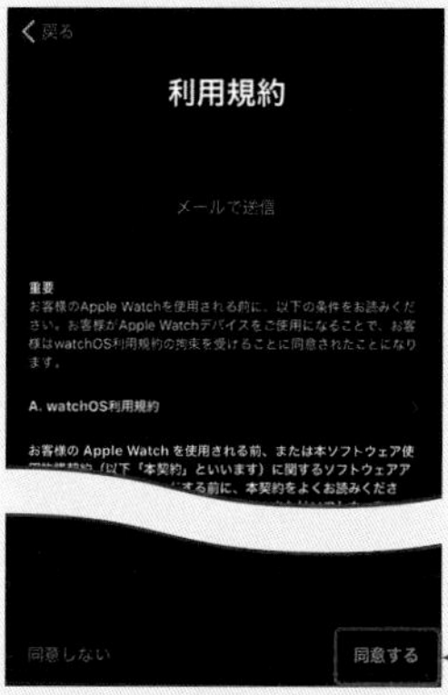

6 「利用規約」画面が表示されたら内容を確認し、

7 <同意する>をタップします。

8 「Apple ID」画面が表示されたら、<パスワードを入力>をタップしてパスワードを入力し、

9 画面の指示に従って設定を完了させます。

Q アップデート Series 1 2 3 4 5

363 OSをアップデートしたい！

A iPhoneの＜Watch＞アプリからアップデートします。

パフォーマンス向上や新機能の追加など、Apple Watchがより便利に使えるように、定期的に新しいバージョンのOSが公開されています。より快適に使うために、OSを最新の状態にしておきましょう。なお、アップデートはiPhoneの＜Watch＞アプリから行いますが、watchOS6以降を搭載していれば、Apple Watchからアップデートすることができます。

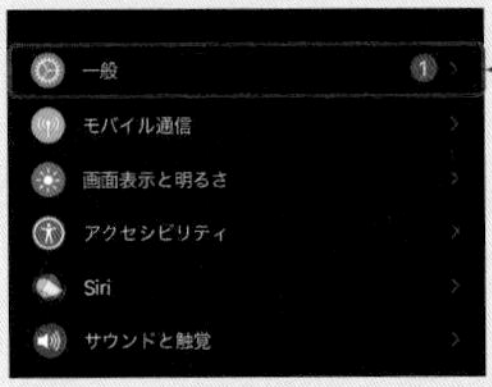

1 iPhoneで＜Watch＞アプリを起動し、＜一般＞をタップしたら、

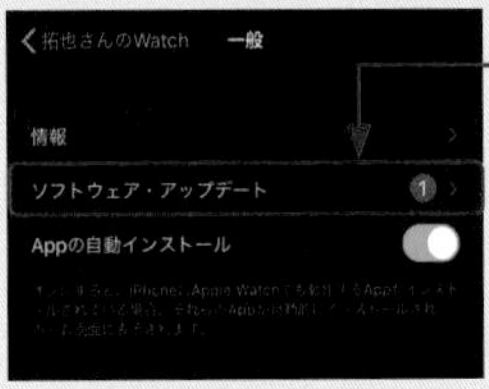

2 ＜ソフトウェア・アップデート＞をタップします。

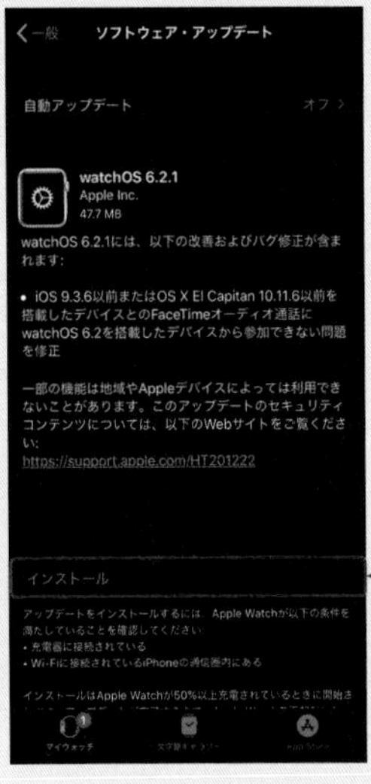

3 アップデートがある場合は、＜インストール＞をタップしてアップデートします。

Q 売却 Series 1 2 3 4 5

364 中古で売りたいけど事前にしておくことは？

A アクティベーションロックを解除します。

Apple Watchを売却したり、人に譲ったりしたいときは、アクティベーションロックを解除して個人情報を削除します。アクティベーションロックとは、Apple Watchを紛失した際に第三者に悪用されないように保護する機能で、この機能が有効になっていると売却できません。アクティベーションロックの解除は、iPhoneとのペアリングを解除することで完了します。なお、すでにApple Watchを手放している場合は、MacまたはWindowsからiCloudにサインインして、「iPhoneを探す」からApple Watchを消去しましょう。

1 iPhoneで＜Watch＞アプリを起動し、＜○○のApple Watch＞をタップします。

2 ⓘをタップし、

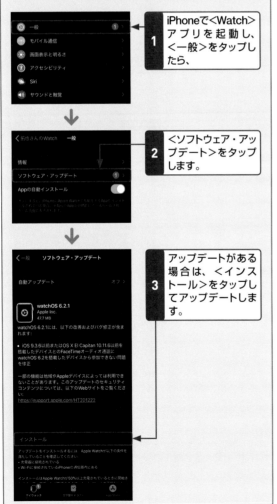

3 ＜Apple Watchとのペアリングを解除＞をタップして、画面の指示に従って解除します。

365 設定アプリで何ができるの？

A 容量やアップデートの確認のほか、操作方法なども変更できます。

Apple Watchの＜設定＞アプリは、基本情報や容量を確認できるほか、明るさや文字サイズ、音量など、Apple Watchに関するさまざまな設定を変更することができます。また、＜app store＞や＜コンパス＞など、標準アプリの設定も変更することができます。なお、iPhoneの＜Watch＞アプリからもApple Watchの設定を変更することができます。Apple IDの確認、使用言語と地域の変更、診断ログの確認といった設定は、iPhoneの＜Watch＞アプリでのみ変更できます。

Apple Watchの＜設定＞アプリ

1 ホーム画面で＜設定＞アプリをタップすると、

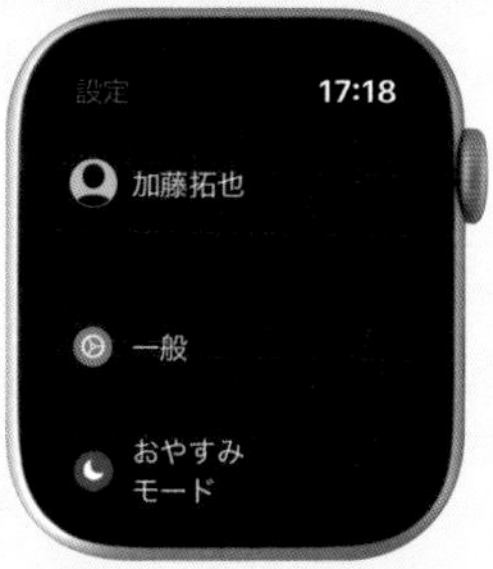

2 Apple Watchに関するさまざまな設定が行えます。

3 各アプリの設定も＜設定＞アプリから行えます。

iPhoneの＜Watch＞アプリ

1 iPhoneで＜Watch＞アプリを起動すると、Apple Watchの設定が行えます。

2 ＜一般＞をタップすると、

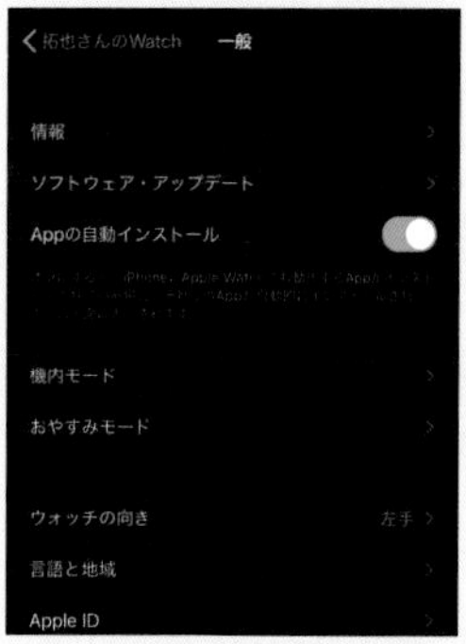

3 Apple Watchの情報やアップデートの有無、装着の向きなどを設定できます。

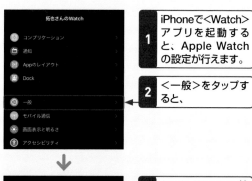

4 各アプリの設定も行えます。

Q 設定 Series 1 2 3 4 5

366 Apple Watchの基本情報を確認したい!

A <一般>をタップします。

<設定>アプリで、<一般>→<情報>の順にタップすると、Apple Watchの名前や容量、現在のバージョン、使用可能な領域やネットワークの有無など、さまざまな情報を確認することができます。iPhoneの<Watch>アプリからでも同じ情報を確認できます。なお、法律に基づく情報や使用許諾契約は、iPhoneでのみ確認できます。

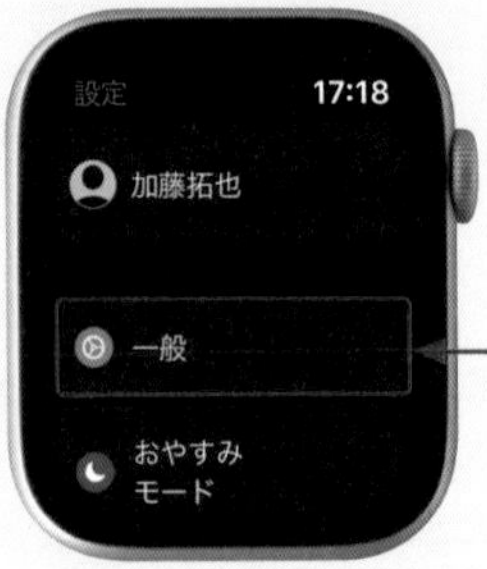

1 <設定>アプリを起動し、<一般>をタップします。

2 <情報>をタップすると、

3 Apple Watchの基本情報が確認できます。

Q 設定 Series 1 2 3 4 5

367 Hey Siriをオフにしたい!

A <Siri>をタップします。

会話の音声などによるSiriの誤作動を防ぎたい場合は、機能をオフにしておきましょう。オフにすると、手首を上げて話しかけるか、デジタルクラウンを押しっぱなしにするかのどちらかでのみ、Siriを起動することができます。

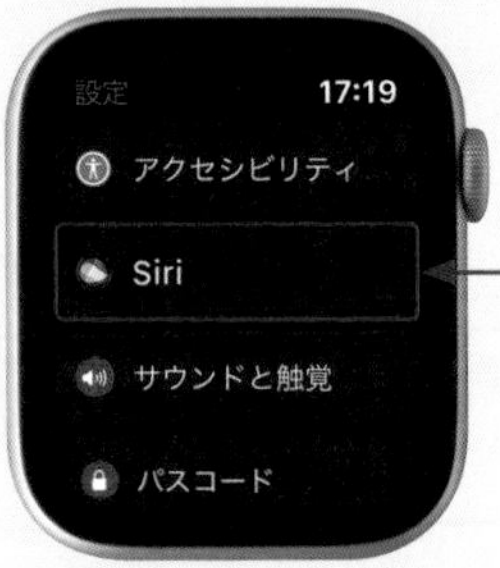

1 <設定>アプリを起動し、<Siri>をタップします。

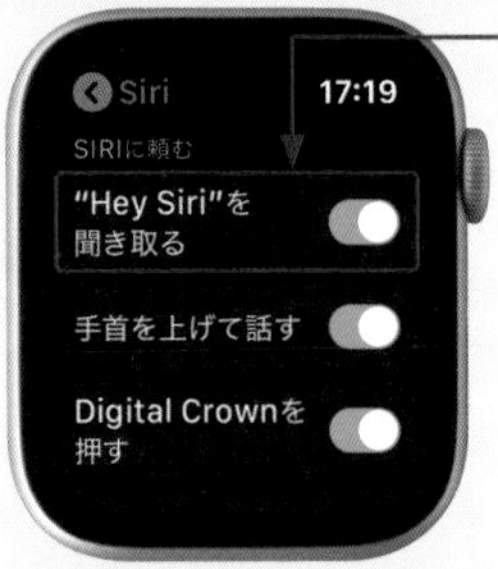

2 <"Hey Siri" を聞き取る>をタップすると、

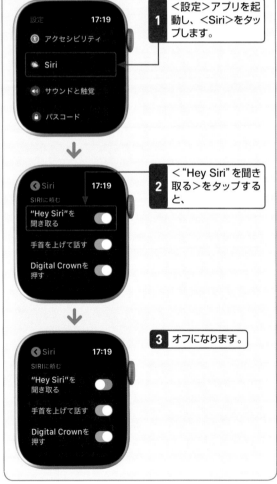

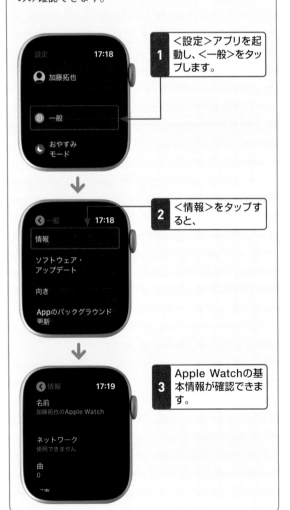

3 オフになります。

Q 368 Siriの音声を設定したい！

設定 Series 1 2 3 4 5

A 3つのモードから選べます。

Siriの音声を常に鳴らしたいときは「常にオン」、文字だけで返答してほしいときは「消音モードで制御」、ヘッドフォンを付けているときだけ音声を鳴らしたいときは「ヘッドフォンのみ」を選択します。そのほかにも、Siriの声を男性・女性から選べたり、音量を調節できたりします。

1 Q.367手順 **2** の画面を上方向にスワイプし、「音声フィードバック」から選択します。

Siriの声を変える

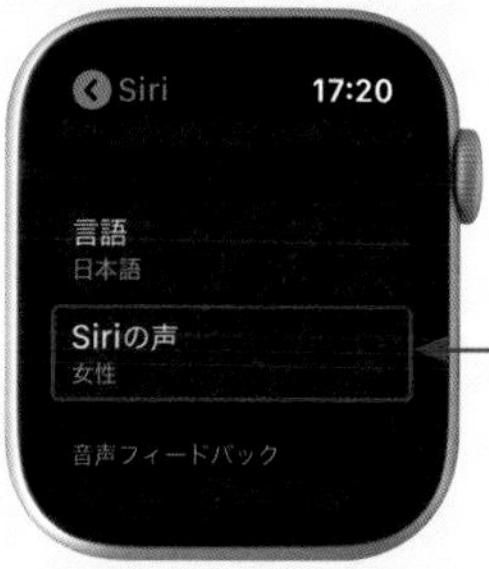

1 <Siriの声>をタップすると、

2 Siriの声を変更できます。

Q 369 Apple Watchの容量を確認したい！

設定 Series 1 2 3 4 5

A <使用状況>をタップして確認できます。

Apple Watchのストレージ容量は、<設定>アプリの<一般>→<使用状況>の順にタップすることで確認することができます。現在使用しているストレージ容量と、残りのストレージ容量を確認できるほか、アプリごとのストレージ容量も確認できます。

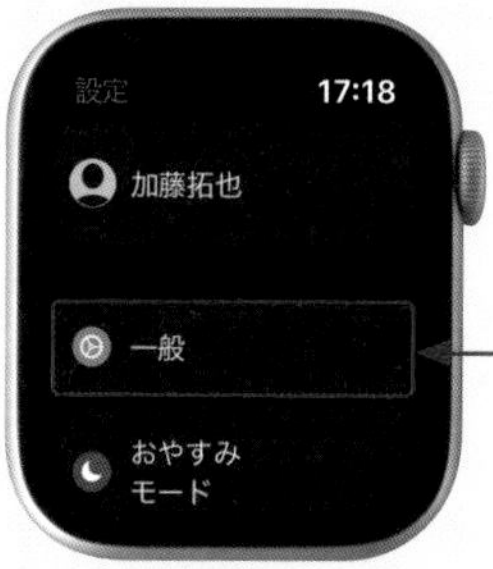

1 <設定>アプリを起動し、<一般>をタップします。

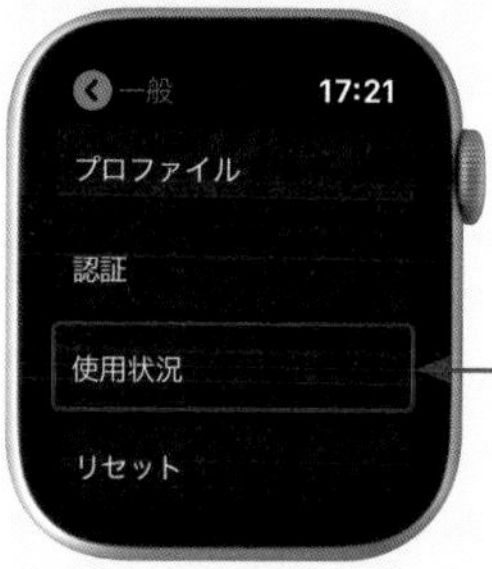

2 <使用状況>をタップすると、

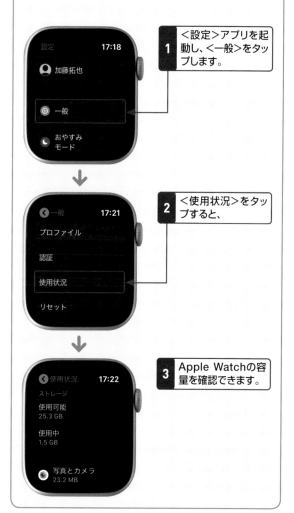

3 Apple Watchの容量を確認できます。

設定 Series 1 2 3 4 5

Q 370 画面を拡大できるようにしたい!

A 「ズーム機能」をオンにします。

「ズーム機能」をオンにすると、画面を2本指でダブルタップして、画面を拡大したり縮小したりすることができます。なお、拡大した画面は2本指でドラッグするか、デジタルクラウンを回すことでページ内を移動することができます。

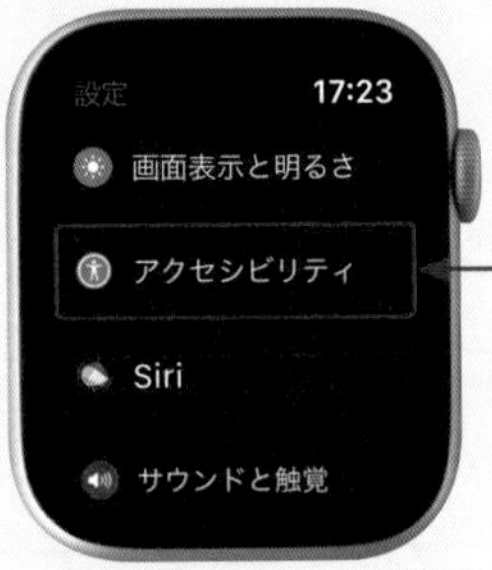

1 <設定>アプリを起動し、<アクセシビリティ>をタップします。

2 <ズーム機能>をタップし、

3 <ズーム機能>をタップしてオンにすると、2本指のダブルタップで拡大／縮小ができます。

設定 Series 1 2 3 4 5

Q 371 画面の明るさを変更したい!

A 「画面表示と明るさ」から変更できます。

Apple Watchの画面は、3段階で明るさを調整することができます。<設定>アプリでをタップすると暗く、をタップすると明るくなります。画面が明るいとバッテリーの消費が早くなり、暗くするとバッテリーの消費を抑えることができます。

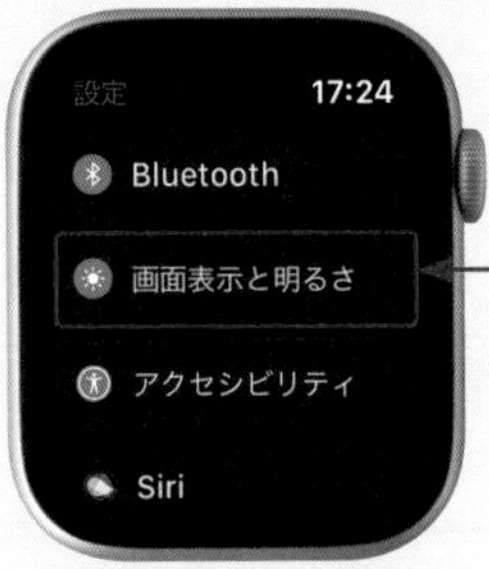

1 <設定>アプリを起動し、<画面表示と明るさ>をタップし、

2 と をタップして明るさを調整します。

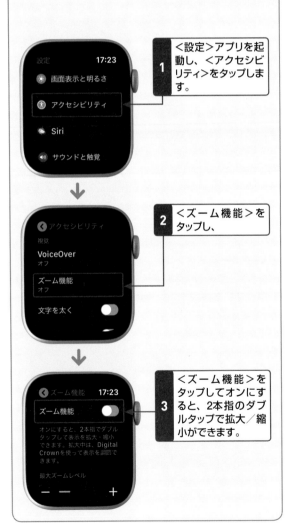

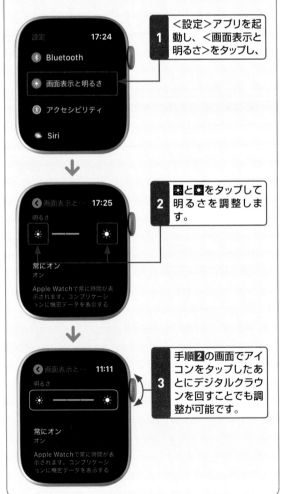

3 手順2の画面でアイコンをタップしたあとにデジタルクラウンを回すことでも調整が可能です。

設定 Series 1 2 3 4 5

Q 372 文字の大きさを変えたい！

A 「テキストサイズ」から変更できます。

Apple Watchの文字の大きさは6段階で調整することができます。テキストサイズの変更画面を表示し、画面左側のAaをタップするとテキストサイズが小さく、右側のAaをタップすると大きくなります。

1 Q.371手順 2 の画面を上方向にスワイプし、

2 ＜テキストサイズ＞をタップします。

3 右側のAaをタップすると、

4 テキストサイズが大きくなります。

設定 Series 1 2 3 4 5

Q 373 画面の文字の太さを変えたい！

A 「文字を太く」をオンにします。

Apple Watchの文字は、大きくしたり小さくしたりするだけでなく、太くして、見やすくすることもできます。なお、「文字を太く」の設定を反映するには、Apple Watchを再起動する必要があります。

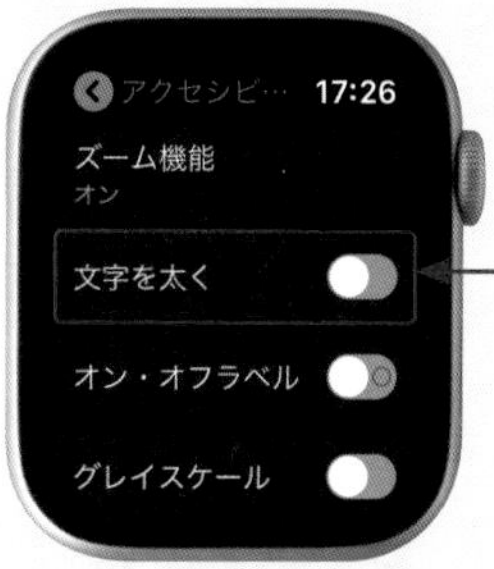

1 ＜設定＞アプリを起動して＜アクセシビリティ＞をタップし、

2 ＜文字を太く＞をタップします。

3 ＜続ける＞をタップしてApple Watchを再起動すると、

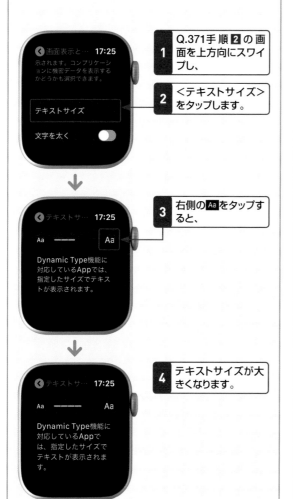

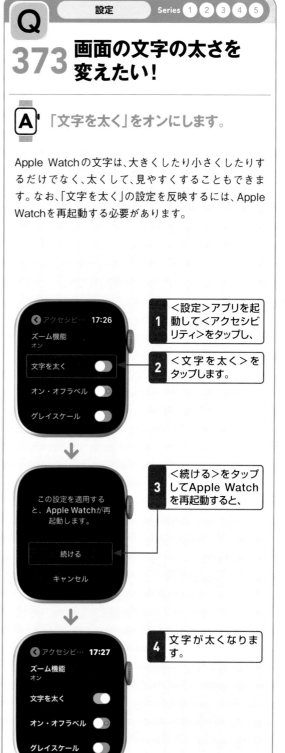

4 文字が太くなります。

設定 Series 1 2 3 4 5

Q 374 画面のオン／オフラベルをわかりやすくしたい！

A 「オン・オフラベル」をオンにします。

通常、各機能のオン・オフラベルは、オンの場合に緑、オフの場合にグレーで表示されます。これだけではわかりづらいとき、「オン・オフラベル」をオンにすると、機能のオン・オフラベルに記号が付き、より視覚的にわかりやすい表示に変わります。

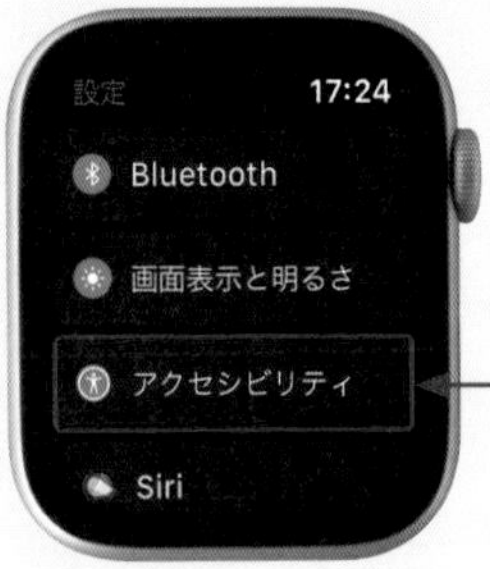

1 <設定>アプリを起動して<アクセシビリティ>をタップし、

2 <オン・オフラベル>をタップすると、

3 ラベルに記号が表示されるようになります。

設定 Series 1 2 3 4 5

Q 375 画面を白黒で表示したい！

A 「グレイスケール」をオンにします。

初期状態ではApple Watchの画面はフルカラーで表示されていますが、白黒の表示に変更することも可能です。「グレイスケール」をオンにすると、画面全体が白黒で表示されます。また、グレイスケールにすることで、カラー表示に比べてバッテリーの減りを抑えることも可能です。

1 Q.374手順 2 の画面で<グレイスケール>をタップして、

2 オンにすると、

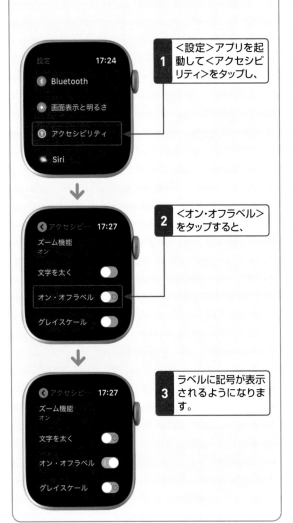

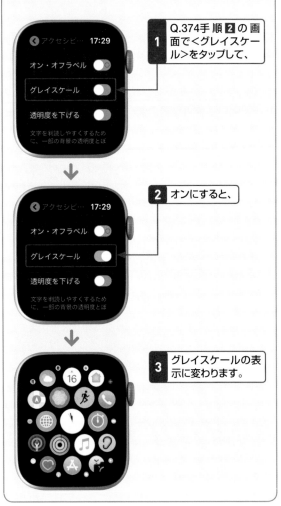

3 グレイスケールの表示に変わります。

Q 376 背景の透明度を下げて見やすくしたい！

A 「透明度を下げる」をオンにします。

Apple Watchは、Siriを起動したり、電源オフの画面を表示したりする際に、うっすらと背景が透けて表示されるようになっています。背景が透けないようにしたいときは、「透明度を下げる」をオンにすると、一部の背景の透明度が低減されて、画面のコントラストが上がります。画面の文字を判読しやすくなります。

1 一部の画面では背景が透けています。

2 Q.374手順2の画面で<透明度を下げる>をタップしてオンにすると、

3 背景の透明度を下げてコントラストが上がります。

Q 377 画面の動きを減らして見やすくしたい！

A 「視差効果を減らす」をオンにします。

「視差効果を減らす」をオンにすると、Apple Watchのアニメーションが制限されます。アニメーションが制限されると、アプリを起動／終了する際の画面の切り替わりなどが速くなります。また、ホーム画面のアプリアイコンがすべて同じ大きさになるので、アプリも探しやすくなります。

1 Q.374手順2の画面で<視差効果を減らす>をタップし、

2 <視差効果を減らす>をタップしてオンにすると、

3 アプリアイコンの大きさが統一されたり、動きが制限されたりします。

設定 Series 1 2 3 4 5

Q 378 音量を変更したい！

A 「サウンドと触覚」から変更します。

着信音や通知音の音量は、<設定>アプリの「サウンドと触覚」から変更することができます。「消音モード」をオンにすると、着信音や通知音をオフにできます。これらはすべて一括で設定され、着信音と通知音を個別に設定することはできません。

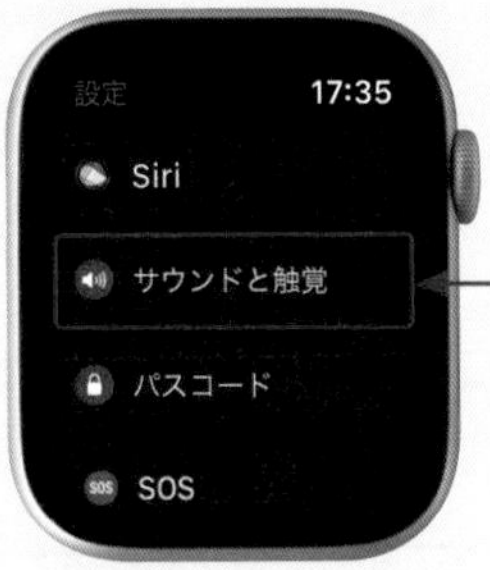

1 <設定>アプリを起動して<サウンドと触覚>をタップし、

2 と をタップして音量を調整します。

3 手順2の画面でアイコンをタップしたあとにデジタルクラウンを回すことでも調整が可能です。

設定 Series 1 2 3 4 5

Q 379 画面のテキストを音声で読んでほしい！

A 「VoiceOver機能」を利用します。

「VoiceOver」とは、選択した項目をApple Watchが音声で読み上げる機能です。画面を見なくてもApple Watchの表示がわかるので、目の不自由な人でも安心して利用できます。VoiceOverを終了するときは、手順3の画面で「VoiceOver」の をダブルタップします。

1 Q.374手順2の画面で<VoiceOver>をタップし、

2 <VoiceOver>をタップしてオンにします。

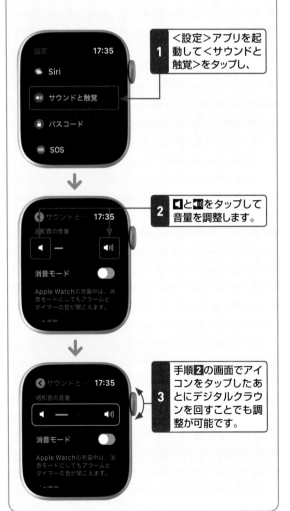

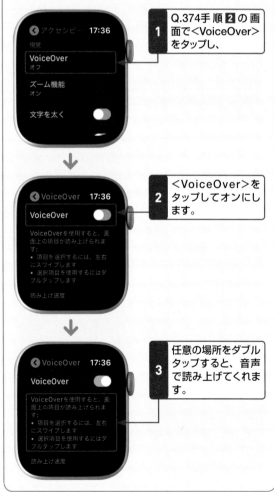

3 任意の場所をダブルタップすると、音声で読み上げてくれます。

設定 Series 1 2 3 4 5

Q 380 正時にチャイムを鳴らしたい！

A 「チャイム」をオンにします。

Apple Watchの「チャイム」を設定すると、正時ごとに振動と短いアラームが鳴ります。毎時0分ごとに音が鳴るので、作業に集中して時間を忘れそうなとき、時報代わりに設定しておくと安心です。

1 Q.374手順 2 の画面で<チャイム>をタップし、

2 <チャイム>をタップします。

3 チャイムがオンになると、正時ごとにチャイムが鳴ります。

設定 Series 1 2 3 4 5

Q 381 チャイムの音を変更したい！

A 「ベル」と「鳥」から選択できます。

Q.380で解説したチャイムは、チャイム音を「ベル」と「鳥」の2種類から選択することができます。また、チャイムを鳴らす時刻には「正時」「30分」「15分」の3つがあります。正時は毎時0分ごとに鳴りますが、30分は毎時0分と30分に、15分は毎時0分、15分、30分、45分に鳴ります。細かくチャイム音を鳴らしてほしいときは、15分にしておくのがおすすめです。

1 Q.380手順 3 の画面で<サウンド>をタップすると、

2 チャイム音を「ベル」「鳥」から選択できます。

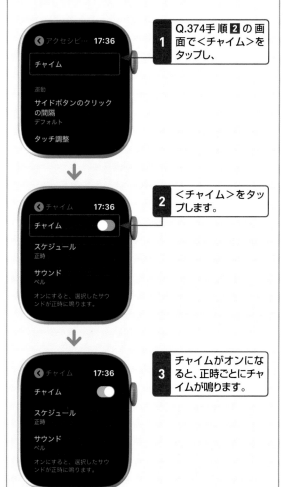

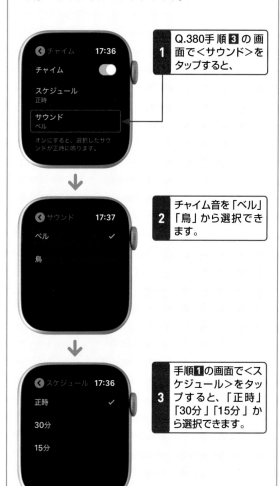

3 手順 1 の画面で<スケジュール>をタップすると、「正時」「30分」「15分」から選択できます。

Q 設定 Series 1 2 3 4 5

382 AirPodsの左右の音量を変更したい！

A 「モノラルオーディオ」をオンにします。

「モノラルオーディオ」をオンにすると、AirPodsなどのBluetooth機器をモノラル音声で再生することができます。左右のイヤホンから同じ音が聴こえるため、片耳が不自由な人でも安心して利用できます。なお、片方のボリュームだけを上げるなど、左右の音量のバランスを調整することもできます。

1 Q.374手順**2**の画面で＜モノラルオーディオ＞をタップすると、

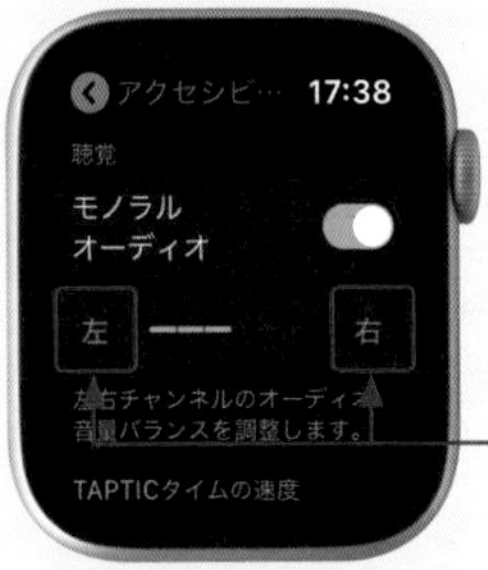

2 モノラルオーディオがオンになります。

3 ＜左＞または＜右＞をタップすると、

4 左右の音量バランスを調整できます。

Q 設定 Series 1 2 3 4 5

383 サイドボタンのクリック間隔を調整したい！

A ＜設定＞から調整できます。

Apple Payで支払いをするときなどは、サイドボタンをすばやくダブルクリックします。ダブルクリックの間隔を調整したいときは、アプリの「サイドボタンのクリックの間隔」から変更します。初期状態では「デフォルト」になっていますが、「遅く」「最も遅く」に変更することができます。なお、iPhoneで＜Watch＞アプリを起動し、＜アクセシビリティ＞→＜サイドボタンのクリックの間隔＞の順にタップすることでも同様の操作が行えますが、iPhoneの場合は、＜デフォルト＞＜遅く＞＜最も遅く＞のいずれかをタップすると、振動でクリックの間隔を知ることができます。どのくらいの間隔なのかを確かめたいときは、iPhoneから確認してみるとよいでしょう。

1 Q.374手順**2**の画面で＜サイドボタンのクリックの間隔＞をタップし、

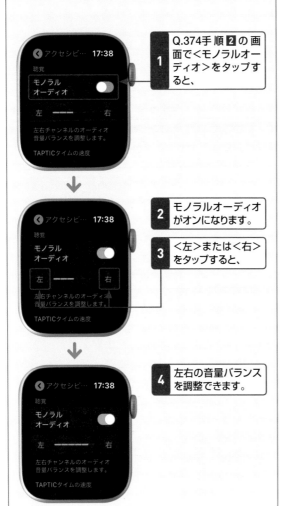

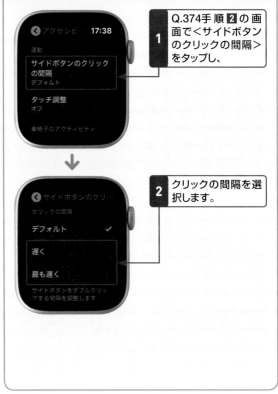

2 クリックの間隔を選択します。

設定

Series 1 2 3 4 5

Q 384 対応した補聴器とペアリングしたい！

A 「Made for iPhone」対応の補聴器が必要です。

「Made for iPhone」対応の補聴器とは、Apple製デバイスから流れる音声を補聴器に直接伝えることのできる補聴器です。「Made for iPhone」対応の補聴器をApple Watchとペアリングすると、サウンドの設定をカスタマイズできるなど、さまざまな設定が行えます。

「Made for iPhone」に対応した補聴器とペアリングできます。

設定

Series 1 2 3 4 5

Q 385 AirPodsが自分の耳にフィットしているか確認したい！

A iPhoneの<設定>アプリから行います。

AirPods Proには、S／M／Lの3種類のイヤーチップが付属しています。イヤーチップが自分の耳にフィットしているかどうかは、iPhoneの<設定>アプリからテストできます。自分の耳に最適なイヤーチップに付け替えて、最高の音質を楽しみましょう。

1 iPhoneで<設定>アプリを起動して<Bluetooth>をタップし、

2 「○○のAirPods Pro」の ⓘ をタップします。

3 <イヤーチップ装着状態テスト>→<続ける>の順にタップし、

4 ▶をタップしてテストします。

Q 設定 Series 1 2 3 4 5

386 AirPodsをリモートマイクとして使いたい!

A 「聴覚」機能を有効にします。

リモートマイクとは、iPhoneで拾った音をAirPodsで聞くことのできる機能です。騒がしい場所でも相手の声を聞き取れたり、離れた部屋で話している人の声を聞けたりするので便利です。なお、事前にiPhoneの＜設定＞アプリから、コントロールセンターに「聴覚」機能を追加しておく必要があります。

1 コントロールセンターを開き、（聴覚アイコン）をタップします。

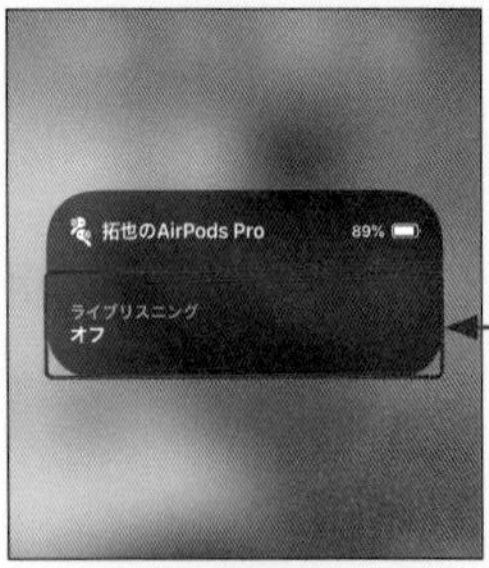

2 「ライブリスニング」の＜オフ＞をタップすると、iPhoneをリモートマイクとして使用できます。

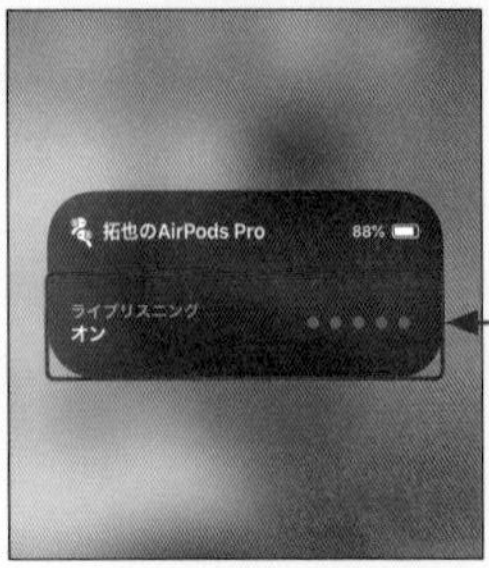

3 ＜オン＞をタップすると、リモートマイクをオフにできます。

Q 設定 Series 1 2 3 4 5

387 画面タッチの間隔を調整したい!

A 「タッチ調整」をオンにします。

タッチスクリーンが操作しづらいときや、タッチ操作がうまくいかないときは、タッチに対する反応を変更しましょう。タッチしてからタッチと認識されるまでの時間を指定できる「保持継続時間」のほか、複数回のタッチを1回のタッチとみなす時間を指定できる「繰り返しを無視」などを設定することができます。

1 Q.374手順2の画面で＜タッチ調整＞をタップしてオンにします。

2 「保持継続時間」をオンにすると、タッチと認識されるまでの時間を指定でき、

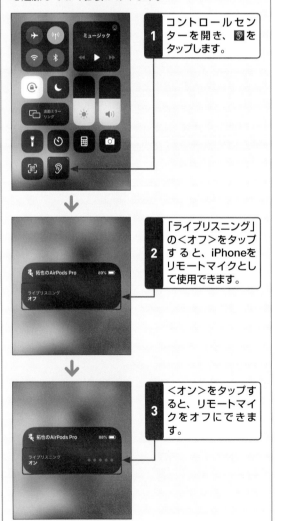

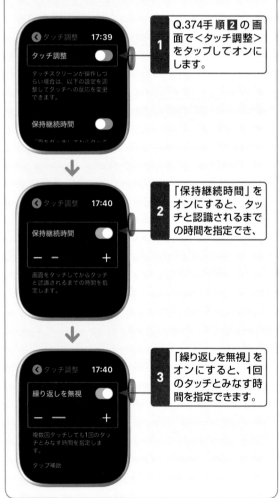

3 「繰り返しを無視」をオンにすると、1回のタッチとみなす時間を指定できます。

Q 388 現在の時刻を振動で確認したい！

A 「TAPTICタイム機能」を利用します。

Apple Watchには、消音モードのときに文字盤を2本指でタッチすることで、現在の時刻を振動で伝える「TAPTIC」という機能があります。振動には「数字通り」「おおよそ」「モールス信号」の3パターンがあり、画面を確認できない状況で利用できる便利な機能です。なお、消音モードがオフになっているときは、時刻を音声で知ることもできます。

1 <設定>アプリを起動して<時計>をタップし、

2 <Tapticタイム>をタップします。

3 <Tapticタイム>をタップしてオンにすると、時刻を振動で確認できます。

Q 389 ショートカットを設定したい！

A 4種類から設定できます。

デジタルクラウンをトリプルクリックしたときに実行したい操作を「ショートカット」として設定しておけば、すばやく操作を実行できます。設定できるのは画面読み上げ機能の「VoiceOver」(Q.379参照)、画面上の項目を拡大できる「ズーム機能」(Q.370参照)、タッチパネルの反応を変更できる「タッチ調整」(Q.387参照)、補聴器を設定できる「ヒアリングデバイス」(Q.384参照)の4種類です。

1 Q.374手順 **2** の画面で<ショートカット>をタップし、

2 実行したい操作(ここでは<ズーム機能>)をタップします。

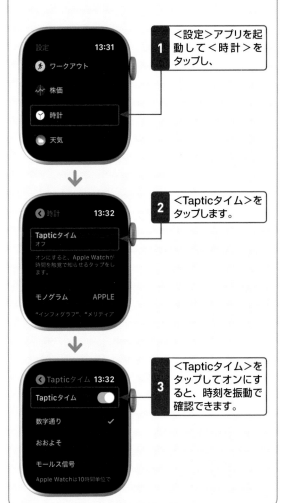

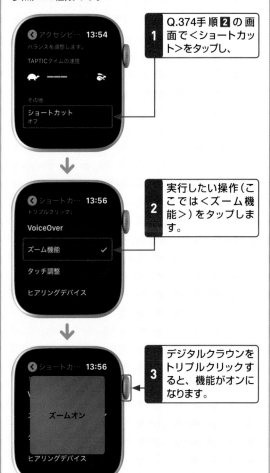

3 デジタルクラウンをトリプルクリックすると、機能がオンになります。

設定 Series 1 2 3 4 5

Q 390 ホーム画面を初期状態に戻したい！

A ホーム画面のレイアウトをリセットします。

ホーム画面にはアプリがグリッド表示されていますが、アプリが増えてきて、目的のアプリをなかなか見つけられないこともあります。ホーム画面のレイアウトをリセットすると、ホーム画面を初期状態のレイアウトに戻すことができます。

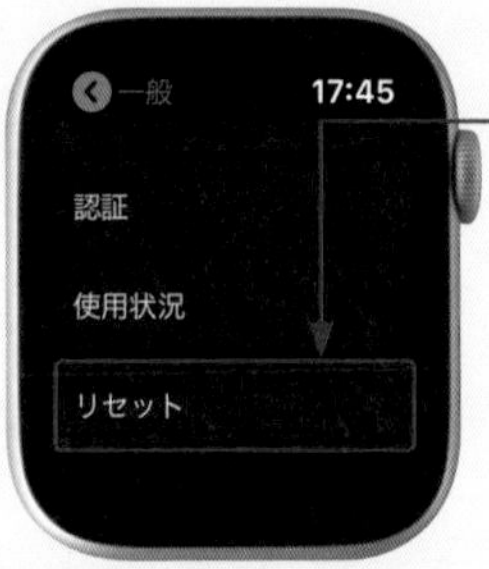

1 <設定>アプリを起動して<一般>→<リセット>の順にタップし、

2 <ホーム画面のレイアウトをリセット>をタップします。

3 <ホーム画面をリセット>をタップすると、ホーム画面が初期状態に戻ります。

設定 Series 1 2 3 4 5

Q 391 Apple Watchに赤い「!」が表示された！

A 強制再起動しましょう。

ソフトウェアをアップデートしたときなど、Apple Watchを利用中に赤い「！」が表示された場合は、何らかのエラーが起こっています。そのようなときは、Apple Watchを強制的に再起動しましょう。デジタルクラウンとサイドボタンを同時に10秒以上押し、画面にAppleのロゴが表示されたら指を離します。強制再起動しても解決できないときは、Appleサポートに問い合わせてください。

1 デジタルクラウンとサイドボタンを同時に10秒以上押し、

2 Appleのロゴが表示されたら指を離します。

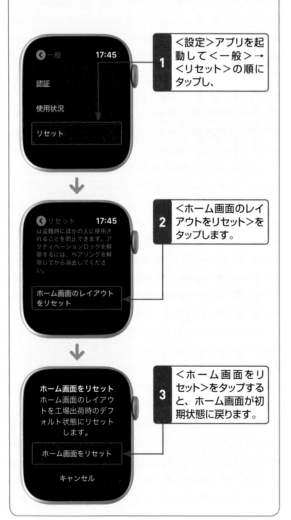

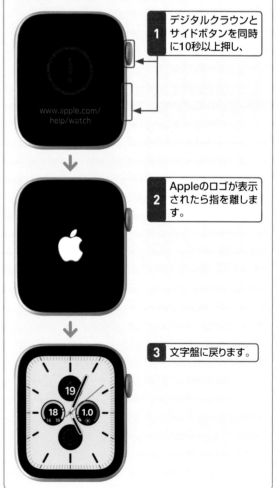

3 文字盤に戻ります。

アプリ Series 1 2 3 4 5

Q 392 自分の睡眠を詳しく知りたい！

A 「Auto Sleep」というアプリで知ることができます。

「Auto Sleep」は、睡眠の時間や質を詳しく知ることのできるアプリです。使い方は、睡眠時に「Auto Sleep」がインストールされたApple Watchを装着するだけです。睡眠時間のほかに、睡眠の深さや質、心拍数の推移などを計測できます。計測した情報は履歴として保存され、月単位で振り返ることもできます。

睡眠中の心拍の変動から、その日の睡眠の快適さを5段階で評価します。

アプリ Series 1 2 3 4 5

Q 393 睡眠サイクルを知り、すっきり目覚めたい！

A 「Sleep Cycle」で充足感とともに目覚めましょう。

「Sleep Cycle」は、眠りが浅くなるタイミングで起こしてくれるアラームアプリです。起床時間を設定すると、タイマーの設定時間から30分前までの範囲で、眠りが浅くなっているタイミングに合わせて鳴ります。睡眠サイクルの記録や分析から、眠りが浅くなるタイミングでアラームが起動します。睡眠の質を高めるための情報をはじめ、入眠のサポートなど多くの機能が搭載されているので、睡眠の悩みに合った利用ができます。

スヌーズ時間を段階的に短くし、完全に目覚めた状態へと自然に導いてくれます。

アプリ　Series 1 2 3 4 5

Q 394 リラックスして、睡眠の質を高めたい！

A ヒーリング音の生成アプリ「Endel」を活用しましょう。

「Endel」は、リラックスしたり集中したりしたい人向けのアプリです。天気や時刻、心拍数などのユーザー情報をもとに、ヒーリング音を自動生成します。睡眠時にヒーリング音を流すと、高いリラックス効果を期待できます。そのほかにも、日中に、ストレス軽減や生産性の向上などシチュエーションに合わせたヒーリング音を自動生成できるので、日々の癒しとして、活用できます。

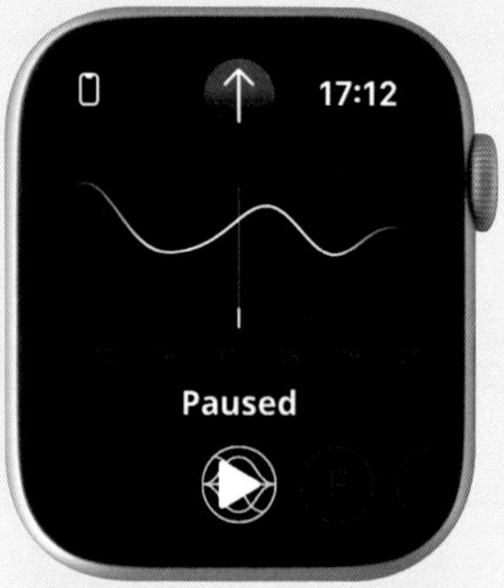

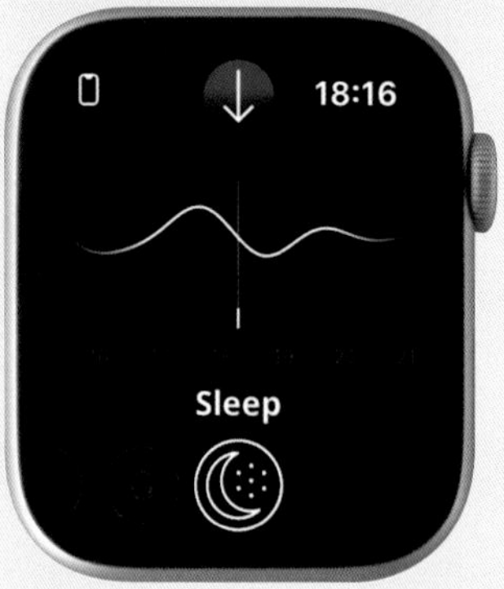

「Sleepモード」は柔らかく優しい音で眠りに適した音が流れ、「Relaxモード」安心感のある音色で心を落ち着かせてくれます。「Focusモード」では集中するのに適した持続的な音が流れ、生産性を向上させます。「On-the-Goモード」は屋外にいるときに適しており、出かけているとき、ユーザーの歩くテンポに適応したリズミカルな音が流れます。

アプリ　Series 1 2 3 4 5

Q 395 ランニングを続けるモチベーションが欲しい！

A 「ラントリップ」はランナー同士の情報共有ができます。

「ラントリップ」は、ランニングのモチベーションを維持したい人向けのアプリです。iPhone用のアプリで会員登録をすると、同じコースを走った別のランナーによる感想や投稿した写真を見ることができます。多くのランナーとネットワーク経由でつながりながら、、ランニングを楽しみましょう。毎日のランニングの記録を残すことで、ほかのランナーから「ナイスラン ！」が届くかもしれません。

周辺のコースが自動的に生成さくれるので、あとは選択するだけです。同じコースを走ったランナーと走行距離やタイムなどの時間を共有できるため、モチベーションの維持にもつながります。

アプリ Series 1 2 3 4 5

Q 396 自分に合ったトレーニングプランで運動したい！

A 「NIKE Training Club」でトレーニングを開始しましょう。

「NIKE Training Club」は、より本格的にトレーニングを行いたい人向けのアプリです。iPhone用のアプリで会員登録をし、初級〜上級までトレーニングのレベルを選択すると、さまざまなパーソナルメニューを作成できます。トレーニング開始と同時にApple Watchで「NIKE Training Club」を起動すると、「次は10回シットアップツイスト」といったように、トレーニングメニューの指示を受けることができます。心拍数の計測も可能であるため、燃焼カロリーも計測できます。

ワークアウトの頻度や難易度などを入力することで、自分にあった4週間分のワークアウトメニューが作成されるので、初心者でも安心です。

アプリ Series 1 2 3 4 5

Q 397 運動量や消費カロリーを記録したい！

A 「Steps App 歩数計」はシンプルな記録と管理ができます。

「Steps App 歩数計」は、多機能な万歩計です。ウォーキング、ランニング、フィットネスの歩数記録が自動で行われます。毎日の運動量が折れ線グラフでわかりやすく表示されるので、目標設定に便利です。月別、週別で運動量を比較することもできるので、モチベーションを保ちながら、継続的に運動を取り入れた生活が期待できます。

ウォーキング中はApple Watchに歩数が常時表示されるため、運動量が把握しやすく、目標達成まであとどれくらい歩けばよいかがすぐにわかります。

アプリ　Series 1 2 3 4 5

Q 398 日課や予定をひと目で確認したい！

A 24時間を見やすく管理できるのは「Wacca」です。

「Wacca」は、より効率的なスケジュール管理をしたい人向けのアプリです。iPhone用のアプリで予定を登録すると、Apple Watch上でスケジュールを確認することができます。24時間のスケジュールを円グラフで表示するので、時計を見ている感覚で日課や予定を確認することができます。設定によってイベントを色分けしたり通知したりすることも可能です。シンプルでかんたんな操作であることや編集がしやすいことなど、使いやすさと見やすさが魅力的です。

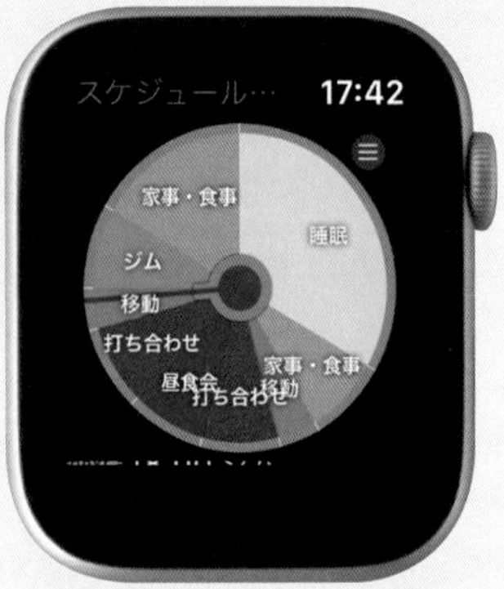

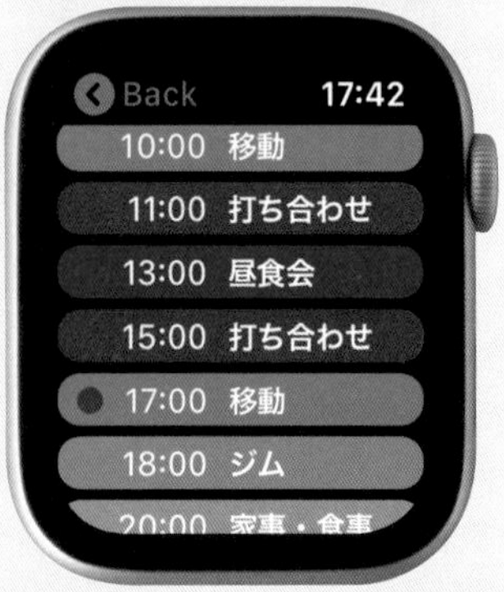

24時間の予定を円グラフで確認できるため、それぞれの予定に要する時間が視覚的にわかります。時系列順に表示することもできます。

アプリ　Series 1 2 3 4 5

Q 399 簡単にカロリーを計算をしたい！

A 「MyFitnessPal」でかんたん手早く計算しましょう。

「MyFitnessPal」は、毎食きちんとカロリー計算をしたい人向けのアプリです。iPhone用のアプリで摂取カロリーの目標数値を設定すると、Apple Watchのワークアウト結果と連携して、1日のカロリー掲載に反映することができます。

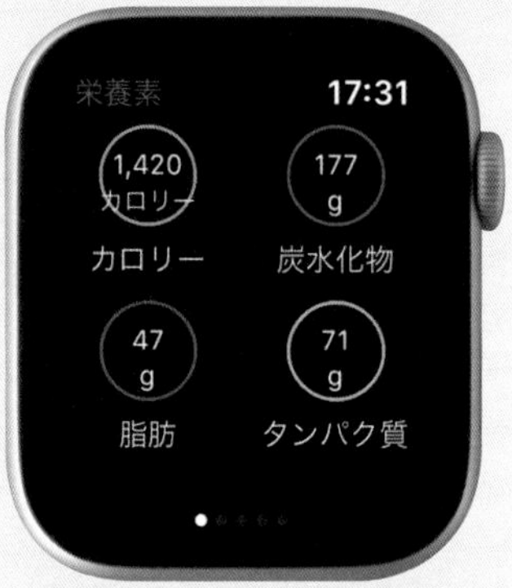

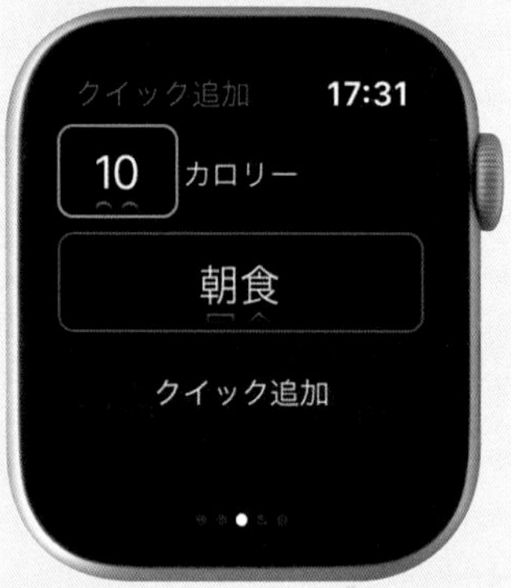

健康を維持するために適正な栄養素を一目で確認することができます。1回の食事でどれくらいの栄養素を摂取する予定かをあらかじめ登録しておくこともできます。

Q アプリ Series 1 2 3 4 5

400 目的地までの最適経路を知りたい！

A 「乗換案内」は最適経路と所要時間を検索できます。

「乗り換え案内」は、出発地から到着地まで公共交通機関を使って移動する際の、最適経路を提供してくれるアプリです。急な遅延や運転見合わせ、混雑状況が随時更新されるため、正確な所要時間を知ることができます。目的地までの地図や徒歩の経路案内も利用することができるなど、充実した機能が満載です。

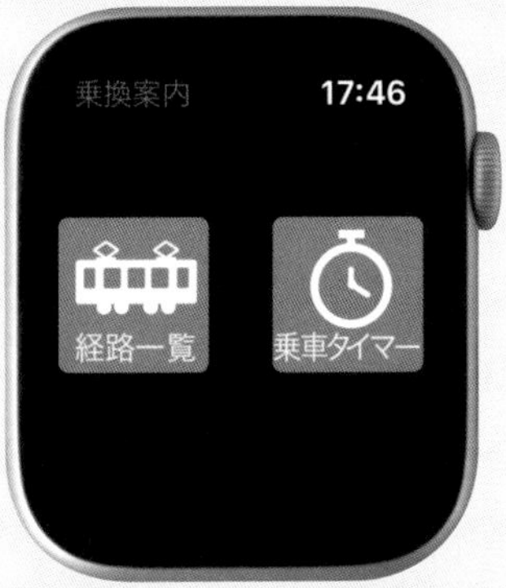

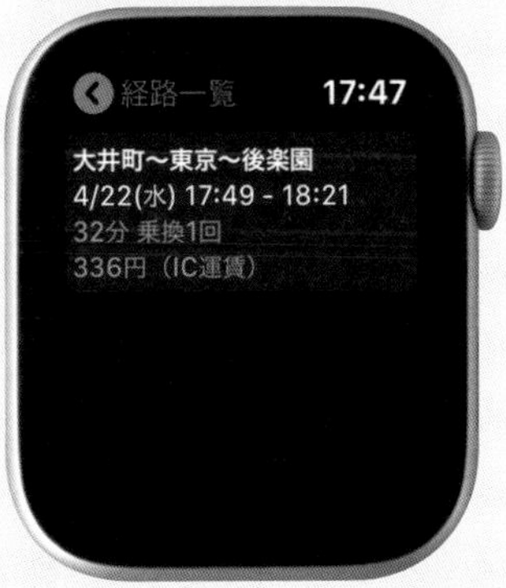

iPhone用のアプリで経路を検索し、iPhoneからApple Watchに送ることで、いつでも経路の確認を行うことができます。駅から駅の経路はもちろん、現在地から最寄り駅を検索することも可能です。

Q アプリ Series 1 2 3 4 5

401 災害情報や災害対策をいつでも確認したい！

A 「Yahoo!防災速報」で最新の防災情報を受け取りましょう。

「Yahoo! 防災速報」は、登録した地域の緊急地震速報や豪雨予報をはじめ、さまざまな災害情報をいち早く受け取ることができます。現在地だけではなく、複数の地域を登録することで、離れた家族や勤務先の状況も把握できます。防災手帳として、防災用品や避難場所の確認など、災害に備えた豊富な情報も活用できます。

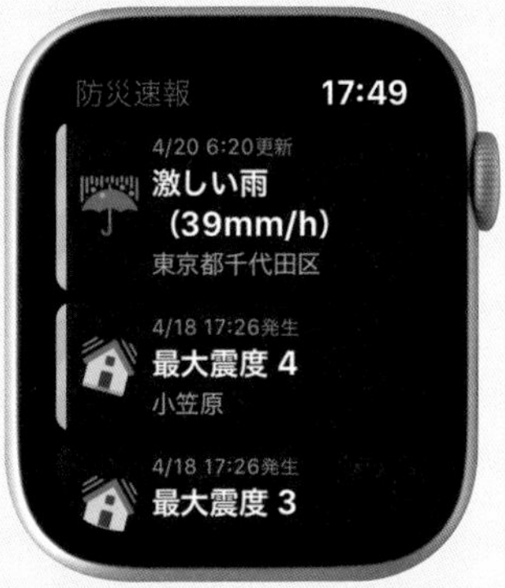

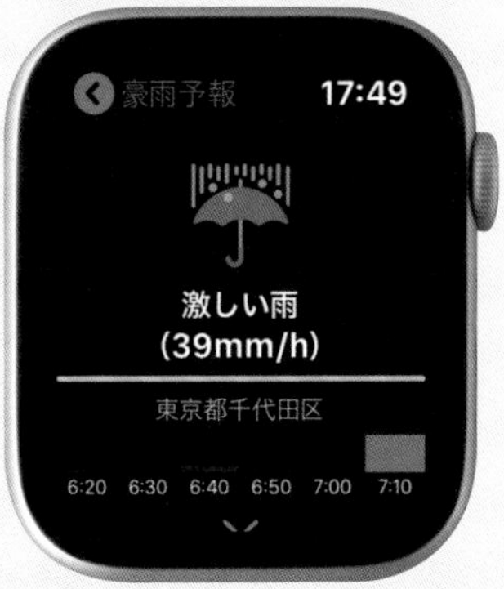

iPhone用のアプリで地域を登録すると、その地域の災害情報をApple Watchで常に確認できます。

アプリ Series 1 2 3 4 5

Q 402 現在地の正確な気象情報を確認したい!

A 「そら案内」はシンプルで正確な気象情報アプリです。

「そら案内」は、気温や降水確率など、今の気象情報をひと目で確認できる見やすい天気予報アプリです。GPS現在位置登録や郵便番号検索で現在地の市区町村を登録することで使用できるようになります。3時間ごとに24時間先までの予報画面と、現在の気象情報画面は左右にスワイプすることですばやく切り替えることが可能です。

iPhone用のアプリで自分の住んでいる地域を登録すると、その地域の降水確率や気温をApple Watch上で常に確認できます。翌日以降の天気を調べることも可能です。

アプリ Series 1 2 3 4 5

Q 403 現在地の正確な降雨情報を確認したい!

A 「アメミル」で雨雲の情報を受け取りましょう。

「アメミル」は、雨雲の接近をわかりやすいアイコンやアニメーション知らせてくれるアプリです。起動すると、現在地の降雨情報が詳細に確認できます。また、通知する雨量や時間帯などをカスタマイズすることも可能です。さらに、周囲10kmのリアルタイムの降雨情報もあわせて確認することで、一時的な降雨なのか、継続的な降雨なのか判断することもできます。

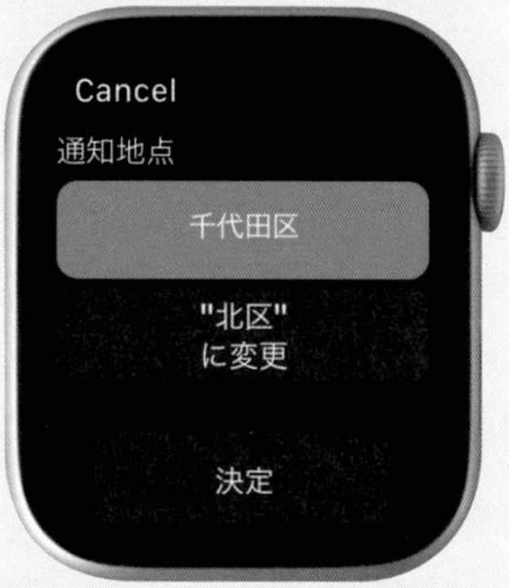

iPhone用のアプリで地域を登録すると、その地域の雨雲の様子が表示されるようになります。現在地だけでなく、別の地域の様子を見ることもできます。

Q アプリ Series 1 2 3 4 5

404 充実した翻訳機能を利用したい！

A 「今すぐ翻訳」の音声とテキストで多言語に触れましょう。

「今すぐ翻訳」は、海外旅行時や外国語のテキストを読むときなどに役立つアプリです。音声で日本語を入力すると、外国語に翻訳することができます。オフラインでも翻訳機能を使うことができるので、電波が届きにくい場所や通信障害による不測の事態にも対応可能です。コミュニケーションの強い味方として、活用しましょう。

長い会話文などは翻訳できませんが、ちょっとした英単語が思い出せないときなど、iPhoneを取り出して検索する手間が省けます。

Q アプリ Series 1 2 3 4 5

405 配車サービスを利用したい！

A 「Uber」は配車依頼から支払いまで利用できます。

「Uber」は、ひんぱんにタクシーを使う人向けのアプリです。行き先を入力することで現在位置がドライバーに伝えられ、配車依頼が手早く完了します。支払いは登録したクレジットカードで自動的に行われ、領収書はEメールで届くので、配車から支払いまでこのアプリだけで済みます。

タップするだけで、あとはその場でタクシーがやってくるのを待つだけです。タクシーの現在地がリアルタイムで確認できる点も大きな特徴です。

アプリ　Series 1 2 3 4 5

Q 406 空港でスムーズな搭乗をしたい！

A 「ANA」でスムーズに搭乗しましょう。

「ANA」はひんぱんに飛行機に乗る人向けのアプリです。iPhone用のアプリで会員登録後、Apple Walletに登録したチケットのQRコードを搭乗口でかざすことにより、スムーズに搭乗が可能です。座席番号や搭乗口の案内、マイル残高などをひと目で確認することができたり、遅延や欠航など運行情報に変更がある場合には、いち早く通知が届いたりと、便利な機能が満載です。

ログインすると、搭乗券や保安検査場の締め切り時刻のカウントダウンが表示されます。Apple walletに登録したPassをApple Watchに表示でき、QRコードを搭乗口でかざせば、iPhoneを取り出す事なく搭乗が可能です。

アプリ　Series 1 2 3 4 5

Q 407 キャッシュレスで支払いをしたい！

A 「PayPay」ならかんたん、お得に支払いができます。

「PayPay（ペイペイ）」はキャッシュレス決済サービスの1つで、iPhoneだけでなくApple Watchでも利用できます。iPhone用アプリをインストールしてクレジットカードを登録すると、Apple Watchでも画面上に表示したQRコードで決済を行ったり、PayPay残高を確認したりすることが可能となります。

決済時に「PayPayで」と伝え、あとはQRコードを読み取り機に近づけるだけで買い物ができます。財布もiPhoneも取りだす必要がありません。

アプリ Series 1 2 3 4 5

Q 408 キャッシュレスの使用状況をまとめて把握したい！

A 「Moneytree」で収支情報をまとめて管理しましょう。

「Moneytree」は、複数のキャッシュレス決済サービスを利用する人向けのアプリです。今月と先月の支出を一目で比較できるほか、給料の振込み、クレジットカードの支払い、大口の入出金、残高の低下などが通知されます。手入力やレシートスキャンも不要で無理なく続けられることや自動更新機能により、誰でも手軽に見やすい家計簿が完成します。

キャッシュレスによる支出や収入といったデータを一目で確認できるほか、口座の情報を連携させることで、引き落とし金額も把握できます。

アプリ Series 1 2 3 4 5

Q 409 ポイントカードをひとつにまとめたい！

A 「Stocard」でポイントカードをデジタル化しましょう。

「Stocard」は、たくさんのポイントカードを使用する人向けのアプリです。サイフの中にあるプラスチックのポイントカードをiPhone用アプリで読み取り、デジタル化してひとつにまとめて管理することができます。利用するときは、画面を表示して店舗のレジでスキャンしてもらいます。QRコードやバーコードの付いているカードであれば、なんでも登録することができます。

登録するカードはiPhone用のアプリから選択しますが、カードの一覧にないカードでも、バーコードが付いているものであれば登録することができます。

アプリ　Series 1 2 3 4 5

Q 410 世界中の音楽を無料で楽しみたい！

A 「Spotify」なら無料でフルアクセス可能です。

「Spotify」は、さまざまな音楽を楽しみたい人向けのアプリです。iPhone用のアプリで曲を検索して追加プレイリストについて加することで、Apple Watchでも聴くことができるようになります。また、Apple WatchからiPhone用のSpotifyアプリを操作することも可能です。

曲やポッドキャストの再生、一時停止、スキップ、音量の調節のほか、再生中の楽曲情報やお気に入りに保存といった操作が可能です。加えて、Siriを使って曲やポッドキャストの音声操作をすることもできます。

アプリ　Series 1 2 3 4 5

Q 411 スポーツの大会情報や試合速報を知りたい！

A リアルタイムの情報が得られるのは「Player!」です。

「Player!」は、スポーツ好きな人向けのアプリです。多種多様なスポーツをプロ、アマチュア、大学、高校といったカテゴリー別に取り扱っています。興味のあるカテゴリーやチームをフォローすることで、大会情報やチーム情報、試合速報などをいち早く得ることができます。現地で観戦しているかのように、スポーツ観戦を楽しむことができます。

iPhone用のアプリで情報を知りたいスポーツのジャンルやチームを登録しておくと、フォローしたスポーツやチーム情報が表示されます。試合開始時刻に通知を受け取ることも可能です。

Q アプリ Series 1 2 3 4 5

412 遠隔からMacのロックなどの操作をしたい！

A Macに触れずに「MacID」で操作ができます。

Macを使っている人は「MacID」をApple Watchにインストールしておくと便利です。のある場所から離席するときや離れて作業するときに、Macに触れることなくスクリーンロックをしたり解除したりすることができます。ロック解除時のパスワードの入力が不要になるので、わずらわしさがなくなります。

離れたところからでもMacのロックが可能であるほか、iTunesで音楽を再生しているときにリモコンとして一時停止や早送りといった操作が可能です。

Q アプリ Series 1 2 3 4 5

413 複数の端末でメモ機能を共有したい！

A 「Google Keep」でメモ機能を共有しましょう。

「Google Keep」は、共同作業をひんぱんに行う人向けのアプリです。スマートフォン、タブレット、パソコンなど複数の端末で追加した画像やテキストが同期され、いつでもアクセスすることができます。音声入力によるメモ作成や日時や場所を指定したリマインダー機能など、豊富な機能を利用することができます。

iPhone用のアプリでその日にやるべきことを保存しておくと、Apple Watch上で確認できます。

Q アプリ Series 1 2 3 4 5

414 今の天体情報を知りたい！

A 「Night SKY」は現在地の天体状況が表示されるアプリです。

「Night SKY」は、天体好きな人向けのアプリです。端末を屋空に向けると、現在地から見える星座や惑星、衛星の名前など上空の動きを知ることができます。また、AR機能によって気になる天体の様子を詳しく確認することや、星空が見えない屋内であっても、天体状況を知ることができるので、パーソナルサイズのプラネタリウムとして魅力的です。

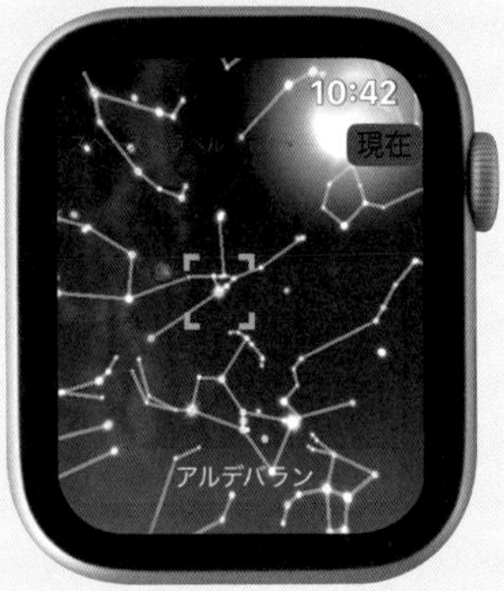

天体や星座についての知識が深まります。また、太陽系惑星の内部構造を見ることができます。日昇や日没に合わせて美しいエフェクトを楽しむこともでき、リラックスしたいときに使用したいアプリです。

Q アプリ Series 1 2 3 4 5

415 さまざまなカテゴリのニュースを確認したい！

A 幅広いカテゴリと速さで選ぶなら「NewsDigest」です。

「NewsDigest」は、ひんぱんにニュースをチェックする人向けのアプリです。最新のニュース速報をはじめ、災害速報まで網羅したニュースアプリです。平時には、テレビやソーシャルメディアなどで話題のニュースが届きます。多彩なジャンルのカテゴリから、知りたいカテゴリを選択して、通知の設定をすることで、重要なニュースを見逃してしまうこともありません。

カバーするニュースの範囲は、総合ニュース速報、国内地震速報、国際地震速報（マグニチュード6以上の大型地震）、災害速報、気象警報情報（大雨洪水警報、竜巻情報、火山噴火情報など）のほか、ソーシャルメディア注目のニュースなど幅広くあります。

アプリ　Series 1 2 3 4 5

Q 416 iPhoneとApple Watchのバッテリー残量を確認したい!

A 「Battery Phone」はどちらの充電もひと目で確認できます。

「Battery Phone」は、iPhoneを取り出すことなく、iPhoneとApple Watch両方のバッテリー残量を確認することができます。指定したバッテリー残量になったときや、充電が完了したときに通知が届くように設定することもできます。Apple Watchの文字盤に、両方のバッテリー残量をコンプリケーションで表示できる機能もあります。

タップして確認するたびにバッテリー残量が更新されます。iPhone用のアプリを設定することで、30分ごとに自動更新することも可能です。

アプリ　Series 1 2 3 4 5

Q 417 毎日続けたい習慣を忘れずに管理したい!

A 習慣と目標の管理は「Habitify」でシンプルに行いましょう。

「Habitify」は、目標を習慣化したい人向けのアプリです。習慣化したいことや目標を時間別にリスト表示することで、スムーズに管理することができます。リマインド機能や達成／未達成をカレンダーでかんたんに確認する機能があります。これらの機能は、習慣追跡アプリとして、モチベーションを維持し続け、あなたの生活をサポートしてくれます。

iPhone用のアプリでリストを作成すると、Apple Watch上でも確認できるようになります。リストは、朝、午後、夜と時間に合わせて作成・登録できます。

数字・アルファベット

2ファクタ認証 214
10日間予報 157
AirPlay 174
AirPods 167
AirPods Pro 167
Amazon 31
ANA アプリ 242
Android 36
App Store 206
Apple ID の確認 221
Apple Music 172, 173
Apple Pay 95, 96
Apple TV 175
Apple Watch 20
Apple Watch Series1 26
Apple Watch Series2 26
Apple Watch Series3 23
Apple Watch Series5 22
Apple Watch Studio 30
Apple Watch 磁気充電ドック 44
Apple Watch のサイズ 24
Apple Watch を探す 212, 213
AppleCare+ 47
Apple のロゴ 85
au 35
Auto Sleep アプリ 235
Battery Phone アプリ 247
Beats 1 177
Bluetooth 36
Bluetooth スピーカー 166
Bluetooth イヤホン 166
Connect to Apple Watch 195
Digital Touch 118
Dock 62, 63
docomo 35
ECG 200
Edition モデル 32
Endel アプリ 236
Felica 96
Gmail 133
Google Keep アプリ 245
GPS モデル 27, 33
GPS+Cellular モデル 33
GymKit 195
Habitify アプリ 247
Hermès レザー 30
Hermès 製バンド 32
Hermès モデル 32
Hey, Siri 59, 222
HomeKit 181
HomePod 181
iCloud 95, 133, 214, 220
iPhone 34
iPhone での通話に切り替える 137
iPhone を探す 68
JRE POINT 111

Index

KDDI …… 107
LINE …… 121, 122, 124, 126
LINE の通知 …… 125
LINE 通話 …… 125
Live Photos …… 179
MacID アプリ …… 245
Mac の<探す>アプリ …… 213
Mac の iTunes を操作 …… 175
Mac のロック画面を解除 …… 211
Made for iPhone …… 231
Moneytree アプリ …… 243
MyFitnessPal アプリ …… 238
NewsDigest アプリ …… 246
Night SKY アプリ …… 246
NIKE Training Club アプリ …… 237
Nike スポーツバンド …… 30
Nike スポーツループ …… 30
Nike Run Club …… 32
Nike モデル …… 32
PayPay アプリ …… 97, 242
Player! アプリ …… 244
Podcast …… 143, 176
QR コード …… 113, 121, 125, 242
Radio …… 143, 177, 178
Remote …… 143, 175
S5 …… 27
SIM フリー …… 35
Siri …… 59, 76
Siri の声 …… 223
SIRI 文字盤 …… 76
Sleep Cycle アプリ …… 235
Softbank …… 35
Spotify アプリ …… 244
Steps App 歩数計 アプリ …… 237
Stocard アプリ …… 243
Suica …… 97, 98, 99
Suica の利用履歴 …… 105
Suica カード …… 99
Suica を削除 …… 104
Tapback …… 116
TAPTIC タイム機能 …… 233
TPU 素材 …… 37
Uber アプリ …… 241
UV 指数 …… 52, 157
VIEW カード …… 111
VIP …… 134
VoiceOver …… 211, 228
W2 チップ …… 26
Wacca アプリ …… 238
Wallet …… 112, 143
WatchOS …… 25, 220
< Watch >アプリ …… 56
Web ページ …… 60, 135
Wi-Fi …… 36, 63, 65
Windows …… 214
Yahoo! 防災速報 アプリ …… 239

あ行

赤い「!」……234
アカウント情報……208
アクティビティ
……75, 143, 183, 184,186,195,196,198
アクティビティチャレンジ……197
アクティベーションロック……220
アストロノミー 文字盤……76
アップデート……25
アニメーション……227
アプリ……143
アプリアイコン……48
アプリ画面のレイアウトを変更……61
アプリのアンインストール……209
アプリのインストール……208
アプリの情報……208
アプリを完全に削除……210
アプリを再表示……209
アメミル アプリ……240
アラーム……87, 90, 143
位置情報サービス……150
イベント……146
イベントを追加……147
今すぐ翻訳 アプリ……241
イヤーチップ……231
インフォグラフ 文字盤……76
ヴェイパー 文字盤……76
エクササイズ……183
エクスプレスカード……102
エクスプローラー 文字盤……76
エラー……234
オーディオブック……143, 161, 162
オートチャージ機能……111
おやすみモード……57, 67
オン／オフラベル……226
音楽の曲数……171
音楽を削除……171
音楽を保存……170
音声入力
…… 117, 122, 128, 135, 147, 153, 154, 157, 159, 206
音量の設定……228

か行

改札を通る……101
懐中電灯……69
拡大……50, 178, 224
カスタマイズ画面……79
家族で共有……40
カバーして消音……137
株価……145, 159, 160
カメラ……143, 146, 148, 180
画面……48
画面の切り替え方……51
画面表示と明るさ……224
画面を拡大……224
画面を手で覆う……73

Index

カラー 文字盤 ……… 76, 85
ガラスフィルム ……… 37
カリフォルニア 文字盤 ……… 75
カレンダー ……… 143, 146, 147
カロリー計算 ……… 238
カロリー消費 ……… 183
気圧高度計 ……… 26
キーパッド ……… 136
機内モード ……… 52 66
機密コンプリケーション ……… 54
キャッシュレス決済 ……… 242, 243
強制終了 ……… 211
緊急 SOS ……… 50, 204, 205
緊急速報 ……… 58
緊急連絡先 ……… 204
グラデーション 文字盤 ……… 75
車椅子 ……… 198
グレイスケール ……… 226
クレジットカード ……… 107, 108
クロノグラフ 文字盤 ……… 76
計算機 ……… 145, 160, 161
経路 ……… 153
現金でチャージ ……… 110
現在地 ……… 119, 152
降雨情報 ……… 240
豪雨予報 ……… 239
購入済み ……… 208
ゴール ……… 189
呼吸 ……… 77, 145, 201, 203
コントラスト ……… 227
コントロールセンター ……… 63, 64
コンパス ……… 143, 150
コンプリケーション ……… 48, 52, 79, 80

さ行

サードパーティー ……… 31
最近利用したアプリの表示 ……… 51
サイズ比較 ……… 24
再生中 ……… 145, 169
サイドボタン ……… 29
サイドボタンのクリック間隔 ……… 230
サウンドと触覚 ……… 58, 228
サファイアガラス ……… 37
サブスクリプション ……… 172, 173
試合速報 ……… 244
シアターモード ……… 52, 54
時価総額 ……… 160
時間の表示を早める ……… 86
磁気充電ケーブル ……… 43
視差効果を減らす ……… 227
システムソフトウェア ……… 25
自動ダウンロード ……… 207
ジャイロセンサー ……… 27
写真 ……… 124, 145, 178, 179
＜写真＞アプリ ……… 83, 145
写真の上限 ……… 179
写真を文字盤に表示 ……… 82

周期記録 145, 202, 204
充電中 52
重要なメール 132
縮小 50
出荷時の状態 218
出欠の返信 148
純正のバンド 31
消音モード 74, 89
使用許諾契約 222
使用言語と地域の変更 221
常時点灯 53
省電力モード 73, 192
消費カロリー 184
ショートカット 233
初期化 218
初代モデル 26
署名 129
新規メール 127
診断ログ 221
心電図機能 200
振動の大きさを調節 140
心拍数 145, 199, 200
心拍数センサー 29
シンプル 文字盤 76
睡眠の深さ 235
数字・デュオ 文字盤 75
ズーム機能 224
スクリーンショット 181, 182
スクロール 50
スタンド 183
スタンドリマインダー 187
スタンプ 122
ステーション 178
ステータスアイコン 48, 52
ストップウォッチ 91, 92, 144
ストリーミング 172
ストレージ容量 223
スヌーズ 88
スピーカー 29
すべてのコンテンツと設定を消去 218
スポーツバンド 30
スポーツループ 30
スマート家電 181
スライド 49
スリープモード 73
スワイプ 49
世界時計 94, 145
接続が解除されている 52
接続なし 52
設定 145, 221
セルフタイマー 180
心電図機能 200
騒音を測定 156
送信時刻 119
ソーラーダイヤル 文字盤 75
そら案内 アプリ 240

た行

タイマー …… 93, 144
タイムラプス 文字盤 …… 77
タクシー …… 241
タッチスクリーン …… 29, 49, 232
タッチ調整 …… 232
タップ …… 49
ダブルタップ …… 49
チップ計算 …… 161
チャージ …… 110, 111
チャイム …… 229
着信音 …… 140
着信音を調節 …… 140
通知 …… 52, 55, 56, 118
通知センター …… 51
通知を個別に設定 …… 126
通知を一括して消去 …… 57
通話中に音量を調節 …… 140
強く押す …… 49
定型文を追加 …… 123
ディスプレイ …… 29
手書きの文字 …… 118
テキストサイズ …… 225
テザリング …… 114
デジタルクラウン …… 29, 50, 51
デバイスを消去 …… 215
天気 …… 145, 157, 158
電源の切り方 …… 43
電卓 …… 160
転倒検出 …… 205
電話 …… 135, 136, 138, 145
動画 …… 124
透明度を下げる …… 227
特定のメール …… 133
ドラッグ …… 49
トランシーバー …… 141, 142, 144
トリプルクリック …… 233
トレーニング …… 237
トレンド …… 186

な行

ナイトスタンドモード …… 91
ナビゲーション …… 153
ニュース速報 …… 246
ノイズ …… 144, 156
ノイズキャンセル …… 168
ノイズコントロールモード …… 168
ノイズのしきい値 …… 156
乗換案内 アプリ …… 239

は行

パス …… 113
パスコード …… 69, 70,217
パスサービス …… 112
バックアップから復元 …… 219

バックグラウンド更新 ………… 216
バッジ ………… 197
バッテリー駆動時間 ………… 44
バッテリーの残量 ………… 72, 167,247
バッテリーを節約 ………… 65, 224,226
ハンズフリー ………… 167
バンド ………… 30
バンド・リリース・ボタン ………… 29, 31
バンドを外す ………… 31
ヒアリングデバイス ………… 231, 233
ヒーリング音 ………… 236
火と水 文字盤 ………… 77
人を探す ………… 145, 154, 155
ピン ………… 153
ファインダー ………… 38
フィットネス機器を検出 ………… 195
風速 ………… 157
複数ペアリング ………… 41
プライド 文字盤 ………… 77
フラグ ………… 132. 165
フラッシュ ………… 180
プラネタリウム ………… 246
フリーズ ………… 211
プリペイドカード ………… 107
フルスクリーンモード ………… 81
プレイリスト ………… 170, 171, 173
ペアリング ………… 34, 36, 38, 39. 40
ペアリングできる iPhone の種類 ………… 40
ベゼル ………… 27
ヘルスケア ………… 198, 199, 203, 204
ヘルスケアプロフィール ………… 194, 198
返信 ………… 117, 122, 128
返信文 ………… 129
ボイスメッセージ ………… 124
ボイスメモ ………… 144, 148, 149
ポイントカード ………… 112, 243
方角を編集 ………… 151
防水ロック ………… 52, 74
法律に基づく情報 ………… 222
ホーム ………… 144, 181
ホーム画面 ………… 48
ホーム画面のレイアウト ………… 218, 234
保護ケース ………… 37
保護フィルム ………… 37
補聴器 ………… 231
翻訳 ………… 241

ま行

マイ QR コード ………… 125
マイ文字盤 ………… 78, 79, 81, 84
マイル残高 ………… 242
マップ ………… 144, 152, 153
万華鏡 文字盤 ………… 77
万歩計 ………… 195
右腕に装着 ………… 72
ミュージック ………… 144, 169, 170, 171
ムーブ ………… 183, 184

メインカード …… 109
メール …… 127, 128, 130, 132, 134, 144
メールボックス …… 131
メールリスト …… 130
メールを削除 …… 130, 131
メッセージ …… 116, 118, 120, 144
メッセージプレビュー …… 134
メッセージリスト …… 120
メディカル ID …… 50, 199
メディリアン 文字盤 …… 75
モーション 文字盤 …… 77
文字盤 …… 48, 51, 75, 78, 86
文字を太く …… 225
モノラルオーディオ …… 230
モバイルデータ通信 …… 35, 36, 63
モバイルバッテリー …… 45

や行

ユーザガイド …… 216
ユーティリティ 文字盤 …… 77
よく使う項目 …… 139

ら行

ライト …… 69
ライブラリ …… 169, 170
楽天 Pay …… 97
ラジオ局 …… 177
ラップ …… 92
ラベル …… 89
ラントリップ アプリ …… 236
リキッドメタル 文字盤 …… 77
リスト表示 …… 60
リセット …… 71
リマインダー …… 144, 163, 164, 165
リモートマイク …… 232
利用規約 …… 39
履歴 …… 138
留守番電話 …… 138
歴代の Apple Watch …… 26
連絡先 …… 115
ロック …… 52

わ行

ワークアウト …… 52, 144, 188, 190, 192, 194
ワークアウトの進捗 …… 190
ワークアウトプレイリスト …… 171
割り勘 …… 161
ワンナンバーサービス …… 36

お問い合わせについて

本書に関するご質問については、本書に記載されている内容に関するもののみとさせていただきます。本書の内容と関係のないご質問につきましては、一切お答えできませんので、あらかじめご了承ください。また、電話でのご質問は受け付けておりませんので、必ずFAXか書面にて下記までお送りください。
なお、ご質問の際には、必ず以下の項目を明記していただきますようお願いいたします。

1　お名前
2　返信先の住所またはFAX番号
3　書名（今すぐ使えるかんたん　Apple Watch完全ガイドブック　困った解決＆便利技［Series1/2/3/4/5対応版］）
4　本書の該当ページ
5　ご使用のOSのバージョン
6　ご質問内容

なお、お送りいただいたご質問には、できる限り迅速にお答えできるよう努力いたしておりますが、場合によってはお答えするまでに時間がかかることがあります。また、回答の期日をご指定なさっても、ご希望にお応えできるとは限りません。あらかじめご了承くださいますよう、お願いいたします。

問い合わせ先

〒162-0846
東京都新宿区市谷左内町21-13
株式会社技術評論社　書籍編集部
「今すぐ使えるかんたん　AppleWatch完全ガイドブック
困った解決＆便利技［Series1/2/3/4/5対応版］」質問係
FAX番号　03-3513-6167
URL：https://book.gihyo.jp/116

今すぐ使えるかんたん
Apple Watch完全ガイドブック
困った解決＆便利技
［Series1/2/3/4/5対応版］

2020年7月16日　初版　第1刷発行

著　者●リンクアップ
発行者●片岡　巌
発行所●株式会社 技術評論社
東京都新宿区市谷左内町21-13
電話　03-3513-6150　販売促進部
03-3513-6160　書籍編集部
カバーデザイン●志岐デザイン事務所（岡崎善保）
本文デザイン／DTP●リンクアップ
編集●リンクアップ
担当●荻原　祐二
製本／印刷●大日本印刷株式会社

定価はカバーに表示してあります。

ISBN978-4-297-11373-5 C3055
Printed in Japan

■お問い合わせの例

FAX

1　お名前
技術　太郎

2　返信先の住所またはFAX番号
03-XXXX-XXXX

3　書名
今すぐ使えるかんたん
Apple Watch完全ガイドブック
困った解決＆便利技
［Series1/2/3/4/5対応版］

4　本書の該当ページ
64ページ、Q.076

5　ご使用のOSのバージョン
Apple Watch Series5
Watch OS 6.2

6　ご質問内容
手順3の画面が
表示されない

質問の際にお送り頂いた個人情報は、質問の回答に関わる作業にのみ利用します。回答が済み次第、情報は速やかに破棄させて頂きます。